건축 속의 공학

Engineering in Architecture

김 곤 은희창 함희정 박우열 공저

기문당

머리말

건축물은 미적으로 표현된 공간으로서 도시 이미지를 형성하는 최소 단위일 뿐만 아니라, 동시대의 공학적 기술이 집약된 형태로 발현되는 것이기도 하다. 역사적으로 볼 때 건축기술의 발달은 건축물의 새로운 미적 표현을 가능하게 해왔다고 볼 수 있으며, 근대 이후의 과학적 지식과 기술의 발달은 과거와는 비교할 수 없을 정도의 빠른 속도로 건축물에 많은 영향을 미치고 있다. 최근에는 '층수가 곧 국위'를 나타내는 것처럼 전 세계적으로 초고층 건물이 앞 다투어 지어지고 있고, 불가능이라고 여겨졌던 지상 700m 이상의 건축물도 우리나라의 기술력에 의해 가능해지고 있다. 이처럼 초고층 건축이 가능하게 된 것은 건축재료의 발달과 구조적인 안전을 보장해줄 수 있는 엔지니어링 기술의 발달, 초고층으로 사람과 화물을 운반할 수 있고 정보를 전달할 있는 첨단기기와 장비의 발달, 초고층에 따른 제약요인을 극복할 수 있는 시공기술 및 관리기술의 발달 등 수많은 '기술 인프라' 덕분이라고 할 수 있다.

이와 같은 공학적인 기술의 중요성과 더불어 국내 건축교육에서도 최근 들어 변화가 계속되고 있다. 시장개방에 따른 국제적인 기준에 부합하기 위하여 2002년부터 5년제 건축학과가 출범하였고, 건축가(Architect)를 양성하기 위한 건축학 전공과 구조·환경 및 설비·시공분야의 기술인(Engineer)을 양성하는 건축공학 전공이 분리되는 등 새로운 학제로 변화되고 있다. 따라서 개별 전공분야의 전반적인 기초와 전문적인 교육의 필요성은 증대되고 있지만, 건축공학을 처음 접하는 학생들이나 전공을 선택해야 하는 학생들의 눈높이에 맞추어 건축공학에 대한 포괄적인 그림을 제시하고 있는 서적은 부족한 실정이다.

이러한 환경변화 속에서 본 서는 건축공학을 학문적·개념적으로 접근하고자 하는 건축인들을 위한 개론서로서 건축물을 구현하는데 적용되는 공학기술에 대한 전반적인 이해를 도모하고자 하였다. 기존의 입문서들이 건축학과 건축공학이 분류되기 이전의 비전문화된 개괄서의 한계를 가지고 있는 점을 극복하기 위하여 건축공학만을 전문화된 시각으로 기술하고자 하였고, 건축을 둘러싼 환경변화에 따라 새롭게 요구되고 있는 -친환경 건축과 같은- 전문적인 지식과 기술을 공학적 관점에서 기술하고자 하였다. 전체적으로 건축공학을 구성하는 세부 분야를 크게 건축구조, 건축환경 및 설비, 건축시공으로 나누어 구성하였다.

저자들 모두 이 책이 의도했던 바를 성취하기 위하여 많은 정성을 기울였으나, 미흡한 부분은 부족한 지면의 탓도 있으려니와 저자들의 학문적 성취가 부족한 탓일 것이므로 널리 양해를 구하고자 합니다. 잘못 기술된 부분이나 보충이 필요한 부분에 대하여 꾸준히 수정해 나가기 위해 노력할 것이며, 독자 여러분의 많은 관심과 연락을 부탁드리고 싶습니다.

끝으로 이 책이 나오기까지 많은 도움을 주신 여러분들에게 깊은 감사의 마음을 전합니다.

2006년 7월

저 자

차 례

01 서 론 7
1.1 건축과 공학 7
1.2 건축물의 성능과 건축공학 8
1.3 건축가와 건축 엔지니어의 역할 9
1.4 공학을 통한 새로운 건축 11
1.5 친환경 건축과 건축공학 13

PART I
건축구조공학

02 건물의 구성요소 및 하중 21
2.1 건축구조공학 21
2.2 구조부위별 구조계획 28
2.3 하 중 38
2.4 하중의 조합 46
2.5 하중의 영향 46

03 구조재료 및 구조형식 49
3.1 시멘트 49
3.2 골재 51
3.3 콘크리트 51
3.4 철 근 55
3.5 강 재 56
3.6 철근콘크리트구조 57
3.7 강구조 60
3.8 조적구조 63

04 하중의 전달경로 및 분포 67
4.1 건물의 분류 67
4.2 건물의 구성요소 73
4.3 중력에 대한 하중 전달경로 87
4.4 횡하중에 대한 하중 전달경로 91
4.5 구조부재에 의한 하중부담 105
4.6 수평하중에 대한 부하면적 112

4.7 고정하중의 산정 114
4.8 적재하중의 산정 116
4.9 적재하중의 저감 117

PART II
건축환경과 설비
친환경건축

05 건축환경 127
5.1 건축과 환경 127
5.2 건축 열환경 128
5.3 건축 빛환경 133
5.4 건축 음환경 137
5.5 건축과 풍환경 139
5.6 건축 공기환경 141

06 건축설비 143
6.1 건축과 설비 143
6.2 냉 · 난방설비 144
6.3 급배수 위생설비 149
6.4 조명설비 154
6.5 기타 건축설비시스템 162

07 친환경 건축 165
7.1 건축과 공학 165
7.2 환경친화 건축계획 167
7.3 실내건축과 새집증후군 169
7.4 신재생 대체·자연 에너지 173
7.5 친환경 인증등급제도 176
7.6 전통건축과 친환경 177

PART III
건축시공

08 가설공사 및 지하공사 187
8.1 가설공사 187
8.2 토공사 195
8.3 기초 및 지정공사 200

contents

09 골조공사 203
9.1 철근콘크리트공사의 진행 203
9.2 철근공사 204
9.3 거푸집공사 210
9.4 콘크리트공사 213
9.5 철골공사 216

10 마감공사 223
10.1 조적공사 223
10.2 방수공사 226
10.3 미장공사 229
10.4 타일 및 돌공사 233
10.5 수장공사 236

01 서 론

1.1 건축과 공학

인류의 유전자 속에 저장되어 있는 건물에 대한 본능에 따라 건축행위를 시작한 건축의 태동기 이래로, 역사적으로 유구하고 오래된 건축을 대상으로 건축학과 건축공학을 분리하는 것은 매우 무의미한 일인지도 모른다. 우리 스스로는 건축을 종합예술이라고 정의해 왔다. 건축은 일반인을 포함한 우리 모두가 알아야 할 기본적인 실용학문이기 때문이며, 좋은 건축을 위해서 우리는 건축의 모든 것을 종합적으로 알아야 하며 또 그렇게 교육되어 왔다.

우리나라에서 근대적인 건축교육이 시작된 이후로 실용적인 학문으로서의 건축은 전통적으로 건축공학이란 하나의 학문분야로 분류되고 건축의 모든 세부 전공과 기술분야 역시 건축공학이라는 하나의 범주 안에 있어 왔다. 그러나 근래에 이르러 국제기준에 부합하는 건축교육을 위한 학제 개편에 따라 설계전문의 건축학 전공과 건축과 관련된 공학전반을 다루는 건축공학으로 이분화 되었다. 이에 따라 건축공학은 문자적으로는 동일하나 과거에 의미했던 포괄적인 건축공학이 아닌 새롭게 전문화된 의미와 정의를 가지게 되었다.

건축공학을 구성하는 전문적인 세부분야는 건축구조, 건축재료, 건축시공, 건설관리, 건축환경, 건축설비, 친환경 건축기술로 대별될 수 있으나 건축적산과 건축 유지관리 및 건축계획과 건축법규 등을 포함하여 건물의 성능을 향상시키기 위한 실용적인 건물설계, 시공 및 관리가 이루어질 수 있는 건축의 모든 제반분야를 포괄한다. 즉 건축공학이 전문적으로 공학을 다루는 분야로 재정립되었으나 건축공학을 바탕으로 건축학의 제반 이론과 실무지식이 기본적으로 융합되어야만 건축공학이라는 분야가 학문적으로 실용적으로 완성될 수 있다는 대명제를 간과해서는 안 될 것이다.

1.2 건축물의 성능과 건축공학

건축은 기능적으로 의도하는 목적에 합당한 크기의 공간을 만드는 것이고 미적으로 공간에 표정을 부여하는 행위로서 과학적 수단으로 완성되는 예술과 과학 사이의 균형에 관련된 종합기술이다. 건물의 종류에 따라 예술성과 과학성의 우선순위가 변할 수 있다. 예를 들어 음악당이나 미술관은 형태적으로 예술적인 면이 우선시되어야 하며, 초고층의 대형 건축물을 만드는 경우 구조적인 안전성 등 공학적인 면이 상대적으로 많은 부분을 차지하게 된다. 그러나 음악당과 같이 실내에 대형 공간을 만들면서 구조적인 안정을 위해 공간 내부에 많은 기둥을 배치하여 시각적으로 무대를 가리게 된다거나, 공연을 듣는 경우에 음향설계가 잘못되어 내부의 소리울림으로 인해 제대로 감상할 수 없는 공간이 창출되었다면 건축의 목적은 제대로 성취될 수 없다. 최근에 건축된 첨단 전자공장들은 과학적으로 우수한 기능적 건축임과 동시에 공장으로 인식되지 않을 정도로 미적으로도 매우 개선된 외관을 가지고 있다. 이와 같이 건축의 기능은 어느 한 분야의 목적과 부분적 수단만으로 완성될 수 없으며 건축제반 이론과 기술이 통합적으로 적용되어야 한다.

건축의 역사를 살펴보면 산업혁명 이전의 건축물은 종교적이거나 미적인 관점이 우선시되어 계획되고 시공되었다. 이에 반하여 근대 이후 산업화에 따른 건축재료의 발전과 도시화의 집약적 목적에 따라 건축물은 기능적으로 진화하였다. 전통적 관점에서 건축물의 기능은 미적인 기능과 아울러 평면의 형태나 공간조직에 의하여 효율성이 판단되었으나, 초고층 건물이 주류를 이루는 현대건축의 시대에서 건축물의 기능은 공학적 · 기술적인 부분이 상대적으로 증대되어 구조적으로 안전하고 미적이며, 시공적으로 용이하고 경제적이며, 환경적으로 긍정적이고 설비적으로 효율적이어야 한다.

건물이 계획되고 설계되는 과정에서의 미적인 성능은 필수적이고 기본적인 것이며,

미적 형태를 현실적으로 가능하게 만들어주는 최적의 구조계획과 건물이 완공되는 과정 속에서 건물의 기능을 극대화시킬 수 있는 정밀한 시공과 경제적인 공정의 관리가 필수적이다. 아울러 건물이 완공되어 수명을 다할 때까지 초기의 건물성능을 유지하면서 최소의 에너지와 비용으로 건물을 관리하는 설비의 계획과 운용기술의 적용도 건물성능의 필수적 요건이다. 또한 건물을 계획하고 시공하고 사용하는 전 과정에서 환경에 부정적인 영향을 최소화하는 자연친화적이며 친환경적인 건축기술을 적용하는 것 또한 현대건축이 최적의 성능을 발휘하기 위하여 필수적인 것이다. 부가적으로 지진이나 붕괴, 화재나 실내오염 물질의 방출 등 건물이 사용되는 동안 발생할 수 있는 각종 재난에 대응하여 건물이 사람의 안전을 보장해 줄 수 있는 첨단공학설비의 적용 또한 필수적이며, 첨단 정보화 시대에 맞추어 건물이 각종 업무 자동화설비 및 무선통신장비나 IT 관련설비의 제공 여부는 현대 건축물이 성능을 발휘하기 위해서는 갖추어야 할 필수사항이다.

전통적으로 중요시되던 건축물의 기능은 건물에 적용되는 과학기술의 중요도가 증대되고 과거에는 상상할 수 없을 정도의 초대형화, 초고층화 되면서 극대화된 건축성능을 위한 건축공학적 차원의 중요성이 더욱 부각되고 있다. 이와 같이 건축물의 성능 측면에서 볼 때, 과거의 건축물은 생명력이 없는 뼈대에 불과하였으나, 현대나 미래의 건축물은 이러한 각종 첨단 공학기술과 접목되어 신경 및 피를 공급받음으로써 생명력이 있는 유기체로 진화되고 있어, 건축 속의 공학의 영역은 보다 광범위한 학문과 기술의 중심에 자리매김하게 될 것이다.

1.3 건축가와 건축 엔지니어의 역할

건축물이 완성되기까지의 과정은 계획, 조사, 설계, 시공의 과정을 거치며 준공 후에는 사용을 목적으로 적절하게 유지관리가 행해져야 한다(그림 1.1). 이들 과정 중에서 특히 건축계획 과정은 건축행위의 목적을 달성하는 가장 중요한 단계이다. 계획단계에서는 건축물의 용도, 주변 환경, 재원 및 기술 등을 포함하여 소정의 목적을 합리적인 방법을 통하여 얻을 수 있는가를 확인하고 규정하는 행위를 수행한다. 다음 단계로는 예비조사, 가능성의 검토, 실현을 위한 방법의 제시 등을 실시하여 다음 단계인 설계를 위한 기초자료로 사용한다. 설계는 계획된 내용들을 구체적으로 정하는 과정으로 건축설계, 구조설계, 환경 및 설비 설계, 시공 및 공정설계 등을 포함한다. 예를 들어 구조설계는 시공 중 및 사용 중에 예상되는 모든 외적 작용에 대해서 안정성, 내구성 및 사용성을 만족하는 건축물을 경제적으로 만들어내는 과정이다.

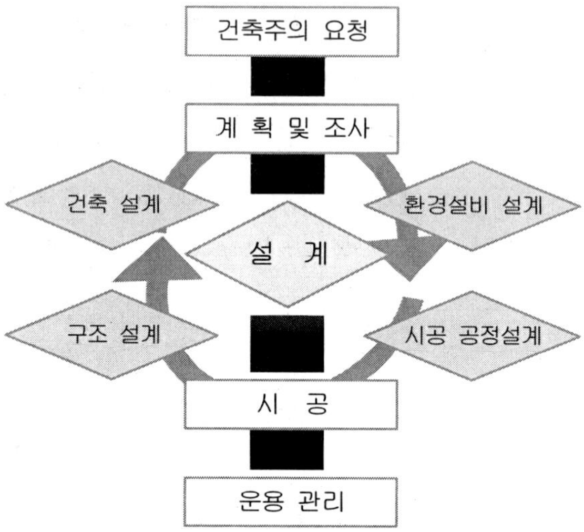

그림 1.1 건축물의 완성과정

건축물의 설계는 계획(planning)과 공학(engineering)으로 크게 분리된다. 건축가는 건축주의 요구사항을 분석하고, 이들 요구사항을 건물에 반영해야 한다. 건축가는 건축의 여러 디자인 요소들이 지형적으로, 기후적으로, 환경적으로, 경제적으로, 사회적으로 미치는 영향을 파악하여 건축적인 최적안을 도출하며 특히 건축가는 건축물의 내·외관을 미적으로 계획하기 위한 역할을 담당한다.

건축 엔지니어 중 구조기술자는 건축물의 지지를 위해 필요한 내력벽, 바닥판, 지붕, 기초, 골조 등을 과학적인 원칙으로 설계하는 경험을 지닌 전문가를 일컫는다. 구조기술자는 구조설계를 담당하며 건설기간 동안 구조부재와 접합부를 검사하는 역할을 한다. 건축설비 엔지니어는 건축물이 계획된 성능을 발휘하기 위하여 필요한 모든 기계와 장치들을 합리적으로 계획하고 최적의 건물운용 기법을 제시하는 역할을 담당한다. 냉·난방 및 환기를 포함한 건물의 공조, 엘리베이터, 에스컬레이터와 같은 거주자와 물자의 이송, 정보통신이나 업무 자동화와 같은 첨단 인텔리전트 장비 등과 같은 건축설비시설들을 과학적인 지식을 바탕으로 설계하는 역할을 수행한다. 시공기술자는 건물을 현실화 시킬 수 있는 최적의 시공법을 제시하고 공사하는 기간 동안 효율적인 자재공급과 적절한 작업기간을 계획하여 최적의 공정을 계획하고 실제 건설하는 역할을 수행한다.

건축의 전반과정에서 알 수 있는 바와 같이 건축가와 건축 엔지니어의 역할은 표면적으로는 차별화되어 있지만, 건축과정상 건축가가 먼저 계획하고 이후에 건축 엔지니어가 그 계획안을 공학적으로 현실화시키는 일방향적 역할분담의 개념은 건축의 실제 과정을 올바로 이해하지 못한 것이다. 건축주의 요청에서부터 건축비용의 계획 및 건축물이 최적의 기능을 보유하고 성능을 발휘하기 위해서 계획단계부터 설계에 이르는 건축의 전 과정 동안 건축 엔지니어는 건축가와 협력하여 최상의 계획안과 최적의 대안을 도출해야 한다. 앞서 언급한 바와 같이 건축의 목적에 합당한 최적의 건물성능을 실현하기 위해서는 단편적인 건축기술만으로는 이루어질 수 없으며, 건축제반 이론과 기술이 통합적으로 적용되어야 하기 때문이다.

1.4 공학을 통한 새로운 건축

시대와 사회의 필요성에 따라 요구되어지는 건축적 서비스를 대량 생산적으로 제공하기 위하여 근대 건축교육이 태동한 시기 이전에는 우리 건축가가 알아야 할 지식과 기술분야는 세분화되지도 않았으며, 그와 같은 필요성도 적었다. 건축의 역사를 구성해 온 건축물들은 고딕에 이르기까지 주로 종교 건축물이었으며 르네상스 이후에는 왕조 세력과 관련된 궁전 건축이 주류를 이루고 있어 공학적인 관점이 부각될 여지가 상대적으로 적었다.

그러나 산업혁명 이후에 새로운 제련기술에 의해 탄소강이 개발되어 강력한 건물구조재로 사용되고 철근콘크리트구조 등 대형 건축물을 초고층으로 만들어 낼 수 있는 구조기술이 개발되었다. 아울러 산업화에 따라 도시화가 급속히 이루어졌고 공장과 사무실 및 공동주택 등 건물을 기능적으로 대량으로 계획하고 시공해야 할 시대적 필요성이 생겨남에 따라 하나의 건물을 수세기에 걸쳐 장기간 건축을 하던 과거와는 매우 다른, 공학적인 개념의 건축물들이 등장하게 되었다. 산업화를 통하여 국가의 위상을 나타내려고 하던 서구의 신흥 강국들이 고층 대형 건물을 시각적인 과시용 수단으로 선택하면서 많은 고층건물을 건축하기에 이르렀다. 초고층 건물이 탑이 아닌 건축물이기 위해서는 건축의 기본성능을 발휘해야 하며, 이를 위해 엘리베이터나 냉난방 장치 등 건물에 사용되는 기계류에 대한 공학기술이 동반하여 비약적으로 발전되었다.

또한 유럽의 혁명과 세계대전의 시대를 거치면서 도시는 황폐해지고 이전의 건축은 개념까지 파괴되었다. 예술적인 건축을 주장할 수 없는 절박한 전쟁 후의 현실 속에서 식민지를 벗어나 환호하는 피식민지 국가의 비참한 현실은 건축가에게 보다 좋은 건축을 보다 빠르고 보다 경제적으로 제공할 수 있는 대량생산적인 건축을 요구하였으며, 이는 주로 공학적이고 과학적인 접근만을 통하여 가능할 수 있었다. 이와 같은 현대사에서 적립된 건축의 공학적인 틀은 세계 경제의 비약적인 성장과 아울러 건물에 이용할 수 있는 각종 기반기술들이 동반적으로 개발되어 적용됨으로써 공학적 건축의 새로운 장을 펼치고 있다.

특히 100층을 능가하는 초고층 건물이 혁명적인 기하형태로 건축되면서 구조적 안전과 내진에 관련된 구조 엔지니어의 역할이 증대되고 있으며, 이를 실제로 시공할 수 있는 공법들을 담당하는 시공 엔지니어의 역할도 주목받고 있다. 알루미늄 새시와 유리만으로 외관이 구성된 초고층 건물의 외부 벽면을 떼어내면 건축물이 아니라 하나의 공장을 방불케 할 만큼 각종 첨단기기와 장치들이 끊임없이 사람과 물자와 정보를 전송하고 있다. 30층이 넘는 건물은 인위적으로 방재계획을 수립하는 것이 현실적으로 불가능하여 화재 탐지부터 소화에 이르기까지 자동화 장치가 설치되고 기술적으로 운용되어야 한다. 아울러 지방의 한 소도시가 사용하는 양에 버금가는 만큼의 전기와 에너지를 사용하는 초대형 건물의 에너지 효율을 높이는 것도 공학적인 접근을 통해서 이루어지고 있는 분야이다. 이와 같이 현대건축의 초대형화와 건물성능의 극대화를 위한 공학적인 건축의 영역과 엔지니어의 역할은 인류의 문명화가 지속되는 한 계속적으로 증대될 것이며, 건축과 관련된 공학의 발전을 통하여 도래할 새로운 건축의 시대 또한 이미 가시화되고 있다.

그림 1.2 노만 포스터의 홍콩 상하이 뱅크

1.5 친환경 건축과 건축공학

역사적으로 대부분의 시간 동안 인류의 활동무대는 자연이었다. 선천적, 후천적으로 자연을 경외하고 이용하며 의존하던 인류에게 오늘날과 같이 인공환경에 대한 의존도가 큰 문명적·문화적 시대도 없었다. 모두가 동의하는 바와 같이 새로운 세기에 이르러 시대적인 화두가 된 친환경의 개념은 건축에서도 예외 없이 요구되고 적용되고 있다. 건축의 목적이 다르고 건물의 용도와 형태에도 여러 가지가 있겠지만 건축물이 시공되는 과정에서, 혹은 만들어진 이후에 환경에 유해함을 주는 그런 건물을 만들어내는 것은 올바른 건축가의 자세가 아니다. 이제는 자연에 대하여 우리가 그동안 토해낸 공해와 공해적 산물에 대한 미안함을 표시할 때이다.

최근 들어, 우리는 환경의 생태적 숨고르기를 통하여 자연과의 화해를 시도하고 있다. 자의든 타의든 이제는 건축에 관한 사회적 합의가 친환경적 생태건축으로 일반화되고 있다. 친환경 건축을 위해 추가적 비용을 기꺼이 지불하고자 하는 건축 소비자의 소중하고 건강한 마음자세는 앞으로 건축가가 얼마나 더 현명해야 하고 더 부지런해야 하며 더 정직해야 하는 지를 나타내는 시대적 바로미터이다.

건축인들도 이론적·실증적으로 친환경 건축을 위하여 나름대로 준비해 왔다. 70년대 초반 석유파동으로 형성된 에너지 절약의 사회 분위기는 기존의 건축에 에너지와 환경이 고려된 건축환경이라는 세부분야를 태동시켰으며 태양열 건축기술, 고단열 기술 등 저에너지 소비형 건축기술 개발을 거쳐 이중 외피구조나 대체에너지 이용 건축기술과 친환경 건축기술에 이르기까지 학문적·실무적 지식을 증진시켜 왔다. 이와 같은 학문적 정립으로 말미암아 적용성에 다소의 미흡함이 있지만 건축과 건설분야에서의 친환경 기술은 안정화 되고 있으며, 이제는 설천의 명제로 정착되고 있다. 건설회사들도 제도나 타의에 의한 수동적 추종이 아니라 상품으로서의 건축이 경쟁력을 가지기 위하여 친환경적인 우위성을 확보하고자 하는 능동적인 움직임이 주거건물을 다루는 건설사를 중심으로 붐을 이루고 있다.

건축의 친환경성을 판단하는 기준에는 여러 가지가 있다. 조경이나 건물 내부에 많은 양의 식물을 계획하여 시각적으로 자연화 된 경우도 있고, 인체에 무해한 친환경 건축자재를 사용한 경우도 있다. 그러나 친환경 건물의 기본조건은 건물 에너지를 최소한으로 사용하면서 건물성능은 극대화하는 것이다. 따라서 외관상의 전시적 친환경성을 탈피하여 공학적으로 검증된 제반기술의 실천적 적용이 필수적이다. 건축과정의 관점에서 건축의 친환경성은 설계를 비롯한 건설단계, 완공 후에 운용단계, 수명이 다한 후 철거단계 등 건물의 생애주기의 단계별로 친환경적 적용기술이 다르며, 단지나 도시단위의 사이트와 관련된 친환경성, 건물 내·외부 공간의 계획과정에서의 친환경성, 건물설비시스템의 친환경성 등 각 적용에 따른 분화된 이론과 기술이 비교적 체계화되어 있다.

단지나 도시단위에서 생태적인 순환성을 고려하고 친환경적 건축요소를 도입하고자 하는 기술의 도입은 기본적인 것이며 에너지 절약형, 고효율, 저에너지 소비형 건축설비시스템의 도입은 경제성·친환경적 관점에서 적극적으로 적용되어야 한다. 건축계획 단계에서 친환경에 대한 고려가 우선적으로 적용되어 에너지 절약형 건물형태나 공간계획을 지향하고 에너지 보존형 단면설계가 선행되어야 하며 건축의 성능을 유지하기 위해 사용되는 각종 기기와 기계들도 고효율 및 에너지 절약형으로 구성되어야 한다.

건축시공 단계에서도 가능한 최소한의 비용과 오염물질이 방출되는 신 공법을 적용하고 시공 후에도 건물성능을 극대화하기 위하여 건물시스템의 운용과 제어에 최적의 관리시스템을 구축하여 환경친화형 저에너지 소비형 건물을 설계하고 시공하고 운용해야 한다. 건물을 사용하는 단계에서 노후화되는 부분은 최소한의 비용과 노력으로 보수되어 건물의 신축 초기의 성능을 오랫동안 유지하여 철거나 재건축의 반환경적 건축행위가 빈발하지 않도록 장수명 건축기술을 적극적으로 개발하고 도입해야 한다. 노후화된 건물은 리모델링을 위한 구조적인 보강기술, 설비적인 보수기술, 경제적인 시공기술을 개발하여 적용해야 한다. 건물이 수명을 다하고 폐기될 경우에는 가능한 재활용할 수 있는 방식으로 철거하고 철거한 건축 자재물 또한 자연에 부담을 주지 않는 형식으로 폐기되어야 한다.

건축은 어차피 인위적이고 현실적인 실용 학문이다. 이론적으로는 친환경 건축이지만 이미 파괴한 자연을 복원하는 건설행위를 제외하고서는 자연환경에 도움이 되는 건축행위는 거의 존재할 수 없다. 그러나 자연에 대한 피해를 최소화하는 건축기술의 개발과 아울러 건물의 성능은 최대화하는 최적 개념의 경제적인 공학기술의 개발과 발달은 친환경 건축을 위한 건축공학의 새로운 방향으로 자리잡고 있다. 문명과 기술이 자연을 파괴하던 과거의 시대에서 새로운 건축기술을 이용하여 자연과 환경을 보존하고 가꾸는 건축의 시대를 위한 우리의 의지와 역할은 자못 중요하다.

PART I

건축구조공학

건축구조공학의 학문적인 배경 및 실무영역

구조물은 많은 의미를 지닌다. 사전적인 의미로는 일정한 설계에 따라 만든 건축·기계·토목 등의 시설물이라고 구조물을 정의하고 있으며, 구조물들은 모든 곳에서 찾아 볼 수 있다. 한 건물의 구조는 형상과 안정을 목적으로 모든 부속물들에 의한 조립으로 정의할 수 있다. 구조의 주요 목적은 건물에 작용하는 하중을 저항하고 그 하중들을 지반으로 전달하는 것이다. 건물에서 구조시스템의 기능은 건축물이 정해진 순서를 따라 짜 맞춰지는 것이다. 건물이 붕괴한다면 예상되는 하중 이상으로 작용하거나 구조물이 적절하게 설계가 이루어지지 않았거나, 혹은 부실시공이 되었다고 볼 수 있다.

구조시스템의 보다 광범위한 기능은 매우 복잡하며, 수세기에 걸쳐서 많은 건축가와 이론가, 그리고 공학자들의 주요 관심사였다. 구조시스템은 건축물의 기본형태의 일부이며 공간과 용도와 관련된다. 건축물의 기능과 미와 관련짓지 않고 구조시스템만을 별개로 생각하는 것은 무의미하다.

구조시스템은 건축적인 형태를 유지시키는 기능을 한다. 구조는 과학의 기본원리를 따르는 것이 이상적이다. 예술가는 외관적으로 자연력을 무시하여 형태를 창출하지만 건축가는 이를 무시할 수 없다. 물리와 수학적인 원리는 합리적이고 불합리적인 시공을 차별화 시키는 기본이 된다. 구조에는 안정(stability), 강도(strength)와 강성(stiffness), 그리고 경제성(economy)의 세 가지 특성들이 고려되어야 한다. 안정은 형태를 유지하는 데에 필요하다. 불안정한 구조는 불균형한 힘이나 불만족한 평형상태의 구조를 의미한다. 강도는 하중에 의해 발생하는 응력을 저항하기 위해 선정된 재료가 충분한가를 판단하는 지표를 의미한다. 예상되는 하중 하에서 선정된 재료가 파괴점에 매우 근접한 응력을 받지 않도록 안전율(factor of safety)이 선정되어야 한다. 강성은 하중의 작용 하에서 구조물이 얼마나 많은 변형을 일으키는지를 평가하는 기준이 되므로 강도와는 분명히 구별된다. 강도는 크지만 강성이 떨어지는 재료는 변형이 크게 되어 작용하는 힘을 저항할 수 없게 된다. 경제성은 재료비, 조립비, 가공비, 그리고 유지비 등을 포함한다. 그리고 설계와 시공 노무비, 각종 에너지 소비 등을 포함하며 시공속도와 이자 등도 또한 주요요소가 된다.

건물의 설계자는 하중의 작용 하에 역학적인 구조물의 거동을 이해해야 한다. 구조적인 거동을 이해하는 능력은 구조해석을 포함한 많은 경험을 축적한 전문가들에 의해 수행되어야 한다. 계획은 질적인 지식을 요하며, 설계는 양적인 지식을 필요로 하며, 계획과 설계는 동시에 경험을 요한다. 구조를 이해하기 위해서는 정역학(statics)과 재료역학(mechanics of materials)으로부터 시작된다. 정역학은 구조물 전체에 작용하는 여러 힘들과 개개의 구조요소들 사이에 평형을 유지하기 위하여 어떤 힘들이 발생하는지를 결정하는 방법을 다루는 과정이다.
재료역학은 이들 하중들이 여러 재료들과 형상에 따라 응력과 변형을 어떻게 일으키는지를 익힌다. 초기의 구조계획은 건축가에 의해 행해진다. 구조와 설비전문가들은 설계의 개념 정립으로부터 최종 준공 시까지 함께 프로젝트에 참여해야 한다. 대부분의 경우에 건축가는 건물의 형태와 구조시스템 사이에 기본적인 가정을 설정한다. 이들 가정들에 대한 타당성을 검증하기 위하여 구조의 원리와 거동에 대한 학문적인 뒷받침을 요한다. 구조형태, 주요 지지부재들의 위치, 주요 재료의 선정, 그리고 경간길이의 사전 선정은 구조계획 과정의 주요 부분이 된다.

반면에 구조설계는 건축가와 기술자 모두에 의해 행해진다. 주요 구조부재의 크기는 건축가와 기술자에 의해 결정되어야 한다. 모든 부분의 완전한 구조해석, 구조상세도의 작성을 포함하는 최종 구조설계는 거의 구조기술자들에 의해 행해진다. 경험과 느낌을 근거로 작성되는 구조계획이 구조설계보다 더 복잡하다. 구조설계는 강의나 문헌을 통해 숙지할 수 있는 반면에 구조계획은 힘들다. 그럼에도 불구하고 구조계획과 구조설계에 대한 기본지식만을 가지고 판단이 행해지곤 한다. 이는 공학적인 관점보다는 건축가의 입장으로 행해진다. 따라서 건축가와 기술자들은 상호

간에 가장 효율적이며 직접적인 방법을 모색하거나 문제를 해결할 수 있어야 한다.

본 편(PART)에서는 건축구조공학의 기본사항들로서 건물에서 구조요소들의 기능, 작용하중의 종류, 하중의 영향을 평가하고 구조재료 및 형식을 소개하며 장경간 및 고층화에 따른 구조시스템을 비교 설명하였으며, 하중의 전달경로에 따른 구조부재들의 하중부담면적을 산정하는 방법을 소개한다.

02 건물의 구성요소 및 하중

건축물은 너무 복잡하므로 전체 구조를 다루기보다는 하부구조들의 특성을 파악하고 합성하는 것이 바람직하다. 건축구조물은 여러 개의 하부구조들로 이루어져 있으며, 하부구조들은 또한 여러 요소들로 구성된다. 따라서 이들 기본적인 구성요소들을 파악하고 이 요소들을 합성하는 것이 필요하다. 이 장은 건축구조공학의 학문적인 소개, 건축물의 설계자의 개념과 사용되는 요소들, 그리고 이들을 합성하는 방법들과 설계의 초기단계에 요구되는 하중의 의미를 소개한다.

2.1 건축구조공학

2.1.1 건축구조물

구조물은 많은 의미를 지닌다. 사전적인 의미로 일정한 설계에 따라 만든 건축·기계·토목 등의 시설물이라고 구조물을 정의하고 있으며, 이 구조물들은 모든 곳에서 찾아 볼 수 있다. 한 건물의 구조는 형상과 안정을 목적으로 모든 부속물들의 조립으로 정의할 수 있다. 구조의 주요목적은 건물에 작용하는 하중을 저항하고 그 하중들을 지반으로 전달하는 것이다. 건물에서 구조시스템의 기능은 건축물이 정해진 순서를 따라 짜 맞춰지는 것이다. 건물이 붕괴한다면 이것은 예상되는 하중 이상으로 작용하거나 구조물이 적절하게 설계가 이루어지지 않았거나, 혹은 부실시공이 되었다고 볼 수 있다.

구조시스템의 보다 광범위한 기능은 매우 복잡하며, 수세기에 걸쳐서 많은 건축가와 이론가, 그리고 공학자들의 주요 관심사였다. 구조시스템은 건축물의 기본형태의 일부이며 공간과 용도와 관련된다. 건축물의 기능과 미와 관련짓지 않고 구조시스템만을 별개로 생각하는 것은 무의미하다.

구조는 건축물의 형태와 깊은 관련이 있다. 구조는 건축적인 공간과 평면 속에서 배열과 균형 있게 형성된다. 구조는 조화와 부조화로 나타날 수 있다.

구조시스템은 건축적인 형태를 유지시키는 기능을 한다. 구조는 과학의 기본원리를 따르는 것이 이상적이다. 예술가는 외관적으로 자연력을 무시하여 형태를 창출하지만 건축가는 이를 무시할 수 없다. 물리와 수학적인 원리는 합리적이고 불합리적인 시공을 차별화 시키는 기본이 된다. 구조에는 안정(stability), 강도(strength)와 강성(stiffness), 그리고 경제성(economy)의 세 가지 특성들이 고려되어야 한다.

안정은 형태를 유지하는 데에 필요하다. 불안정한 구조는 불균형한 힘이나 불만족한 평형상태의 구조를 의미한다. 강도는 하중에 의해 발생하는 응력을 저항하기 위해 선정된 재료가 충분한가를 판단하는 지표를 의미한다. 예상되는 하중 하에서 선정된 재료가 파괴점에 매우 근접한 응력을 받지 않도록 안전율(factor of safety)이 선정되어야 한다. 강성은 하중의 작용 하에서 구조물이 얼마나 많은 변형을 일으키는 지를 평가하는 기준이 되므로 강도와는 분명히 구별된다. 강도는 크지만 강성이 떨어지는 재료는 변형이 크게 되어 작용하는 힘을 저항할 수 없게 된다.

경제성은 재료비, 조립비, 가공비, 그리고 유지비 등을 포함한다. 그리고 설계와 시공 노무비, 각종 에너지 소비 등을 포함하며 시공속도와 이자 등도 또한 주요 요소가 된다. 설계과정에서 한 개 이상의 구조재료들이 고려되어야 하며 경쟁 대안 재료들이 선정되어야 한다.

이들 세 가지 요소 이외에 구조는 건물의 용도와 관계된다. 예를 들어, 선형적인 기능은 선형의 구조물을 필요로 한다. 그러므로 볼링장의 지붕을 돔(dome)으로 하는 것은 부적절할 것이다. 이와 유사하게 극장은 대형으로 장애물이 없는 공간을 필요로 하는 반면에 전문음식점에는 이를 고려할 필요가 없다. 기능적인 목적과 예술적 요구, 그리고 강도의 요구들은 초기의 설계개념 단계에서부터 통합적으로 고려되어 거주기능에 적절해야 한다.

구조는 또한 내화구조이어야 한다. 구조시스템은 거주자들이 대피할 때까지 붕괴되지 않아야 하며, 일부 설계기준들은 열에 저항하는데 필요한 시간을 정하고 있다. 구조용 재료들은 내화재료를 사용하여 충분하게 보호되어야 한다. 내화의 정도는 공간의 점유하중, 건물의 크기와 위치 등에 의해 결정된다.

구조는 건물의 설비와 통신시스템의 설치공간을 고려해야 한다. 물과 쓰레기의 파이프시스템, 덕트시스템, 사람의 이동 등을 감안한 구조이어야 한다. 이들 건물시스템들은 설계가 진행됨에 따라 배열되나 연속적인 직렬형태로 설계가 이루어지는 것이 아니라 병렬형태로 행해진다.

구조는 물리적인 안정뿐만 아니라 심리적인 안정을 필요로 한다. 풍하중의 영향으로 흔들리는 고층건물은 실제로 위험한 것이 아니라 심리적으로 거주하기에 적합하지 않다는 것이 문제이다. 경량의 바닥판 또한 거주자들에게 불안감을 줄 수 있다.

2.1.2 구조계획 및 설계

건물의 설계자는 하중의 작용 하에 역학적으로 구조물의 거동을 이해해야 한다. 구조적인 거동을 이해하는 능력은 구조해석을 포함한 많은 경험을 축적한 전문가들에 의해 수행되어야 한다. 계획은 질적인 지식을 요하며 설계는 양적인 지식을 필요로 하며 계획과 설계는 동시에 경험을 요한다.

구조를 이해하기 위해서는 정역학(statics)과 재료역학(mechanics of materials)으로부터 시작되어야 한다. 정역학은 구조물 전체에 작용하는 여러 힘들과 개개의 구조요소들 사이에 평형을 유지하기 위하여 어떤 힘들이 발생하는지를 결정하는 방법을 다루는 과정이고, 재료역학은 이들 하중들이 여러 재료들과 형상에 따라 응력과 변형을 어떻게 일으키는지를 익힌다. 정역학과 재료역학은 대수학, 뉴턴 역학을 사용하여 양적인 평가로부터 시작된다. 초기의 구조계획은 건축가에 의해 행해진다. 구조와 설비 전문가들은 설계의 개념 정립으로부터 최종 준공 시까지 함께 프로젝트에 참여해야 한다. 대부분의 경우에 건축가는 건물의 형태와 구조시스템 사이에 기본적인 가정을 설정한다. 이들 가정들은 타당성을 제시하기 위하여 구조의 원리와 거동에 대한 학문적인 뒷받침을 요한다. 구조형태, 주요 지지부재들의 위치, 주요 재료의 선정, 그리고 경간 길이의 사전 선정은 구조계획 과정의 주요 부분이 된다.

반면에 구조설계는 건축가와 기술자 모두에 의해 행해진다. 주요 구조부재의 크기는 건축가와 기술자에 의해 결정되어야 한다. 모든 부분의 완전한 해석, 구조 상세도의 작성을 포함하는 최종 구조설계는 거의 구조기술자들에 의해 행해진다. 경험과 느낌을 근거로 작성되는 구조계획이 구조설계 보다 더 복잡하다. 구조설계는 강의나 문헌을 통해 숙지할 수 있는 반면에 구조계획은 힘들다. 그럼에도 불구하고 구조계획과 구조설계에 대한 기본 지식만을 가지고 판단이 행해지곤 한다. 이는 공학적인 관점보다는 건축가의 입장으로 행해진다.

건축가는 계획을 할 수 있어야 하며 구조적인 설계대안을 기술자에게 제안할 수 있어야 한다. 불운하게 대부분의 기술자들은 창의적인 분야에 충분한 교육을 받지 못했다. 그들은 최소의 변수들을 포함하는 가장 효율적이며 직접적인 방법을 모색하거나 문제를 해결하는 것을 배웠다. 반면에 건축가는 창의적인 기술과 사고, 그리고 많은 변수들을 배치하는 방법을 익혔다. 기본적인 구조개념에 친밀하지 않다면 건축가는 기술자들을 도울 수 없으며 창의적인 역할을 수행하지 못할 것이다. 또한 구조적인 사고가 없다면 설계의 일부를 다른 사람에게 양보해야 하는 경우도 나타날 것이다.

2.1.3 구조의 형태

가장 복잡하고 효율적인 구조물은 식물, 동물, 그리고 동물들의 집에서 볼 수 있다. 특정한 환경을 인용하여 일련의 힘들에 의한 거동이 확인될 때까지 그 자연형태들을 변화시켜 구조에 적용한다. 이와 같은 수많은 구조형태들을 우리 주변에서 볼 수 있다. 자연형태들은 구조해석에 의해 매우 복잡해질 수 있다.

그림 2.1(a)의 달걀은 형태나 재료 측면에서 좋은 구조의 한 예로 볼 수 있다. 등분포로 재하될 때에 압축상태로 매우 강한 얇은 판의 쉘구조로서 압축좌굴에 저항할 수 있도록 복곡률로 되어 있다. 등분포하중 하의 저항강도에 대조적으로 집중하중에는 저항능력이 매우 낮다. 달걀은 또한 환경적으로 막(membrane)과 매우 유사하다. 그림 2.1(b)의 가리비 조개는 계란보다 매우 강한 형태를 취한다. 영구적인 구조물로서 보다 큰 하중을 분담할 수 있다. 또한 약탈자로부터 충격하중에 저항할 수 있도록 복곡률로서 두께가 더 두껍다. 보다 중요한 것은 껍데기의 표면에 주름이 있으므로 강성이 매우 크며 좌굴 없이 큰 하중을 견딜 수 있다는 것이다. 표면을 접는 형태는 강성을

증대시키며, 이를 건물의 지붕이나 가드레일(guard rail)과 같은 구조물에 응용하기도 한다.

거미줄은 정교한 인장구조물로서 가벼우나 강하고 쉽게 유지된다(그림 2.1 (c)). 많은 여분의 부재들이 존재하므로 일부가 찢어지더라도 전체가 붕괴되지는 않으며, 부재는 인장을 부담하기 때문에 거미줄은 자중에 극히 효율적이다. 거미줄은 매우 유연하고 높은 탄성적인 성질 때문에 날아드는 벌레들에 의한 충격하중에도 잘 저항한다. 구조물의 지지시스템과 통신시스템에 응용할 수 있는 구조이다. 모든 자연구조물 중에 가장 복잡한 형태 중에 하나는 호두의 구조를 들 수 있다(그림 2.1(d)). 표면은 복곡률로서 많은 나선을 지니고 있다.

일반적으로 돔구조는 중력방향으로 작용하는 하중으로 인하여 수평으로 편평해지려 돔의 하부 모서리 바깥 방향으로 추력이 작용하게 된다(그림 2.2(a)). 이를 줄이기 위하여 하부의 주변을 따라 인장 링으로 보강하게 된다(그림 2.2(b)). 호두의 경우에는 하부에 가장자리를 두껍게 하여 링을 대신하게 된다(그림 2.2(c)). 이러한 두께 변화는 형태를 유지하는데 크게 도움이 되어, 결과적으로 호두를 반으로 나누었을 때에 내부의 호두 내용물을 보호하게 된다. 만약, 내부의 내용물을 보호하기 충분하지 않다면 내부에 여러 개의 인장 다이어프램에 의해 보호되어야 한다. 그러므로 그런 구조물은 큰 힘의 작용 하에서만이 파괴를 일으키게 된다.

많은 자연형태들이 건물의 구조설계에 종종 반영되기도 한다. 때때로 많은 생각 없이 행해진 설계는 가장 불운하다. 새와 같이 보이는 건물은 아마도 날 수 없을 것이다. 자연으로부터 " 형태를 통한 하중의 저항" 의 원리를 이용하고 특정한 설계문제의 요구들을 수용한 원리들을 적용했을 때에 성공한 구조에 가장 근접하게 된다.

(a) 계란

(b) 가리비 조개

(c) 거미줄

(d) 호두

그림 2.1

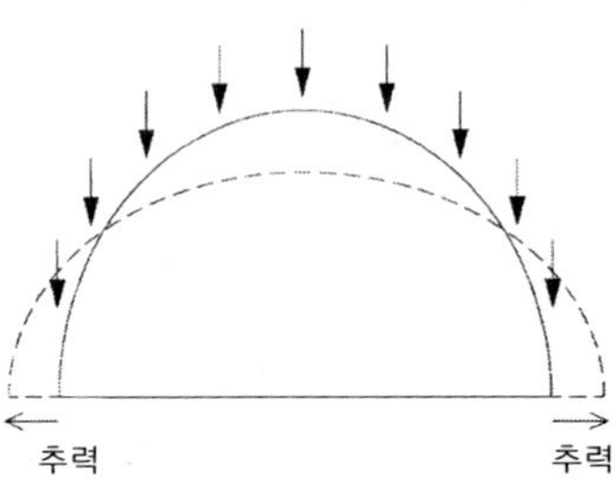

(a) 중력하중의 작용 하에 돔구

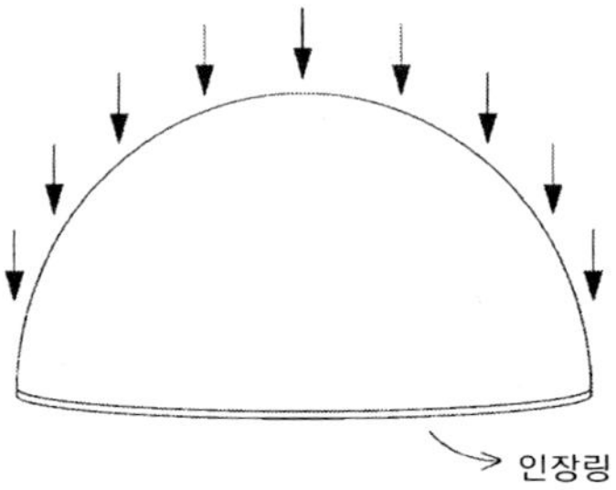

(b) 추력에 저항하는 인장

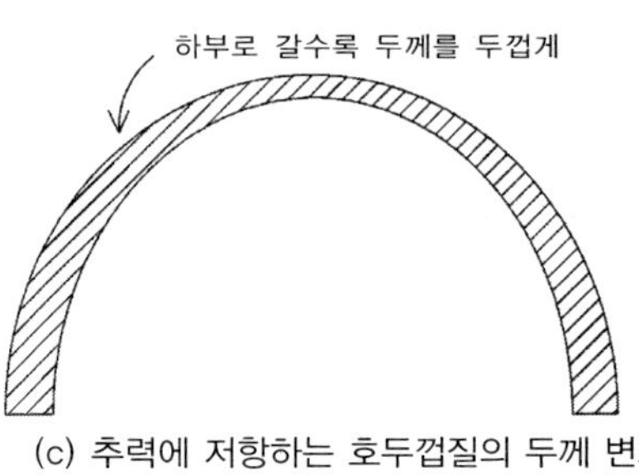

(c) 추력에 저항하는 호두껍질의 두께 변화

그림 2.2

2.1.4 단위

어떤 물리적 현상을 크기로 나타내기 위해서는 서로의 공인된 약속에 의해 나타내야 하며, 그 약속을 단위로 사용한다. 물체에 힘이 작용하면 물체는 운동을 시작한다. 즉 힘의 방향으로 가속도가 생기고, 그 가속도의 크기는 힘의 크기에 비례하고 물체의 질량에 반비례한다. 이것이 뉴턴의 제2법칙이다. 즉 힘의 단위는 질량의 단위와 가속도 단위의 곱이 된다.

2003년도 이후 단위체계가 국제단위계(International System of Units, SI단위계)의 사용이 지배적이다. SI단위계에서는 중력가속도가 $9.81\,m/sec^2$이므로 질량 1kg의 물체는 $9.81\,N$의 중력을 받는 것으로 볼 수 있다. 표 2.1과 2.2는 SI단위체계를, 표 2.3은 기존의 MKS 단위체계의 비교 및 환산을 나타내고 있다.

표 2.1 SI단위체계

길이	힘	시간	질량
m	N	second	kg

표 2.2 SI단위계의 접두어

단위에 곱해지는 배수	접두어 명칭	기 호
10^9	giga	G
10^6	mega	M
10^3	kilo	k
10^{-3}	milli	m
10^{-6}	micro	μ
10^{-9}	nano	n

표 2.3 단위체계의 비교 및 환산

양 / 단위계	길이	질량	시간	힘	모멘트
SI단위계	m	kg	s	N, kN	N · m kN · m
MKS단위계	m	kg	s	kgf, tf	kgf · m tf · m
비 고				1N = 0.1kgf 1kN = 100kgf	

2.2 구조부위별 구조계획

2.2.1 바닥판

인간의 행위가 이루어지는 편평한 수평면을 바닥판(floor)이라고 한다. 바닥판은 구조적으로는 바닥판에 작용하는 연직하중을 지지하며, 수평하중에 대하여는 자체 변형이 없는 다이어프램(diaphram) 역할을 한다. 또한 구조물 상하층간의 연소 방지 및 차음 등의 부수적인 기능을 한다. 바닥판의 자중은 건물에서 차지하는 점유율이 크기 때문에 바닥판의 경량화는 매우 중요한 사항이다.

바닥판을 경량화 하면 보, 기둥, 기초 등에 작용하는 하중을 줄일 수 있으므로 단면을 경제적으로 설계할 수 있고 공간을 보다 효율적으로 활용할 수 있다. 일반적으로 중·저층건물에서는 철근콘크리트구조, 고층건물에서는 강구조 또는 철골철근콘크리트구조가 사용된다. 세밀한 시공이 이루어지지 않을 경우에는 바닥판의 균열이 발생하거나 구조성능 저감현상 등이 나타날 수 있으므로 설계 및 시공상의 각별한 배려가 있어야 한다. 바닥판의 중요기능 중의 하나인 차음성은 특별한 마감재 등에 의한 성능확보를 하지 않을 경우에 차음성을 확보하기 위하여 적어도 콘크리트 두께는 150mm 이상을 요구하고 있다.

원시 건물에서는 지면을 바닥판으로서 사용하였다. 바닥판은 그림 2.3에서와 같이 지면 위에 놓이거나 조이스트에 의해 지면 위를 지지하는 데크(deck)를 일컫는다. 최상층은 빗물로 인한 방수지붕으로 덮여 있다. 그림에서와 같이 서까래와 같은 구조부재에 지붕을 지지하는 것이 필요하다. 바람, 비, 눈, 그리고 온도에 대해 보호를 목적으로 바닥판의 외면을 지면으로부터 지붕까지 감싼다. 건축물의 지면 이하는 지하라 하며, 토압에 견디고 상부의 외벽을 지지할 목적으로 기초벽(foundation wall)을 설치한다. 기초벽이 단단한 암반 위에 시공되지 않는다면 기초벽이 지면에 파묻히지 않도록 한다. 이는 침하가 발생하지 않도록 큰 면적 위에 힘을 분산시키는 목적이 있다.

대부분의 건축물에서 여러 가지 행위가 일어나는 공간을 구획한 것을 방이라 하며, 그 사이를 내부 벽(interior wall) 혹은 칸막이벽(partition)이라 한다. 방 주변에는 최소한 하나의 칸막이벽과 방을 출입하는 개구부로서 문이 필요하다. 외벽에 개구부를 설치하여 건물 내·외부의 출입에 사용한다. 다층의 건축물에서 층간 수직동선은 계단에 의한다. 전력의 공급으로 에스컬레이터나 엘리베이터에 의해 수직이동이 이루어졌다. 주차장이나 스타디움과 같은 건축물에서는 경사 바닥판이나 램프(ramp)를 바닥판 사이에 설치하여 이동을 위해 사용되었다.

바닥판은 사람의 행위가 이루어지고 사물들을 지지하는 데크이다. 미를 목적으로 데크 위에 바닥마감을 행한다. 바닥판이 지면 위에 시공되지 않을 경우에 데크는 벽체, 칸막이벽 혹은 기둥들과 같은 지지부재들에 의해 지지된다. 데크가 매우 강할 경우에는 이들 지지점들 사이에 추가적인 보강을 필요로 하지 않는다. 지지점들은 공간을 구획하기 위해서는 가급적 멀리 위치시킨다. 데크가 너무 두껍고 무거울 경우 지지점에 의해 유지될 수 없는데 이런 경우에는 데크의 무게를 전달하고 데크 위에 하중을 수직지지점들로 전달하기 위하여 보(beam)를 설치한다.

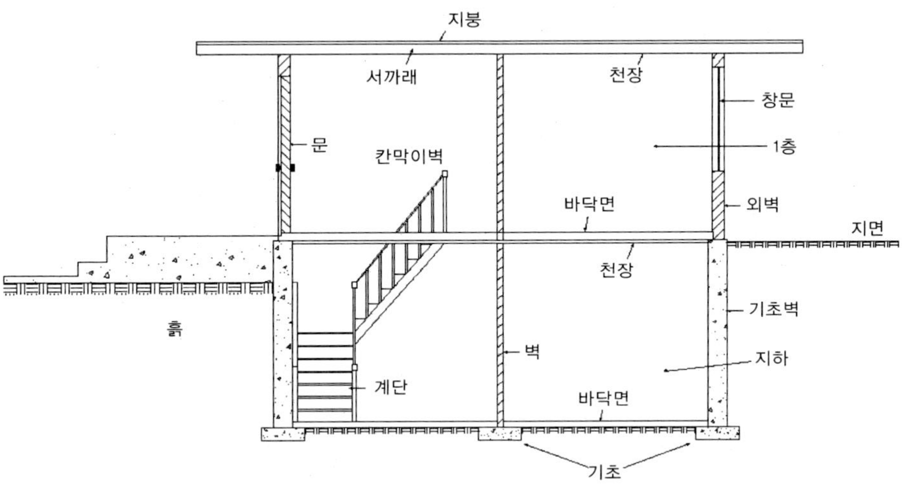

그림 2.3 지하층을 포함한 1층 건물의 수직 단면도

그림 2.4는 바닥판구조로서 그림 (a)는 목조주택에 종종 사용되는 바닥구조를 나타내는데 목재 합판 위를 카펫으로 마감한다. 바닥판 하부는 목조의 조이스트에 의해 지지되는데 합판이 얇으면 조이스트는 밀실하게 위치한다. 그림 (b)는 사무실에 사용되는 바닥판 구조를 나타낸다. 바닥판은 강하고 두꺼우며 종종 콘크리트로 만들어진다. 그리고 그 표면은 리놀륨, 아스팔트, 비닐타일 혹은 카펫에 의해 마감된다. 바닥판을

지지하는 보들의 간격은 크며 강해야 한다. 바닥판의 하부를 천장이라고 한다. 데크와 천장 사이는 조명설비와 덕트, 파이프들을 위한 공간으로 사용된다.

바닥판에 지나친 재하나 설비배관을 목적으로 부적절하게 구멍을 내는 경우에 보가 손상된다. 보가 손상되면 바닥판의 붕괴와 심각한 거주자의 인명피해를 일으킬 수 있다. 보들은 콘크리트, 목재 혹은 철골로 만들어진다. 이들은 화재 시에 각각 다른 성향을 보인다. 콘크리트가 두꺼우면 몇 시간 동안 화재에 견딜 수 있으며 철골부재는 화재 시에 손상을 받을 수 있으며, 목재는 연소된다. 따라서 목조는 화재로부터 보호하기 위하여 콘크리트나 플라스터(미장)와 같은 적당한 두께의 단열과 불연재료로 감싸야 한다.

콘크리트는 불연재료로 목재나 철골 보를 보호하기 위하여 보의 바닥판과 측면들에 사용된다(그림 2.5). 대부분의 건축물에서 미적으로나 내화를 목적으로 그림 2.4와 같

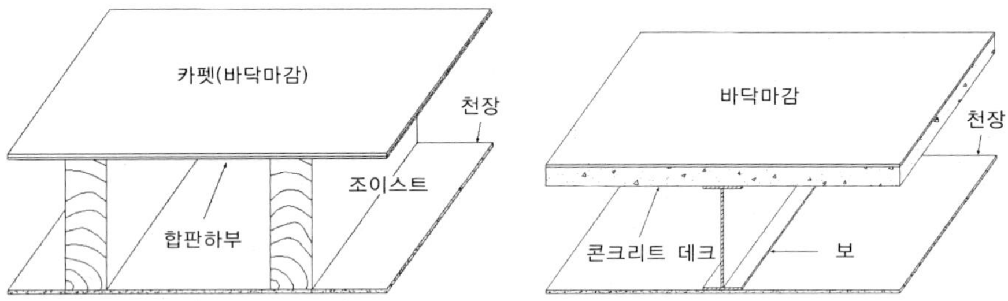

(a) 목재 조이스트 위에 합판 (b) 철골 보 위에 콘크리트 데크

그림 2.4 바닥판

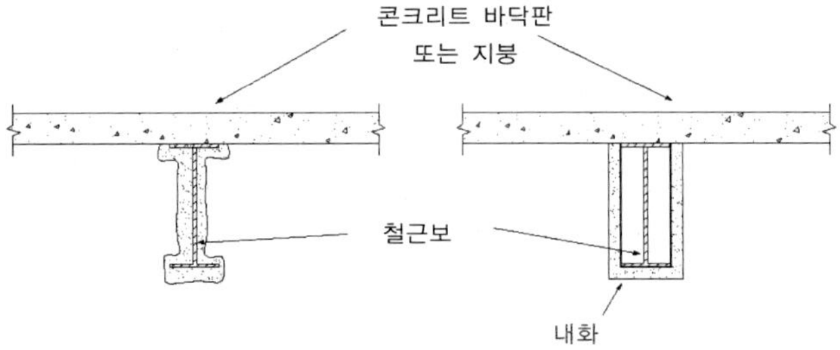

그림 2.5 단열재료의 흩뿌림이나 단열박스 내에 삽입에 의한 내화

이 천장에 의해 보호되어야 한다. 내화를 목적으로 석고 플라스터, 석고보드, 단열 타일 등이 사용된다.

지붕은 열의 통과를 저지하는데, 하절기에는 태양열의 투과를 방지하며 동절기에는 실내의 온기를 외부로 방출되지 않도록 하는 것이 바람직하다. 지붕은 바람, 눈, 지붕 수선공의 체중 등과 같이 예상되는 하중에 충분히 견딜 수 있도록 강해야 한다. 지붕의 마감은 일반적으로 내풍 및 방수재료이어야 한다. 지붕의 방수층은 일반적으로 매우 얇으므로 지붕의 데크 위에 설치한다. 바닥판에서와 같이 지붕 데크를 지지하기 위하여 보를 설치하며 지붕과 보 하부에 천장이 놓이게 된다. 또한 바닥판과는 달리 지붕에는 열의 통과를 저지하기 위하여 단열층을 두기도 한다.

그림 2.6은 두 가지 형태의 지붕구조를 나타내고 있다. 그림 2.6(a)는 주택에 주로 사용되는 경사지붕을 나타내고 있으며 지붕이 데크에 의해 지지되고 있음을 볼 수 있다. 또한 데크는 외벽에 의해 지지되며 경사지붕을 따라 설치되는 목재 서까래(rafter) 위에 지지된다. 이 때 서까래가 조밀하게 배치되어 데크를 지지할 경우에 데크의 두께를 얇게 할 수 있다. 그림 2.6(b)는 산업용 혹은 사무실용 건물에 사용되는 평지붕을 나타내고 있다. 지붕의 데크는 콘크리트로 제작되어 매우 강하고 두껍다. 또한 데크를 지지하기 위하여 중도리를 사용하여 보강할 수 있다.

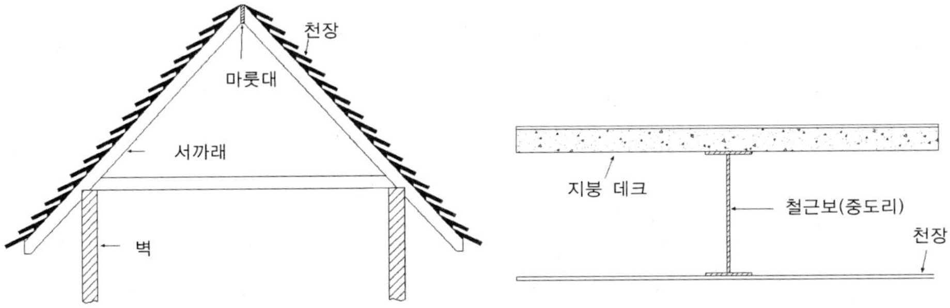

(a) 경사 서까래 위에 합판 지붕 (b) 철골 보 위에 콘크리트 평슬래브

그림 2.6 지붕

2.2.2 벽체

건물을 구성하는 벽체들에는 풍력이나 지진력 등의 수평력에 저항하게 설계된 전단력과 수직하중에 저항하는 내력벽이 있고, 건물의 지하부분을 형성하면서 토압 및 수압에 저항하는 지하벽과 대지 조성을 할 때 주변지형의 붕괴 방지를 위한 옹벽 등이 있다. 벽체는 매우 견고한 구조요소로서 벽체를 3차원으로 구성한다면 계단실이나 엘리베이터실 등의 견고한 구조가 되며, 횡력을 저항하는 구조로서 매우 유용한 구조이다. 건물의 지하층 공사를 하기 위해 굴토작업을 할 때, 일시적으로 가설 흙막이벽을 설치하여 측면 토압에 저항하게 된다. 이때 옹벽은 토압에 저항하여 그 붕괴를 방지하도록 축조되는 구조물로서 옹벽의 높이 및 시공현장의 조건, 시공성 및 경제성을 고려하여 적절한 구조로 설계되어야 한다. 벽은 다음 중 한 개의 역할을 한다.

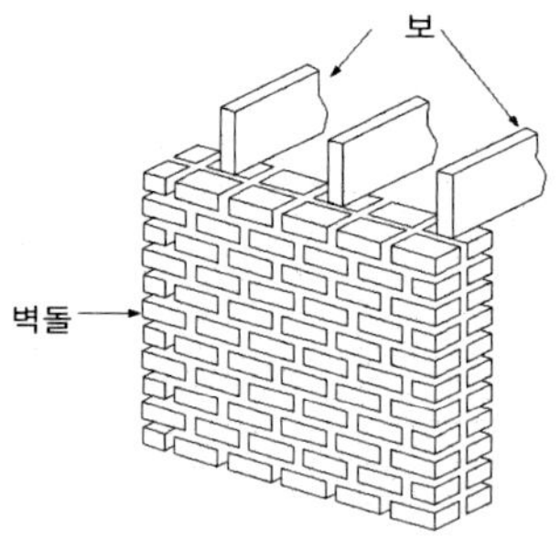

그림 2.7 벽돌 벽

① 단위조적

소규모의 벽체에 사용되며 흙벽돌, 콘크리트블록, 유리블록, 점토타일 등을 모르타르를 사용하여 제작된다. 그림 2.7은 두 겹의 벽돌을 나타내고 있다.

② 패널벽

대규모의 벽체에 사용된다. 패널은 천장부터 바닥판까지 형성되며, 최소한 한 개의 창문을 갖는다(그림 2.8).

③ 골조벽

조밀하고 얇은 구조부재들에 의해 벽을 형성하는 경우를 일컫는다. 그림 2.9는 목조의 골재에 의한 벽을 나타내고 있다. 수직부재들인 스터드(stud)의 상하부에 수평부재인 플레이트(plate)를 긴결시킨다.

외벽은 주로 외피용으로 사용되므로 비내력벽 혹은 커튼 월이라고 한다. 그림 2.8의 벽을 커튼 월이라고 볼 수 있다. 바닥판의 상하부에 의해 지지되는 외벽은 자중과 외면에 풍압에 견딜 수 있도록 강할 필요가 있다. 외벽은 또한 다른 벽, 보, 바닥판, 지붕 등과 같은 구성요소로부터 하중을 기초로 전달하기 위해 사용되며, 이러한 벽체를 내력벽이라 한다. 그림 2.7은 벽돌 내력벽을, 그림 2.9는 목재의 내력벽을 나타낸다.

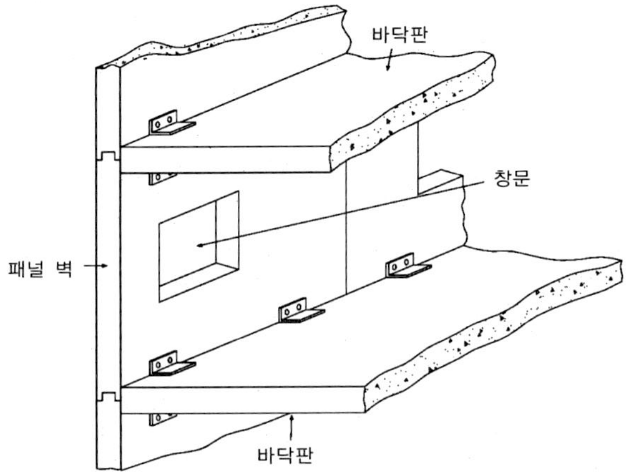

그림 2.8 패널 벽

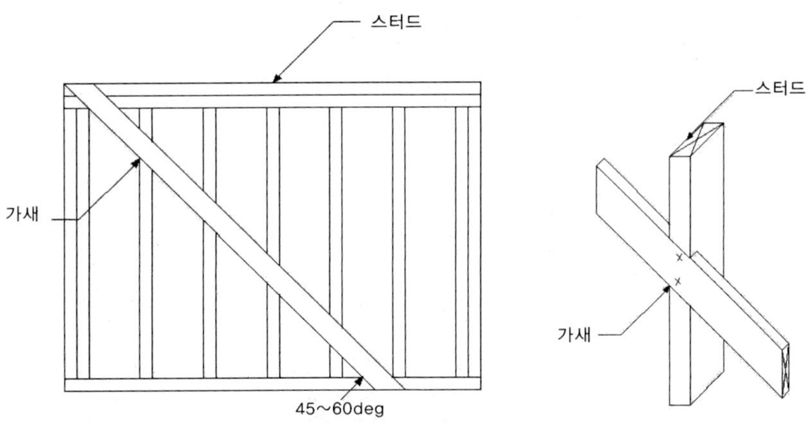

그림 2.9 목조의 벽체

그림 2.10 강구조의 골조

2.2.3 골조 및 기초

바닥판과 지붕은 보들에 의해 구획된 영역에서 충분히 지지되도록 매우 강해야 한다(그림 2.10 참조). 보들은 강하고 세장한 수직부재인 기둥들에 의해 지지된다. 모든 보들을 기둥에 의해 지지한다면 공간들이 협소하게 될 것이다. 기둥 간에 연결되는 보를 큰 보(girder)로, 기둥들에 의해 지지되지 않는 보를 작은 보(beam)라 한다.

보는 구조적으로 슬래브와는 달리 춤이 깊고 경간이 긴 부재로 바닥판의 하중을 지지하여 전단벽이나 기둥과 같은 수직 구조부재에 하중을 전달하는 기능을 한다. 또한 건축적인 측면에서 층고에 직접적인 영향을 주는 부재로써 구조계획시 적정 보의 선택은 최적의 층고 확보를 위해서 가장 중요한 고려대상 중의 하나이다. 보의 구조형식은 철근콘크리트 보, 철골 보, 합성보로 대별된다. 보는 유해한 처짐이나 진동이 발생하지 않도록 해야 한다. 따라서 동일한 단면의 보에 대하여 층고가 허용하는 한 보의 춤을 크게 하는 것이 구조적·경제적인 측면에서 유리하다. 그러나 현실적으로 층고가 문제될 경우에는 보의 간격을 조정하는 방법 또는 와이드 빔(wide beam) 등의 처리방법이 있을 수 있으며, 철골 보의 경우에는 유공 보 등으로 처리하는 방법이 있다. 우리나라에도 간헐적으로 발생하는 지진에 대하여, 지진하중 하에서의 보와 기둥의 접합부에 대한 이해와 상세한 처리에 적극적인 관심을 기울여야 한다. 특히 철근콘크리트 보의 경우 철근의 배근방법이 강화되어야 한다.

하중은 바닥판과 지붕을 지지하는 수직부재들을 따라 기초에 전달되며 기초면은 하중을 전달하는 건축물의 최종 지지점이 된다. 기초는 강하고 내구성이 있는 콘크리트를 사용한다. 건축물에 지하층이 있을 경우에는 기초벽을 설치하여 토압에 견딜 수 있도록 해야 한다. 그리고 지상층의 벽이나 기둥들은 기초벽 위에 놓이게 된다. 지하층이 없을 경우에 기초는 동결선 이하로 확대 설치하여 동절기에도 얼지 않도록 해야 한다. 흙은 동결융해에 의해 기초들의 바람직하지 않은 이동을 일으킨다.

기초는 건물과 지반 간의 직접적인 접촉부이며, 건물의 하중을 지반에 전달시키는 역할을 한다. 기초 설계의 주요 목표는 건물의 침하량을 한계범위 내로 유지시키고 국부적인 지반침하나 건물의 수평이동을 막는 것이다. 어떤 원인에 의해 건물이 침하가 발생해도 그 침하가 일정하게 일어나고 그것에 대한 보강 설계가 되어 있다면 별다른 문제가 없으나, 건물 일부에서만 침하가 발생한다면 심각한 문제를 유발한다. 예를 들어, 피사의 사탑과 같이 구조물의 일부가 다른 쪽에 비하여 더 많이 침하되는 경우를 들 수 있다. 벽체의 하부에 설치하는 기초는 연속기초로 한다(그림 2.11(a)). 유사하게 기둥에 작용하는 하중을 직접 전달시킬 경우에는 그림 2.11(b)와 같이 독립기초로 한다. 그러나 토질이 너무 약하여 기둥들에 대해 직접기초들이 너무 큰 면적을 차지할 경우에는 전체 건물에 대해 하나의 큰 기초를 하는 것이 바람직하며, 이를 온통기초(mat footing)라 한다. 토질이 너무 약할 경우에 직접기초는 비실제적이다. 이러한 경우에는 말뚝(pile) 위에 기둥과 벽돌을 지지하는 말뚝기초를 사용한다(그림 2.12). 말뚝은 지하면에 위치하는 것을 제외하고는 기둥과 동일한 구조부재이다. 한 개의 기둥이나 벽체에는 여러 개의 말뚝이 필요하다. 또한 기둥이나 벽체로부터 하중을 말뚝에 균등히 전달시키기 위하여 말뚝의 상부에 콘크리트로 제작한 두꺼운 기초판을 설치한다.

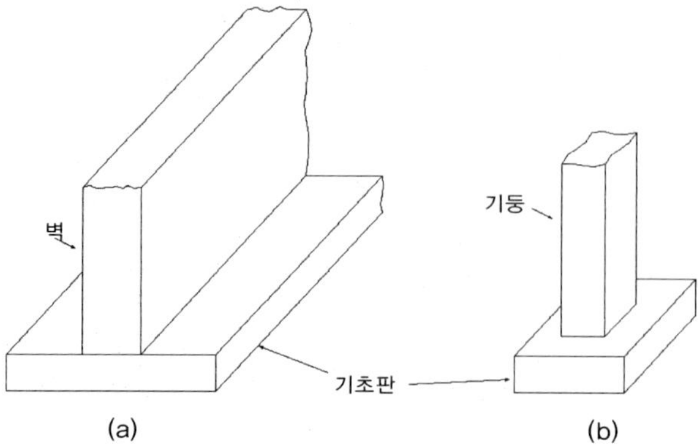

그림 2.11 직접기초

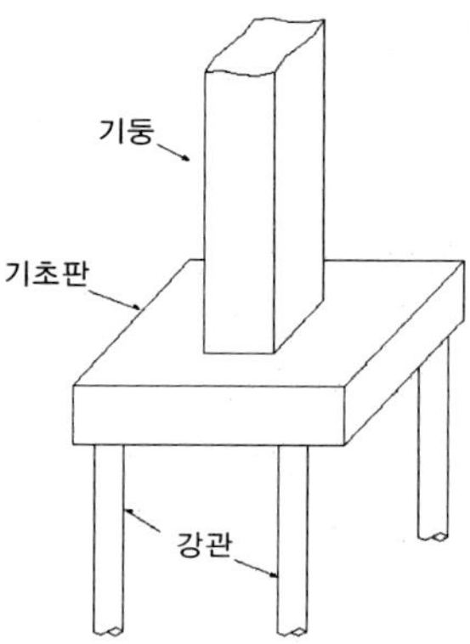

그림 2.12 말뚝기초

벽과 기둥들은 중력방향의 하중뿐만 아니라 바람이나 지진과 같은 수평방향의 하중을 받는다. 그러나 벽이나 기둥은 수평하중을 지지하는데 적절하지 않으므로 건물은 전복되거나 건물은 붕괴될 것이다. 건물의 전복을 막기 위해서는 건물의 높이/건물의 폭비 혹은 건물의 높이/건물의 두께비가 일정한 범위 내에 있어야 하며, 저면의 기둥은 완전히 정착되어야 할 것이다. 그리고 붕괴를 막기 위하여 수평력을 지면으로 전달되도록 설계해야 한다.

기둥은 축하중뿐만 아니라 휨모멘트를 받으므로 기둥계획 시 이들이 조합된 응력에 대하여 검토해야 한다. 연직하중에 대하여 기둥의 축력을 구할 때 하중 부하면적[1]을

1) 2.5절 참조

보 경간 중앙을 경계로 하여 나눌 수 있다. 기둥 상단의 모멘트는 기둥의 강성과 보의 강성비에 큰 영향을 받는다. 그림 2.13과 같이 기둥의 강성이 보에 비해 커지면 보의 중앙에서의 모멘트는 작아지게 된다.

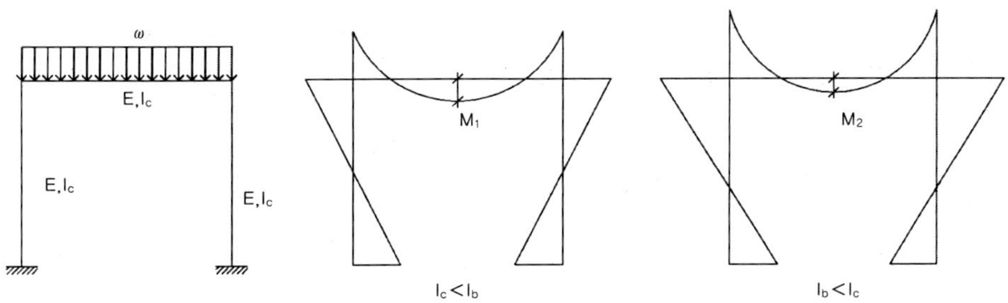

그림 2.13 기둥 강성에 따른 휨모멘트 변화

그림 2.14의 골조에 수평력 P가 작용하면 이 수평력은 3개의 기둥의 강성에 따른 비율로 분담되어 기둥의 전단력으로 저항한다. 만약, 기둥 B, C의 강성이 같다면 분담력은 보에 의한 구속 정도에 따라 다르게 된다. 기둥 B의 상단에는 양측 보에 의해 기둥이 구속되는 반면에, 기둥 C는 한쪽 기둥에 의해서만 구속되고 있다. 보에 의해 구속되는 정도가 큰 기둥이 더 많은 수평하중을 분담하게 된다. 따라서 기둥의 전단력 크기는 P_b 〉 P_c 〉 P_a 순이다.

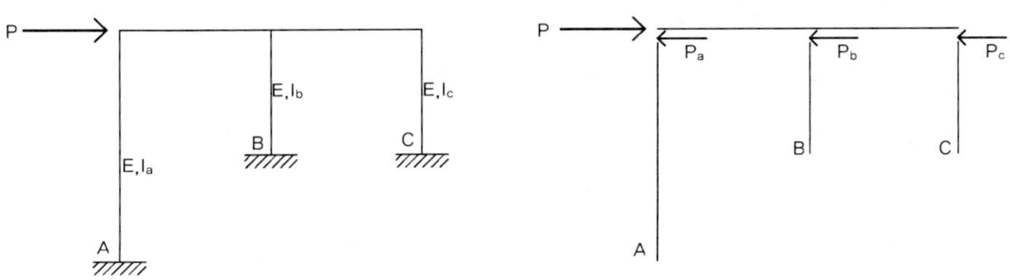

그림 2.14 기둥 강성에 따른 수평력의 분담

보와 기둥을 연결하는 경사부재로서 가새(bracing)는 수평력을 기초로 전달시키는 역할을 한다(그림 2.15(a)). 또 다른 방법으로 보와 기둥의 접합을 강하게 하여 이 접합부에 회전이 발생하지 않도록 한다(그림 2.15(b)). 또 다른 방법으로서 수직의 양방향으로 전단벽을 설치하는 것이다(그림 2.15(c)). 벽면에 수직으로 작용하는 하중에 대하여는 그 저항 능력이 작으나 벽면과 평행한 방향으로 작용하는 하중에 대하여는 그 저항능력이 매우 크다. 그러므로 수직의 두 전단벽을 설치하는 것이 효율적으로 수평하중을 분담할 수 있다.

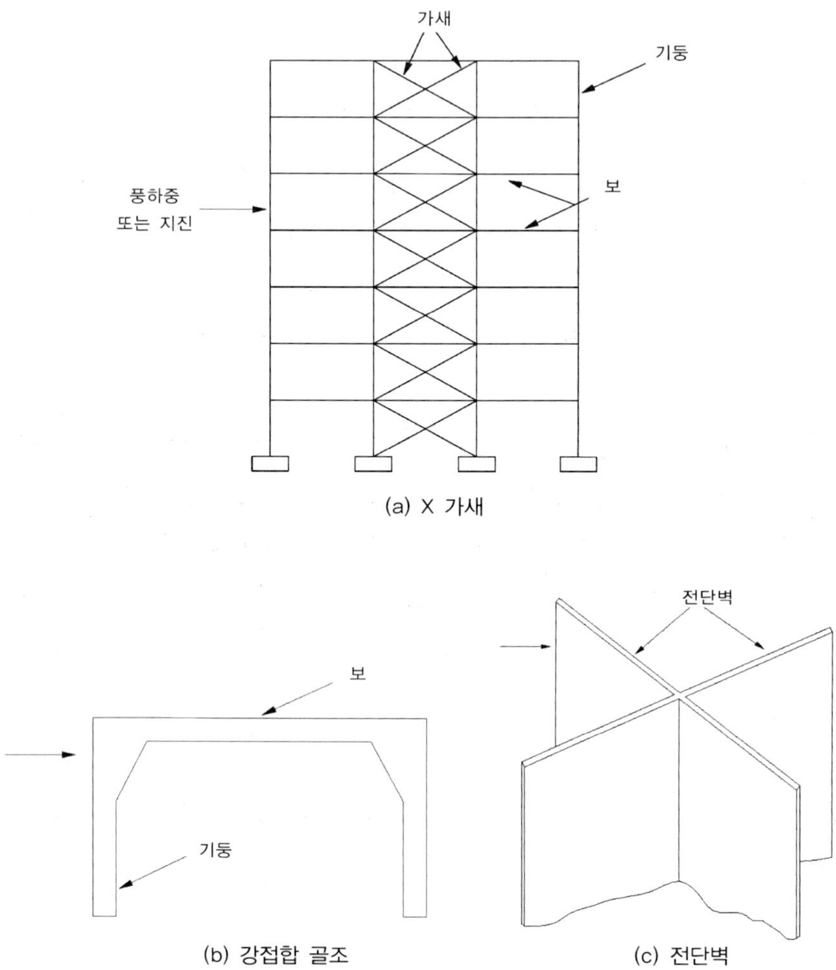

(a) X 가새

(b) 강접합 골조

(c) 전단벽

그림 2.15 수평력에 저항하는 건물의 수평가새

2.3 하 중

건축물의 구조설계를 행할 경우, 건물에 작용하는 하중을 파악하는 것은 가장 기본이 되는 사항이다. 적절하게 평가된 하중을 지지하도록 건물의 각 부재는 설계되어야 한다. 하중은 바닥판인 슬래브에 작용하고 슬래브를 지지하는 보, 그리고 이 보를 지지하는 기둥 혹은 벽체를 따라 기초 및 지반으로 전달된다. 하중의 전달경로를 따라 모든 부재는 그 힘에 저항할 수 있도록 설계되어야 한다.

건물에 작용하는 하중은 우선 중력방향으로 작용하는 하중을 들 수 있다. 거주자, 사용자, 각종 실내외 설비, 기타 건물의 용도에 해당되는 각종 기기들은 건축물의 수직 혹은 중력방향으로 작용하며, 수직하중에 대한 지반의 반력에 의해 힘의 평형을 유지해야 한다. 또한 바람이나 지진 혹은 지하층에 작용하는 흙의 토압이나 지하수위에 의한 수압은 수평으로 작용한다. 이들 수평으로 작용하는 하중에 또한 저항할 수 있도록 설계되어야 한다. 그러나 구조설계 시에는 건축물의 용도, 중요성, 안전성 등을 고려한 하중을 설계하중이라 한다.

① 정하중과 동하중

정하중은 건축물에 서서히, 그리고 거의 일정하게 작용하는 힘을 말하며 자중을 예로 들 수 있다. 동하중은 시간에 따라 변하는 하중으로서 자동차와 같은 이동하중, 반복하중과 충격하중을 포함한다. 반복하중은 여러 차례 작용하는 하중으로 모터와 같은 기계에 의해 발생하는 하중을 예로 들 수 있다. 충격하중은 짧은 시간 내에 작용하는 하중으로 작용속도가 빠를수록 가해지는 충격은 더 크게 작용된다. 몸무게 측정을 위해 서서히 체중계에 올라가는 경우보다 급격히 체중계에 올라설 경우에 더 큰 몸무게를 나타내지만 돌풍은 충격으로 설명될 수 있다.

표 2.4 용도별 건축물에 작용하는 적재하중

용 도		건축물의 부분	적재하중 (kgf/m^2)
(1)	주 택	가. 주거용 건축물의 거실, 고용실, 복도	200
		나. 공동주택의 발코니	300
(2)	병 원	가. 병실과 해당복도	200
		나. 수술실, 고용실과 해당복도	300
(3)	숙박시설	가. 객실과 해당복도	200
		나. 공용실과 해당복도	500
(4)	사무실	가. 일반사무실과 해당복도	250
		나. 로비	400
		다. 특수용도 사무실과 해당복도	500
		라. 문서보관실	500

용 도			건축물의 부분	적재하중 (kgf/m^2)
(5)	학 교		가. 교실과 해당복도	300
			나. 로비	400
			다. 일반실험실	300
			라. 중량물 실험실	500
(6)	판매장		가. 상점, 백화점(1층 부분)	500
			나. 상점, 백화점(2층 이상 부분)	400
			다. 창고형 매장	600
(7)	집회 및 유흥장		가. 로비, 복도	500
			나. 무대	700
			다. 식당	500
			라. 주방(영업용)	700
			마. 극장 및 집회장(고정식)	400
			바. 집회장(이동식)	500
			사. 연회장, 무도장	500
(8)	체육시설		가. 체육관 바닥, 옥외경기장	500
			나. 스탠드(고정식)	400
			다. 스탠드(이동식)	500
(9)	도서관		가. 열람실과 해당복도	300
			나. 서고	750
(10)	주차장	옥내주차 구역	가. 승용차 전용	400
			나. 경량 트럭 및 빈 버스 용도	800
			다. 총중량 18톤 이하 트럭, 중량 차량 용도	1,200
		옥내 차로와 경사로	가. 승용차 전용	600
			나. 경량 트럭 및 빈 버스 용도	1,000
			다. 총중량 18톤 이하 트럭, 중량 차량 용도	1,600
		옥외	가. 승용차, 경량 트럭 및 빈 버스 용도	1,200
			나. 총중량 18톤 이하의 트럭 용도	1,600
(11)	창 고		가. 경량품 저장창고	600
			나. 중량품 저장창고	1,200
(12)	공 장		가. 경공업 공장	600
			나. 중공업 공장	1,200

용 도		건축물의부분	적재하중 (kgf/m²)
(13)	지 붕	가. 접근이 곤란한 지붕	100
		나. 적재물이 거의 없는 지붕	200
		다. 정원 및 집회용도	500
		라. 헬리콥터 정착장(대형인 경우 제외)	500
(14)	기계실	공조실, 전기실, 기계실 등	500
(15)	광 장	옥외광장	1,200

② 고정하중과 적재하중

건물의 자중에 의한 하중을 고정하중이라 한다. 고정하중은 내력구조물, 천장, 바닥, 칸막이, 커튼, 저장탱크, 기계·전기분배시스템 등의 중량과 같이 영구적으로 작용하며 중력방향으로 작용한다. 고정하중과 반대로 적재하중은 영구적으로 작용하지 않으며 변화가 많고 예측이 힘든 하중을 말한다. 적재하중은 시간에 따라 변하며 용도 및 유형에 따라 달라지며 점유하중(사람, 가구, 책, 서류, 캐비닛 등), 시공하중, 축적된 물, 눈 등이 속한다. 최근 들어 건축물은 경량화로 고정하중을 줄이는 경향이 있는 것으로 보아 적재하중의 영향이 증가하고 있음을 알 수 있다. 건설교통부가 제정한 건축물의 구조기준 등에 관한 규칙에서 용도별 적재하중을 표 2.1에 나타내고 있다.

③ 풍하중

바람은 풍속과 풍향으로 정의된다. 어느 시각의 풍속 및 풍향이란 그 시각 전의 10분간 평균풍속 및 풍향을 그 시간의 풍속 및 풍향이라 한다. 하루 중 10분 동안의 평균풍속을 연속적으로 기록하여 그 날의 최대치를 일최대풍속이라 하며, 하루를 통해서 연속적으로 기록한 순간풍속의 최대치를 일최대 순간풍속이라 한다.

건축물에 작용하는 풍하중의 크기는 풍속과 건물의 형상 및 바람의 변동 특성 등 여러 요인들에 의해 정해진다. 건축물에 대한 최대풍속은 그 지방의 풍속에 관한 과거의 기록에 기초하여 통계적으로 구해야 하지만, 정확한 풍속은 지리적인 위치와 고도에 따라 달라지므로 일반적으로 설계규정에 주어진 풍속대 지도로부터 구한다. 풍속도는 각 지역 기상대의 풍속기록을 근거로 통상 50년 재현기간의 지상 특정고도에서의 최대풍속을 나타낸다. 풍속은 고도에 따라 증가하므로 지상고도는 매우 중요하다. 건설교통부가 제정한 건축물의 구조기준 등에 관한 규칙에서 지역별 기본풍속은 표 2.5와 같다. 여기서 기본풍속이란 노풍도구분[2)] C인 지역의 지표면으로부터 10m 높이에서 측정한 10분간 평균풍속에 대한 100년 재현기대풍속이며 지형을 고려하여 정한 풍속이다.

표 2.5 지역별 기본풍속

지 역		기본풍속 (m/sce.)
서울, 경기도	서울, 인천, 김포, 부천, 부평, 구리, 오산, 송탄, 평택, 시흥, 과천, 안양, 수원, 안산, 군포, 의왕, 안성, 강화	30
	양평, 성남, 하남, 용인, 의정부, 동두천, 포천, 파주, 광주, 기흥, 미금, 여주, 이천, 신갈, 장호원	25
강원도	속초, 강릉, 양양, 주문진	40
	거진, 간성, 동해, 삼척, 원덕	35
	춘천, 화천, 양구, 철원, 김화, 인제 영월, 정선, 태백, 원주, 평창, 홍천	25
충청도	장항	40
	태안, 서산, 청주, 대천, 서천, 안면도, 조치원, 천안, 홍성, 광천, 아산	35
	대전, 당진, 합덕, 성환, 진천, 증평, 온양	30
	음성, 청양, 금산, 영동, 공주, 논산, 제천, 충주, 부여, 보은, 단양, 괴산, 옥천	25
경상도	포항, 울릉도, 구룡포, 오천, 홍해, 감포	45
	부산, 기장, 장안, 연일, 의동, 가덕도	40
	울산, 통영, 거제, 고성, 진해, 김해, 마산, 창원, 양산, 진영, 울진, 평해, 안강, 경주, 남해, 삼천포	35
	건천, 가야, 삼랑진, 영덕, 사천	30
	대구, 영주, 구미, 김천, 영천, 안동, 봉화, 풍기, 예천, 청송, 영양, 하양, 경산, 청도 ,남지, 의령, 추풍령, 상주, 선산, 군위, 의성, 문경, 점촌, 함창, 진주, 거창, 함양, 산청, 고령, 창녕, 합천, 밀양	25
전라도	군산, 미성	40
	목포, 여수, 완도, 진도 옥구, 노화, 익산, 금일, 해남, 관산, 대덕, 도양, 고흥	35
	광주, 나주, 화순, 영암, 일노, 강진, 장흥, 벌교, 순천, 광양, 무안, 함평, 영광	30
	전주, 함열, 진안, 무주, 삼례, 담양, 부안, 남원, 순창, 구례, 고창, 정주, 장수, 승주, 임실, 태인	25
제주도	전지역	40

2) 노풍도 구분은 지표면 조도구분으로 일정지역의 지표면 조도에 해당하는 장애물이 바람에 노출된 정도의 구분을 말한다.

바람의 속도는 그림 2.16(a)와 같이 일정한 값의 평균속도와 순간최대 속도로 구분하여 생각할 수 있다. 평균풍속은 그림 2.16(b)와 같이 고도가 높아질수록 증가되는데, 그 증가율은 지표의 조도(組度, roughness)에 따라 다르다. 바람은 지표 부근의 마찰로 감속되기 때문에 지형이나 나무, 건물 등의 주변 물체에 의한 장애요인이 커질수록 최대풍속(V_{max})이 나타나는 고도가 그림 2.16(b)와 같이 높아지게 된다.

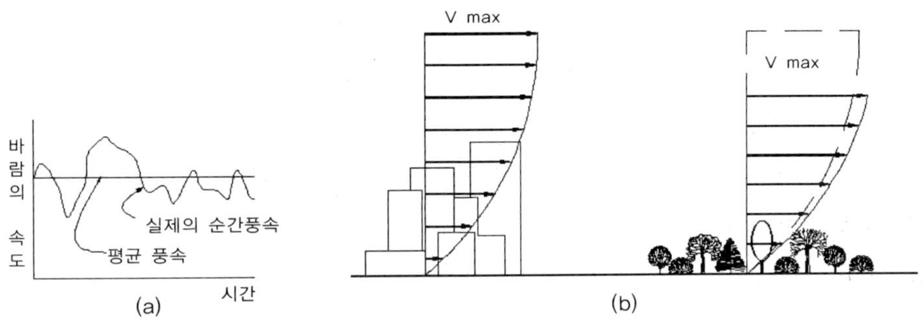

그림 2.16 바람의 속도

④ 지진하중

1978년 홍성 지진이후 지진에 대한 관심이 증대되었으며, 1988년 1월부터 건축물의 구조 기준 등에 관한 규칙에 내진설계를 하도록 정하고 있다. 지구의 지각이 서로 마주칠 때, 충격 파동의 형태로 확산되는데 이를 지진이라고 한다. 지진파는 압축, 전단 그리고 표면파의 세 가지 형태로 구별된다. 압축과 전단파는 지구내부에 진원지로부터 표면으로 전달된다. 압축파는 지표면에 먼저 도달하며 이를 P파(primary waves)라고 한다. 전단파는 S파(secondary waves)라고 하며 압축파와 같이 빨리 지표면에 도달하지 않으나, P파보다 더 많은 에너지를 전달하며 건축물에 더 많은 피해를 입힌다(그림 2.17 참조). 1935년 리히터(Charles F. Richter)는 지진의 강도를 측정하는 리히터 지진계를 개발하였다. 규모는 지진계에 의해 기록된 진폭의 로그 스케일로 결정된다. 규모는 소수점으로 표현되며, 5.3은 중진, 7.3은 강진, 7.5 이상은 초강진이라고 하며, 2.0 이하일 경우는 미진으로 구분한다. 전 세계를 통하여 규모 6의 지진은 매일 발생하며, 규모 7의 지진은 매주, 그리고 8의 지진은 해마다 발생한다. 그러나 큰 규모의 지진은 대부분 인구밀도가 낮은 지역에서 발생하므로 거의 주목을 받지 못하고 있다.

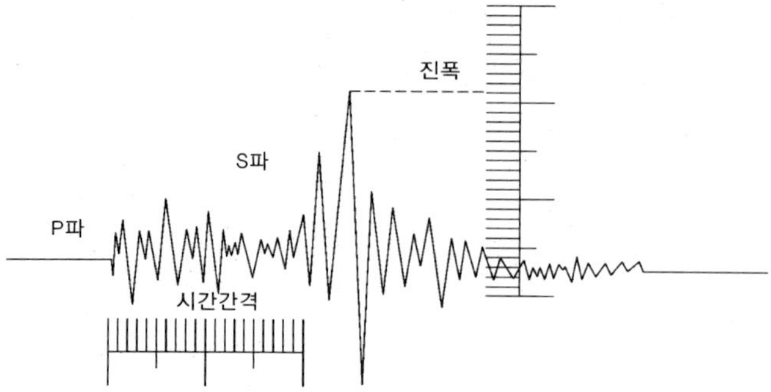

그림 2.17 지진파의 형태

그림 2.17에서와 같은 지진에 대해 리히터 규모 M은 그림 2.18의 도표와 다음의 과정에 의해 결정된다.

(a) P파와 S파의 도착 시간의 차이를 결정한다.

(b) 최대 진폭을 결정한다.

(c) 도표의 좌측에 도착시간 차와 우측의 최대진폭을 서로 연결한다.

(d) 도표 중앙에 리히터 규모를 읽는다.

(e) 도표의 좌단에 진원지까지의 거리를 읽는다. 진원지의 위치는 3개의 지진계 각각으로부터 측정하여 결정한다.

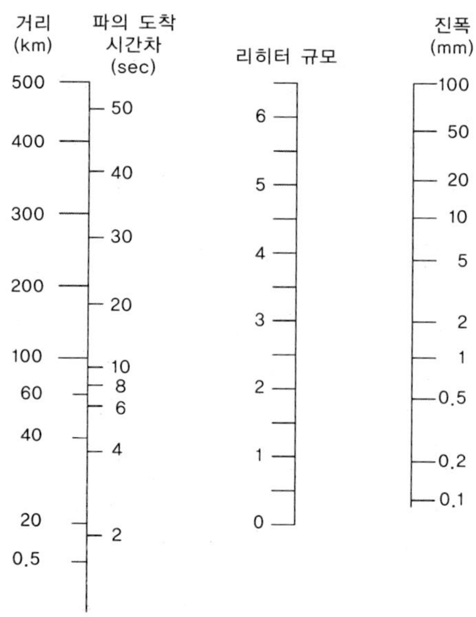

그림 2.18 리히터 규모 측정용 도표

⑤ 적설하중

구조물에 작용하는 눈의 하중을 적설하중이라 한다. 지붕 적설하중은 지상 적설하중의 기본값을 기준으로 하여 건축물의 주변환경, 난방상태, 중요도 및 지붕의 형상과 기타 눈의 분포상태 등을 고려하여 산정한다. 건설교통부가 제정한 건축물의 구조기준 등에 관한 규칙에서 지역별 적설하중의 기본값은 표 2.6과 같다.

표 2.6 지상 적설하중의 기본값

지 역	지상 적설하중(kgf/m^2)
서울, 수원, 춘천, 서산, 청주, 대전, 추풍령, 포항, 군산, 대구, 전주, 울산, 광주, 부산, 충무, 목포, 여수, 제주, 서귀포, 진주, 울진, 이천	50
인천	80
속초	200
강릉	300
울릉도, 대관령	700

⑥ 분포상태에 따른 하중의 분류

종류	하중의 상태	설명 및 단위
집중하중 (concentrated load)	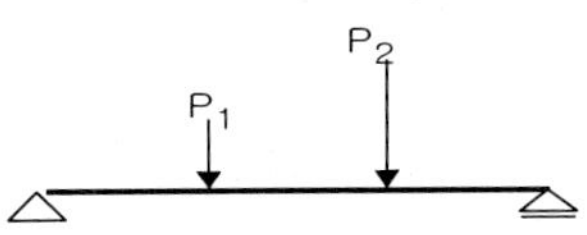	부재의 한 점에 집중하여 작용하는 하중 [N], [kN]
등분포하중 (uniformly distributed load)	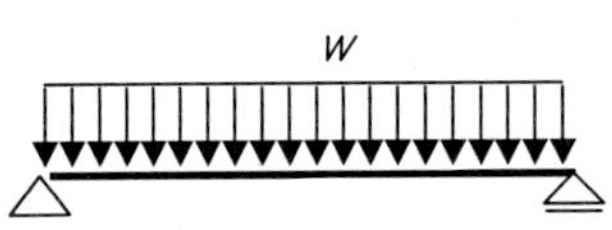	부재의 일정구간에 걸쳐 일정한 크기로 작용하는 하중 [N/m], [kN/m]
변등분포하중 (uniformly varying load)	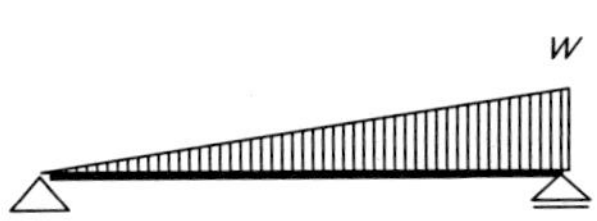	부재의 일정구간에 크기가 직선적으로 변화하는 하중 [N/m], [kN/m]
이동하중 (moving load)	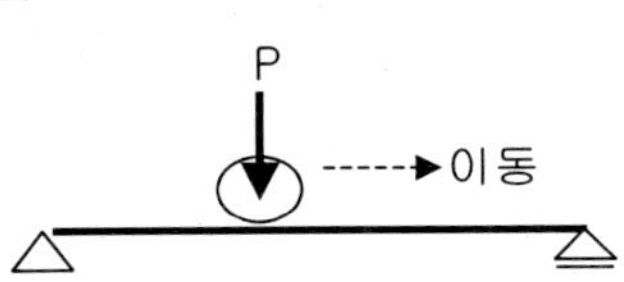	부재위에서 하중점이 이동하는 하중 [N], [kN]
모멘트 하중 (moment load)	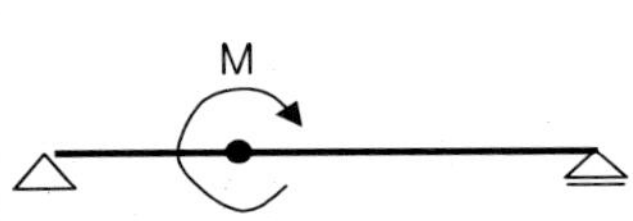	부재위의 어떤 점에 모멘트가 작용하는 하중 [N·m], [kN·m]

2.4 하중의 조합

구조물에 작용하는 하중은 개별적으로 작용하기보다는 2가지 혹은 그 이상의 하중이 조합되어 나타난다. 구조체는 이러한 조합된 하중 중 가장 불리한 하중상태에 대해서도 충분히 견딜 수 있는 능력을 가지고 있어야 한다. 이를 위해서는 각 하중을 일정한 계수를 고려하여 조합하게 되는데 이는 설계방법에 따라 달라진다.

① 강도설계법에서의 하중조합(철근콘크리트구조)

1.4D

1.4D+1.7L

0.9D+1.3W(또는 1.43E)

0.75(1.4D+1.7L+1.7W(또는 1.87E))

② 한계상태설계법에서의 하중 조합(강구조)

1.4D

1.2D + 1.6L +0.5(Lr 또는 S)

1.2D + 1.6(Lr 또는 S)+(0.5L 또는 0.8W)

1.2D + 1.3W+0.5L+0.5(Lr 또는 S)

1.2D ± 1.5E+0.5L+0.2S

0.9D ± (1.3W 또는 1.5E)

여기서, D : 고정하중

L : 적재하중

Lr : 지붕의 적재하중

W : 풍하중

E : 지진하중

S : 적설하중

2.5 하중의 영향

전절에 언급된 하중들이 지붕, 슬래브 등과 같은 부재면을 통해 구조물에 작용하고 지지부재들에 분배된다. 이들 힘들은 타 부재에 전달되고 이 전달과정은 부과된 하중들의 영향이 기초에 전달될 때까지 계속된다.

그림 2.19에 바닥구조가 등분포하중을 부담하고 있다고 가정하자. 단위면적당 등분포하중 q가 슬래브에 작용하고 슬래브로부터 하중들이 지지 보에 전달된다. 이를 부하면적(tributory area)이라 하며, 보에 하중을 전달하는 슬래브 영역을 일컫는다. 이 면적은 보의 길이와 이웃한 각 보까지 거리의 반에 해당하는 폭에 의한 영역이 된다. 그림 2.19(a)의 바닥시스템에 대해 보 는 그림 2.19(b)와 같이 길이 l, 폭 h의 부하면적을 갖는다. 따라서 보 cd가 부담하는 하중은 qlh가 된다. 때때로 이 하중은 보 길이방향을 따라 작용하는 단위길이당 하중으로도 표현된다. 즉 바닥면적당 하중을 길이 l로 나누어 그림 2.19(c)와 같이 단위 길이당 등분포하중 qh로 나타내기도 한다. 부하면적의 개념을 확대하고 등분포하중을 받는 보에 적용하면 보에 작용하는 하중의 반이 보의 각 단부에서 지지되고 있다고 유추할 수 있다. 작은 보 cd가 큰 보 ae와 bf에 의해 c와 d에서 지지된다면 그림 2.19(c)와 같이 이 지점에 집중하중 $(1/2)qhl$ 이 작용하게 된다.

이 바닥구조 $a-b-f-e-a$에 하중이 작용한다면 ab와 ef는 단지 바닥판 한쪽 면에 작용하는 하중을 부담하는 부담면적을 갖는다. 즉 각 보는 $q(h/2)l$의 전체하중을, 그리고 $qh/2$의 등분포하중을 부담한다. 또, 각 보의 지점에서 $(1/4)qhl$이 하중을 부담한다. 보 ab, cd, ef 로부터의 집중하중이 그림 2.19(c)와 같이 큰 보 ace와 bdf 에 작용한다. 이들 큰 보는 대칭으로 작용하기 때문에 각 큰 보는 전체하중의 반을 그 지점에 부담시킨다. 그림 2.19(c)에서 보는 바와 같이 집중하중 $qhl/2$이 점 a, e, b, f 의 기둥에 작용한다.

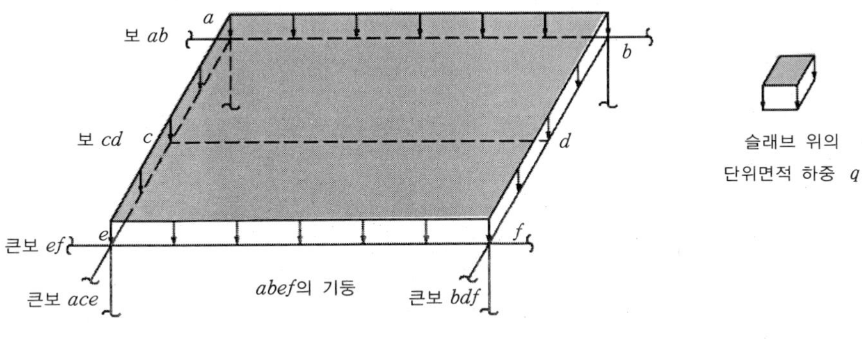

(a) 슬래브에 작용하중

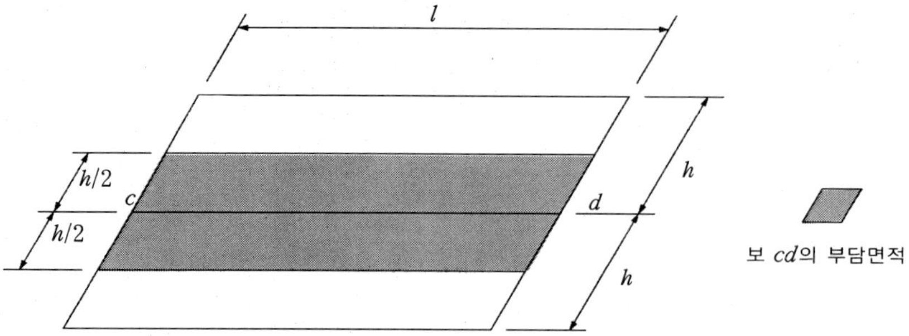

(b) 부하면적

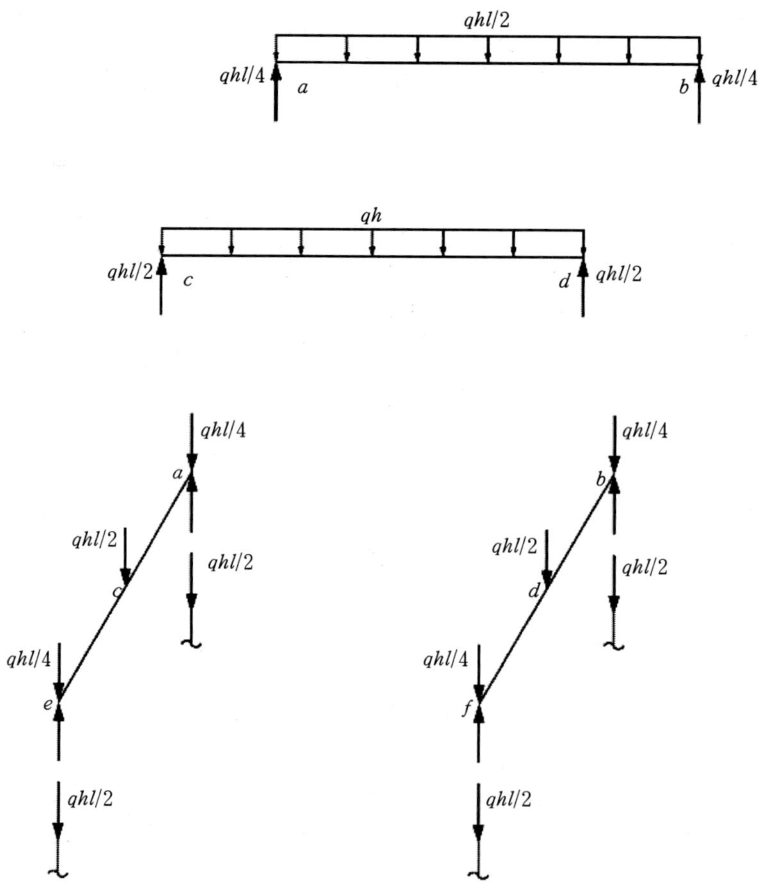

(c) 작은 보, 큰 보, 기둥에 작용하는 하중

그림 2.19 바닥시스템

03 구조재료 및 구조형식

건축물에는 수많은 재료가 사용되며, 이들 재료들은 모두 하중에 견디기에 알맞은 본질적인 특성을 지녀야 한다. 현대 건축물에 사용되는 구조용 재료는 철강과 콘크리트를 들 수 있다. 철이 건설재료로 사용되기 시작한 것은 산업혁명 이후로 볼 수 있다. 시멘트는 라틴어에 어원을 두고 있으며, 거칠거나 자르지 않은 돌멩이나 대리석 조각을 뜻하면서 동시에 접착제라는 뜻을 지닌다. 콘크리트 역시 라틴어에 어원을 두고 있으며 함께 굳은 물체라는 의미를 지닌다. 콘크리트는 포틀랜드시멘트가 1824년에 발명과 더불어 사용되기 시작하였으므로 그 역사는 그리 오래되지 않았다. 철은 강도가 높은 강으로 점점 품질이 향상 발전되어 왔으며, 콘크리트는 시멘트의 품질향상에 따라 보다 강도가 증대되어 왔다. 이 장에서는 구조용 재료에 대한 소개와 이들 재료에 의한 구조체의 형식 및 장단점을 소개한다.

3.1 시멘트

시멘트는 연속적이고 단단한 구조체를 생산하기 위하여 광물질들을 부착시키는 접착 성질을 갖는 결합재를 말한다. 이러한 목적으로 사용되는 재료가 수경성 시멘트이며, 하중을 지지하고 전달하는 구조물들에 대해 가장 중요한 접합재료이다. 시멘트는 물과 접촉하여 화학반응을 일으켜 경화하는 성질을 갖고 있다. 수경성 시멘트로 가장 널리 사용되는 것은 포틀랜드시멘트이다. 포틀랜드시멘트의 기원은 1824년에 인공석재에 관한 특허를 취득한 영국의 벽돌공인 애스프딘(Joseph Aspdin)으로부터 유래된다. 그 인공석재로 만들어진 모르타르가 포틀랜드 섬에서 채취한 석재와 색채가 유사하여 그 생산품을 포틀랜드시멘트라 명명하였다. 포틀랜드시멘트의 비중은 3.12~3.16 이 범위에 있다.

다양한 조건들 하에 포틀랜드시멘트의 사용 증대와 더불어 그 단점들이 드러났다. 균열, 박리, 혹은 붕괴는 실제 철근콘크리트구조물의 주요 관심사가 되었다. 표준 시멘트로 만들어진 최상급의 콘크리트도 기상 작용과 화학적인 작용들에 의해 실패를 거듭하면서 시멘트의 성질에 대한 광범위한 연구결과 내구성에 대한 진일보한 시멘트를 제작하게 되었다.

콘크리트구조물의 붕괴는 시멘트의 결함이라기보다는 콘크리트 시공의 결함이었으며, 가장 큰 붕괴원인은 축축하고, 얼고, 녹고, 건조와 같은 기상작용에 있었다.

시멘트풀에 분포하는 미세한 공극들은 반복되는 동결융해 작용에 대한 저항을 크게 증가시켰다. 결과적으로 혼합하는 동안 콘크리트 내에 공기를 연행시키는 화학물질이 생산된 것이다. 시멘트는 공사기간을 단축시킬 수 있는 조강 시멘트와 초조강 시멘트의 사용이 일반화될 전망이고, 단면이 큰 매스콘크리트나 고강도콘크리트 사용을 위해서는 수화열을 억제할 수 있는 저발열 시멘트의 개발로 이어져, 이와 같은 특수용도에 적합한 혼화제의 개발이 계속 이루어질 전망이다.

① 풍화 및 저장

시멘트를 대기중에 저장하면 풍화한다. 대기중에서 수분을 흡수하여 수화작용으로 수산화석회($Ca(OH)_2$)가 생성되고, 여기에 이산화탄소(CO_2)를 흡수하여 탄산석회($CaCO_3$)를 만드는 작용이 반복되는 작용을 풍화라 한다. 시멘트가 풍화하면 강열감량(强熱減量)이 많아지며, 비중이 작아지고, 응결이 늦어지며, 강도가 점차로 작아진다. 따라서 시멘트는 습기를 방지해야 하며 통풍을 피하여 저장할 필요가 있다. 포대 시멘트가 저장중에 지면으로부터 습기를 받지 않도록 하기 위해서는 창고의 마룻바닥과 지면 사이에 어느 정도의 거리가 필요한데 현장에서의 목조 창고를 표준으로 할 때, 그 거리를 30cm로 하면 좋다. 중량으로 인한 고결을 막기 위해서 쌓아올리는 높이는 13포대 이하로 한다.

② 시멘트의 종류

중용열 시멘트 중용열　포틀랜드시멘트는 수화작용으로 발생하는 수화열이 작으므로 매스콘크리트에 적당하다. 포장, 지하구조물, 해양구조물 등에 사용된다.

조강 포틀랜드시멘트 조기 강도가 크기 때문에 급속공사나 한중 콘크리트 공사에 주로 쓰인다.

초조강 시멘트 시공 중 3일 이내에 충분한 강도 발현을 필요로 하는 경우가 있다. 보통 포틀랜드시멘트가 28일에 나타낼 수 있는 강도를 초조강 시멘트는 1~3일 이내에 발현시킬 수 있다.

3.2 골재

골재는 콘크리트의 약 3/4 정도를 자치하며, 골재로 사용되는 다른 재료들로는 슬래그, 신더, 그리고 인공골재를 들 수 있다. 나머지 체적 1/4은 시멘트, 물, 공극으로 채워진다. 콘크리트 타설 후에 충분한 다짐에도 불구하고 콘크리트 내에는 약 1~2% 정도의 공극이 있다. 최근 들어서는 공기 연행제(air-training agents)의 사용으로 전체 체적의 몇 %까지 공극을 증가시키고 있다. 결합재인 시멘트풀은 (1) 골재 사이의 공극을 채우고 윤활작용을 하며, 경화체에 견고함을 제공하며 (2) 경화된 콘크리트 강도를 확보하게 한다. 시멘트의 수경성은 시간, 적정 온도 및 습윤을 필요로 한다. 콘크리트가 적정의 온도와 습윤을 필요로 하는 기간을 양생(curing)기간이라고 볼 수 있다. 현장에서는 3~14일 정도를 양 기간이라고 보고 있으나, 실험실에서는 통상적으로 28일을 양생기간이라고 본다. 충분한 양생은 양질의 콘크리트 생산을 위해서는 필수적이다.

시멘트에 함유되어 있는 나트륨(Na_2O)이나 칼륨 등의 알칼리 금속은 때로 골재 중의 특수한 광물과 반응하여 팽창성의 물질이 생성된다. 이를 알칼리 골재반응이라 하며, 이 반응이 진행되면 콘크리트가 팽창하여 표면에 거북이 등과 같이 각도가 약 120° 인 균열이 발생하며 콘크리트의 성능 저하를 유발한다. 이러한 반응을 억제하는 방법으로 알칼리 골재반응을 일으키지 않는 골재를 사용한다.

3.3 콘크리트

콘크리트는 시멘트, 모래, 자갈과 물 및 필요 시에는 혼화재료를 혼합하여 경화시킨 경화체이다. 콘크리트에서 결합재는 포틀랜드시멘트와 물로 이루어지며, 충전재는 가는 모래로부터 강자갈 혹은 쇄석에 이르기까지 크기로 조립화된 골재로 이루어진다. 실제 콘크리트 배합에서 결합재와 골재의 배합들은

① 경화 전에 시공과 타설이 용이하며

② 경화 후에 소정의 강도와 내구성이 있으며

③ 양질의 콘크리트로 경제적이어야 한다.

사용 골재에 따른 콘크리트의 종류는 보통 콘크리트, 경량 콘크리트 1종 및 경량 콘크리트 2종이 있다.

3.3.1 워커빌리티(workability)와 컨시스턴시(consistency)

경화 전에 콘크리트는 혼합, 운송, 타설, 다짐 및 마무리까지 용이한 작업이 이루어지는 것이 바람직하다. 타설의 용이함과 재료 분리에 대한 저항과 같은 조합된 성질을 워커빌리티라 한다. 워커빌리티는 상대적인 것으로 어떤 조건하에서 시공성이 있는 반면에 혼합, 운송, 다짐 도구, 혹은 타설되는 부재의 모양과 크기 등과 같은 다른 조건하에서는 시공성이 결여될 수 있다.

콘크리트 혼합의 소성(plasticity)에 관계되는 요인들은 다음과 같다.

① 시멘트풀과 골재의 상대적인 양

② 시멘트풀 자체의 소성

③ 골재의 조립

④ 골재의 형상과 표면의 특성

시멘트풀과 골재의 혼합 소성은 시멘트와 물의 상대적인 양에 의해 결정된다. 단위 시멘트량이 많고 단위수량이 적은 시멘트풀은 끈끈한데 골재의 양이 많아지면 타설할 수 없을 정도로 더욱 끈끈하게 된다. 반면에, 시멘트량이 적고 수량이 많으면 시멘트풀은 너무 묽어서 골재를 결합시킬 수 없다. 골재의 조립은 골재입자들을 완전히 감싸고 공극을 충진시키기에 필요한 시멘트풀의 양에 영향을 미치므로 소성과 관계된다.

입자들의 형상과 표면 특성은 콘크리트가 성형되었을 때 입자들의 마찰과 시멘트풀의 양에 대한 영향으로 소성과 관계된다. 동일한 유동성에 대해 각진 입자들이나 거친 표면의 입자들은 둥근 입자들이나 부드러운 표면의 입자들보다 더 많은 시멘트풀을 필요로 한다. 워커빌리티는 콘크리트의 습윤 정도와 관계되는 컨시스턴시와 구별되어 사용된다. 일정 범위 내에서 습윤상태의 콘크리트는 건조한 콘크리트보다 더 시공성이 있으나 동일한 컬시스턴시에 대해 워커빌리티는 변한다. 컨시스턴시는 시공성이 있는 콘크리트 제작을 위한 고려사항이다.

3.3.2 연행된 공기

적당한 양의 공기가 콘크리트 내에 연행될 경우에 매우 높은 소성의 콘크리트가 되며 재료 분리하는 현상이 감소하게 된다. 기포는 형상의 유용성을 위해 세골재를 추가 투입함으로써 형성된다. 공기연행은 내부 마찰을 줄이고 골재의 유동에 효과적이기 때문이다.

3.3.3 중성화

콘크리트와 모르타르에서 시멘트의 수화에 의해 발생한 수산화칼슘이 공기중의 이산화탄소와 결합하여 탄산칼슘으로 변화하는 현상을 중성화(혹은 탄산화)라고 하며, 이는 다음으로 표현된다.

$$Ca(OH)_2 + CO_2 ---\rightarrow CaCO_3 + H_20$$

그리고 광의의 중성화는 시멘트 수화생성물인 수산화칼슘이 어떠한 작용에 의하여 변질되고 강알칼리(pH12~13)를 잃는 현상이다. 중성화가 콘크리트 강도에 미치는 영향은 미미하나, 철근을 둘러싼 콘크리트가 중성화되면 물 및 공기의 침입으로 철근이 쉽게 부식할 우려가 있다. 중성화의 측정에는 일반적으로 페놀프탈렌 1% 에탄올 용액을 내뿜어 붉은 색으로 변색되지 않은 부분은 중성화한 것으로 콘크리트 표면부터 변색점까지의 길이를 중성화 깊이라 한다.

3.3.4 건조수축 및 크리프(shrinkage & creep)

건조수축은 콘크리트 경화의 진행과 동시에 건조에 의한 잉여수의 소실로 타설후 초기에 시간의 경과와 더불어 수축하는 것을 말하고, 크리프 변형은 응력의 크기에 영향을 받는데 비해 수축변형은 응력과는 무관한 것이 다른 점이다. 건조수축을 일으키는 요인들은 다음과 같다.

① 단위골재량이 많으면 수축량이 적어진다.

② 물·시멘트비가 크면 수축량이 커진다.

③ 단위시멘트량이 많으면 수축량이 크다. 단, W/C 비가 적을 때에는 예외도 있다.

④ 시멘트의 종류로는 급결 시멘트가 많이 수축하고 수축보상 시멘트나 팽창시멘트는 수축량이 적거나 팽창하기도 한다.

⑤ 상대습도가 적으면 수축량은 크다.

크리프의 변형은 건조수축 변형과 비슷하나 일정한 하중이 지속하여 작용할 경우 시간의 경과에 따라 변형이 진행되는 현상을 말한다. 콘크리트의 강도가 크리프에 가장 크게 영향을 주며 건조수축과 밀접한 관계를 갖기 때문에 재령, 골재, 온도, 상대습도, 그리고 재하응력 등이 있다. 건조수축 변형처럼 크리프 변형은 보나 슬래브의 처짐을 발생시키고 프리스트레스 손실을 가져오며 고층건물에서는 기둥축소(column shortening)를 일으킨다.

그림 3.1에서 시간에 따른 콘크리트의 탄성 및 크리프 변형의 변화 특성을 나타낸다. 그림에서 알 수 있는 것처럼 구조물에 하중을 가하는 순간의 즉시처짐, 즉 탄성변형이 발생하고, 이 하중이 지속되는 시간경과에 따라 서서히 크리프 변형이 진행된다. 재하중에 하중을 제거하는 순간 탄성을 어느 정도 회복하여 변형률이 줄어들며, 다시 시간이 경과하면 크리프에 의한 변형률도 서서히 회복된다. 그러나 일정 시간이 경과한 후에 어느 정도의 영구적인 잔류변형을 남긴다.

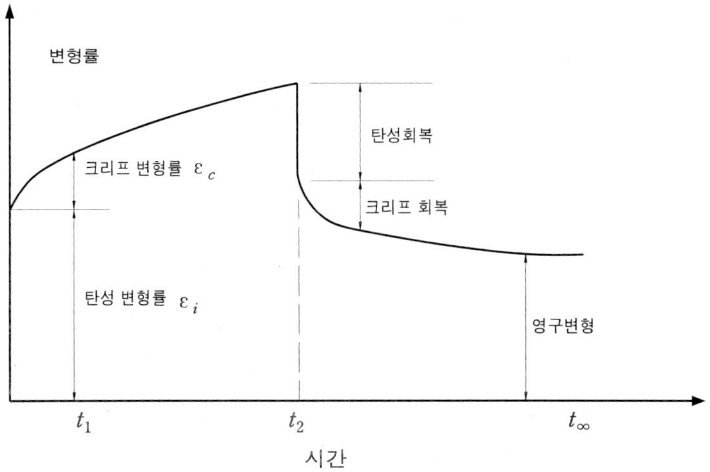

그림 3.1 콘크리트의 탄성 및 크리프 변형

3.4 철 근

철근콘크리트 보강재는 철근과 용접철망이 있고 철근의 형태는 원형철근과 이형철근으로 나뉘며 KS 규격에 따라 생산된다. 중요한 역학적 특성으로는 영계수 혹은 탄성계수 (E_s), 항복강도 (f_y), 인장강도 (f_t), 그리고 연신율 등을 들 수 있다. 원형철근은 단면이 원형으로 가공성은 좋지만 콘크리트와의 부착성능이 떨어져 최근에는 구조용으로는 거의 사용하지 않는다. 따라서 부착성능을 높이기 위해 그림 3.2와 같이 리브 방향에 원형 단면의 둘레 방향으로 마디를 두어 부착성능을 향상시킨 이형철근이 주로 많이 사용되고 있다.

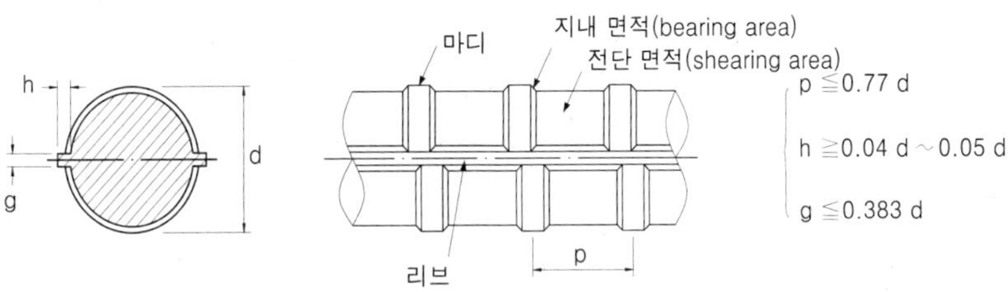

그림 3.2 이형철근의 형태

표 3.1 이형철근의 치수

호칭명	단위무게 (N/m)	공칭지름 (mm)	공칭단면적 (mm^2)	공칭둘레 (mm)	마디의 평균간격 최대치(mm)
D6	2.49	6.35	31.6	20	4.4
D10	5.60	9.53	71.3	30	6.7
D13	9.95	12.7	126.7	40	8.9
D16	15.6	15.9	198.6	50	11.1
D19	22.5	19.1	286.5	60	13.4
D22	30.4	22.2	387.1	70	15.5
D25	39.8	25.4	506.7	80	17.8
D29	50.4	28.6	642.4	90	20.0
D32	62.3	31.8	794.2	100	22.3
D35	75.1	34.9	956.6	110	24.4
D38	89.5	38.1	1,140	120	26.7
D41	105	41.3	1,340	130	28.9
D51	159	50.8	2,027	160	35.6

이형철근은 콘크리트와의 부착성능을 증가시킴으로써 정착길이나 이음 길이를 짧게 할 수 있고 균열을 분산시키는 효과도 있다. 또한 고강도 철근이나 굵은 지름의 철근이 부착 파괴되지 않고 그 인장내력을 충분히 발휘할 수 있도록 저항하는 역할을 한다. 용접철망은 배근이 용이하고 철근 간격이 정확하고 부착성능이 좋아 슬래브 보강용으로 사용되는데, 최근에 그 사용량이 증가하는 추세에 있다. 표 3.1에 이형철근의 종류 및 치수를 나타내고 있다.

3.5 강 재

조괴(造塊)과정을 거쳐 만들어진 강괴(ingot)를 원하는 형태로 압연성형한 압연강재(rolled steel)가 주로 구조용에 사용된다. 그 종류로는 형강(shape steel), 강판(steel bar), 봉강(steel bar), 평강(flat bar) 등이 있다.

① 일반구조용 압연강재(표 3.2)

압연은 구조용 강재 제조에 가장 많이 쓰이는 방법으로 가열 여부에 따라 열간압연과 냉간압연이 있다. 열간압연은 강괴를 200℃ 정도 가열하여 서로 반대방향으로 회전하는 롤러 사이로 여러 번 통과시키면서 점차 정해진 형태로 변형시켜 나가는 방법으로 강판, 봉강, 형강 등이 이 방법으로 제조된다. 냉간압연은 얇은 두께의 강판을 상온에서 프레스로 찍거나 롤러에 통과시켜 성형하는 방법인데, 가설 건물이나 경량구조체에 사용되는 경량 형강은 냉간압연에 의해 제조된다. 건축, 교량, 선박, 철도, 차량 등에 사용되며, SS(일반구조용), SPS(일반구조용 탄소강관), SPSR(일반구조용 각형 강관)로 구분한다.

② 용접구조용 압연강재(표 3.3)

용접성이 우수한 강재로 건축, 토목, 차량 등에 사용한다. 기호는 SM(용접구조용 압연강재)으로 표시하며, 항복강도에 따라 SM400, SM490B, SM520으로 표시한다.

③ 형강

형강은 열간 압연하여 H형, I형, T형, Z형, ㄷ형강, 앵글형강, 부등변 앵글형강 등의 특정한 단면형상을 이루도록 제작한 구조용 강재를 말한다.

④ 경량 형강

경량 형강은 압연기계로 강판을 냉간가공하여 성형한 것으로 구조재의 무게를 경감시킬 목적으로 만든 형강이다. 주로 일반구조재, 가설 구조물 등에 사용한다.

⑤ 평강

두께가 3mm 이상의 판으로 폭이 125mm 미만의 것을 평강이라 하고 125mm 이상은 강판이라고 한다.

표 3.2 일반구조용 강재의 항복강도

일반구조용 강재		SS400 SPS400 SPSR400	SS490	SS540
항복강도 (tf/m²)	두께 40mm 이하	2.4	2.8	3.8
	두께 40mm 초과	2.2	2.6	-

표 3.3 용접구조용 강재의 항복강도

일반구조용 강재		SM400	SM490A SM490B SPSR490 SPS490	SM520
항복강도 (tf/m²)	두께 40mm 이하	2.4	3.3	3.6
	두께 40mm 초과	2.2	3.0	3.4

3.6 철근콘크리트구조

3.6.1 철근콘크리트구조의 원리

콘크리트는 적량의 시멘트, 잔골재, 굵은 골재에 물을 주입한 후 혼합 반죽에 의해 만들어진다. 또한 이들 재료 외에 필요에 따라 혼화재료를 첨가하고 있다. 일반적으로 콘크리트의 인장강도는 압축강도의 1/10~1/13 정도이다. 이러한 단점을 보완하기 위하여 철근 등의 강재를 사용하여 철근콘크리트구조에 의해 인장력을 저항한다. 철근콘크리트는 무근콘크리트의 결점을 철근으로 보강하고 있으므로 적용범위는 매우 넓으며 부재로서 기둥, 보 슬래브 등에 사용된다. 철근콘크리트가 일체의 구조로 성립할 수 있는 이유는 다음으로 요약된다.

① 철근과 콘크리트 사이에 부착이 확보됨.

② 철근에 녹을 방지하여 충분한 내구성을 확보할 수 있음.

③ 철근과 콘크리트의 온도팽창 계수가 동일함.

3.6.2 철근콘크리트구조의 장단점

철근콘크리트구조의 장점은 다음과 같다.

① 재료의 조달이 용이하며 강구조와 같이 많은 설비를 설치하지 않고 제작 · 시공이 가능하다.

② 현장에서 임의의 형상으로 제작이 가능하다.

③ 강구조에 비해 공사비가 저렴하다.

④ 내구성 및 내화성이 우수하다.

⑤ 도장 등의 유지비가 적다.

철근콘크리트구조의 단점은 다음과 같다.

① 단면이 크고 중량이 크다.

② 균열이 발생하여 구조물의 결함으로 나타난다.

③ 개조 및 철거가 곤란하다.

3.6.3 역사적 배경

시멘트의 기원은 기원전 5~10만 년경으로 보고 있다. 그 후 기원전 3000년에 소석고와 석회를 혼합한 것으로 이집트의 피라미드가 만들어졌으며, 이는 현존하는 콘크리트구조물 중에서 가장 오래된 것으로 볼 수 있다. 계속하여 그리스, 로마 시대에 이러한 종류의 시멘트를 이용하여 많은 건축물이 만들어졌다.

1824년에 영국의 애스프딘은 인공적인 포틀랜드시멘트를 개발, 특허권을 얻어 시멘트의 공업화를 이루는 계기가 되었다. 이후에 콘크리트의 인장강도가 낮은 취약점을 보완하는 방법들을 고심하게 되었다. 1854년 프랑스 사람인 Lambot가 강을 넣은 콘크리트구조의 소형 선박을 제작하였으며, 이것이 철근콘크리트구조의 시초라고 볼 수 있다. Lambot를 시작으로 Coigne, Wilkinson 등이 개량하여 1867년에 프랑스의 Monier가 격자 모양의 배관에 의한 격자판의 제작을 근거로 철근콘크리트구조는 급격한 발전을 이루었다. 1867년은 철근콘크리트 다리가 최초로 가설된 해로서 세계적으로 인정받았다. 이후로 이형철근의 출현, 콘크리트의 고강도화는 콘크리트구조물의 적용에 있어서 많은 변화를 일으켰다.

우리나라에서 모르타르나 무근콘크리트의 형태로 사용된 것은 1900년경 이전부터였으나, 무근콘크리트가 건축물의 구조체로 사용된 것은 1910년 이후로 추정된다. 1912년 준공된 한국은행 본점이 지하 1층, 지상 3층으로 석조와 콘크리트에 의한 최초의 콘크리트 건물로 보고 있다. 철근콘크리트구조는 1930년대에 이르러 업무용 빌딩, 백화점, 학교 등 주요 건축물에 있어서 주요한 건축구조 형태로 자리 잡게 된다. 그러나 1940년대에 들어서 일제의 전시 통제정책으로 인하여 건축활동은 동면기에 들어간다.

8.15해방과 6.25동란 등의 극심한 혼란으로 해방 후 약 10년간은 건축 활동이 그다지 활발하지 않았다. 1955년경을 전후하여 복구사업의 일환으로 주택건설사업, 각종 산업시설의 복구로 건설분야에 많은 투자가 나타나기 시작하였다. 1960년대 중반 이후에는 업무용 빌딩, 은행, 호텔 등 규모가 큰 건축물의 건설사업이 본격적으로 진행되기 시작하였다. 이 당시에는 강구조가 도입되지 않아 철근콘크리트구조 방식에 의하였다. 철근콘크리트 고층건물로는 1968년의 23층의 대연각 빌딩이 있으며, 20층을 초과한 최초의 건물로 기록되었다.

1970년대에는 강구조 건축이 주를 이루었으며, 철근콘크리트구조는 20층 미만의 건축물과 중소 건축물이 주를 이루었다. 그러나 1970년 중반 이후에 대단지의 아파트 건립으로 내력벽 구조형식의 철근콘크리트구조가 사용되었다. 1980년대는 올림픽 유치로 건축경기가 활성화 된 시기이다. 그러나 대형 건축공사에 강구조가 보편화되었으며, 철근콘크리트구조는 대단위 아파트 건설공사에 주를 이루었다.

3.6.4 프리스트레스트 콘크리트

프리스트레스트 콘크리트는 외력에 의해 발생하는 응력을 감안하여 미리 그 응력을 제거하도록 내력이 주어진 콘크리트이다. 프리스트레스트 콘크리트의 원리로서 각 나뭇조각을 원형으로 늘어놓고 금속제나 대나무제의 밴드로 단단히 죔으로써 서로 이웃한 나뭇조각 사이에 압축력을 주어 내부에서의 수압에 의한 인장력을 제거하는 술 단지 등에서 그 원리를 볼 수 있다.

프리스트레스트 콘크리트가 철근콘크리트보다 우수한 점은 균열 발생을 제어할 수 있으며 부재의 단면을 줄일 수 있고 경간을 크게 할 수 있다는 점이며, 단 PC강재는 열에 민감하므로 내화성에 주의를 요한다.

3.6.5 프리캐스트 콘크리트

프리캐스트 콘크리트구조는 기둥, 보, 벽체, 바닥판, 지붕판 등 각 부분의 구조 및 시공 등을 고려하여 단위 기성제 또는 판재로 공장 생산하여 현장에서 조립과 접합하는 조립구조방식을 일컫는다. 이러한 구조의 특징으로는 ① 공기의 단축 ② 품질안정 ③ 콘크리트 타설 동안 존치하는 지지대를 설치할 필요가 없음 ④ 크리프와 건조수축에 대한 영향이 적음. ⑤ 시공능률, 정밀도, 대량 생산, 공사비 절감 등을 들 수 있다.

3.6.6 합성구조

합성구조는 2종류 이상의 재료를 복합 사용한 구조를 말하며, 이종의 부재나 구조 시스템의 조합으로 합성구조의 개념은 확대되고 있다. 합성부재로서는 형강 등에 의한 강부재와 콘크리트를 조합한 합성부재가 대표적이다. 철골 · 철근콘크리트 합성구조는 철근콘크리트구조에 비하여 부재의 단면을 줄일 수 있으며, 인성이 큰 장점이 있다. 또한 강구조에 비하여 강성이나 내구성이 우수하다.

3.7 강구조

건물의 골조를 철강재로 구성한 것을 철골구조 또는 강구조라 한다. 강구조는 철근콘크리트구조와 비교하여 다음의 특징을 지니고 있다. 강구조 부재는 철근콘크리트구조 부재보다 단위면적당 강도가 매우 크므로 단면을 줄일 수 있어 자중이 감소되며, 인성이 크므로 장경간이나 고층 건물에 적합하다.

3.7.1 강구조의 장단점

강구조의 장점은 다음으로 요약된다.

① 다른 재료보다 강도가 매우 높다.
② 공장 생산으로 품질에 신뢰성이 있다.
③ 부재 제작은 공장에서 하고 현장에서 설치하므로 공기가 단축된다.
④ 연성적인 성질을 지니고 있다.

강구조의 단점은 다음과 같다.

① 강구조 부재의 단면은 작고 길이는 큰 세장한 부재이므로 좌굴과 비틀림 등에 유의해야 한다.
② 처짐에 의한 진동을 고려해야 한다.
③ 접합부 시공에 세심한 주의가 필요하다.
④ 방음방법을 고려해야 한다.
⑤ 내화성과 내식성에 약점을 지니고 있다.

3.7.2 역사적 배경

강은 이미 선사시대로부터 사용되어 왔으나, 인간이 맨 처음 어떻게 철을 광석에서 뽑아내었는지는 알 수가 없다. 하중을 지지하는 목적으로 철이 사용된 초기에는 주철이 사용되었지만, 18세기에는 영국의 Abraham Darby(1677~1717)가 용광로의 연료로 석탄에서 얻은 코크스를 사용한 것이 주철 생산의 시작으로 볼 수 있다. 1779년 영국에서 주철로 된 콜브룩데일(Coal-Brookdale)교가 처음 세워졌으며, Darby와 같은 이름을 갖는 그 아들의 주물공장에서 만들어졌다.

주철제의 보가 건물에 사용되기 시작한 것은 18세기 말로 볼 수 있다. 주철은 부스러지기 쉽고 인장보다 압축에 강하기 때문에 상 · 하 플랜지 단면이 다른 단면형이 생기게 되었다. 주철 구조물의 파괴에 원인은 주철의 취성적인 성질에 의하였다. 연철은 주철보다는 인장에 강하고 충격에 의한 손상도 적다. 생산가격의 차이로 연철이 주철을 대신하여 사용되지는 못하였다. 유럽에서 최후의 연철조의 큰 구조물은 에펠탑으로 1889년에 건축되었으며, 약 7,300톤의 철이 사용되었다. 그 후로 강이 연철보다 강하므로 연철을 대신하여 강이 사용되기 시작하였다.

현대의 강구조는 강재의 높은 강도 때문에 고층건축물과 장경간 구조물에 사용된다. 고층건물에서 기념비적인 것은 1931년에 건립된 엠파이어스테이트 빌딩(102층

381m)이다. 이 외에 1968년에 완공된 시카고의 존 행콕센터(99층, 344m), 1973년 뉴욕의 세계무역센터(110층, 412m, 2001년 소실), 1974년 시카고의 시어즈 타워(110층, 442m)등은 대표적인 고층건물로 분류될 수 있다.

우리나라에서 강구조가 건축물에 최초로 사용된 것은 분명하지 않으나, 1900년 전후로 추정된다. 1988년 12월경에 덕수궁의 석조전 보수공사 과정에서 석조전의 바닥구조가 강구조로 되었다는 것이 발견되었다. 일제시대에는 강구조 건축물이 매우 희소하였으나 철도와 항만시설, 발전소, 제철소, 비료공장 등 각종 기간산업시설 중에 강구조물이 일본 기술자에 의해 설계되었다. 1955년경을 전후하여 문경 시멘트 공장, 한국유리 인천공장, 호남비료 등 각종 공장시설이 강구조로 건설되었다. 1957년경 대한중공업 인천 평로공장(현재의 인천제철)은 우리 기술자가 직접 설계에 참여한 최초의 사례로 평가되고 있다. 1960년대의 장경간 강구조물로서 기록에 남는 건축물은 직경 80m의 강 돔구조인 장충체육관과 부산의 구덕체육관을 들 수 있다. 1960년대 말부터 본격적으로 국내에 강구조물이 건설되었다. 1970년대 초반에는 초고층 강구조 건축물의 건설이 매우 저조하였으나, 중반 이후에 서울 도심일원에 활기를 띠기 시작하였다.

3.7.3 강의 종류

일반적으로 탄소 함유량이 0.12~0.25% 정도의 보통강을 연강(mild steel) 또는 저탄소강이라 하며, 강재로는 인장강도 40kgf/mm^{2}급 이하의 강에 해당한다. 인장강도가 50kgf/mm^2 이상을 고장력강(high strength steel)이라 한다. 고장력강은 성분상 저합금강과 탄소강이 있다. 고장력강 중에 인장강도가 50kgf/mm^2 정도의 것은 비조질강이며, 58kgf/mm^{2}의 것은 조질강이다. 강구조에 사용되는 강재의 형상, 명칭, 규격 · 표시방법 등을 그림 3.3에 나타내고 있다. 강재의 강도를 높이려고 합금원소를 많이 넣으면 용접성이 나빠지는 단점이 있다. 이를 극복하기 위하여 합금원소를 적게 넣어 강도를 높이는 TMCP(Thermo-Mechanical Controlled rolling Process) 강재가 출현하였다. TMCP강이란 강재의 용접성이 좋으면서도 강도와 인성이 좋은 강재를 만드는 방법으로 열간압연을 하고 급속히 판재를 냉각하여 미세한 결정립 조직을 갖는 강판을 만드는 압연법을 말한다. 이 TMCP강재는 강도와 인성이 높고 용접성도 좋아서 구조물 재료로 고층 건축물 적용에 매우 유리하다.

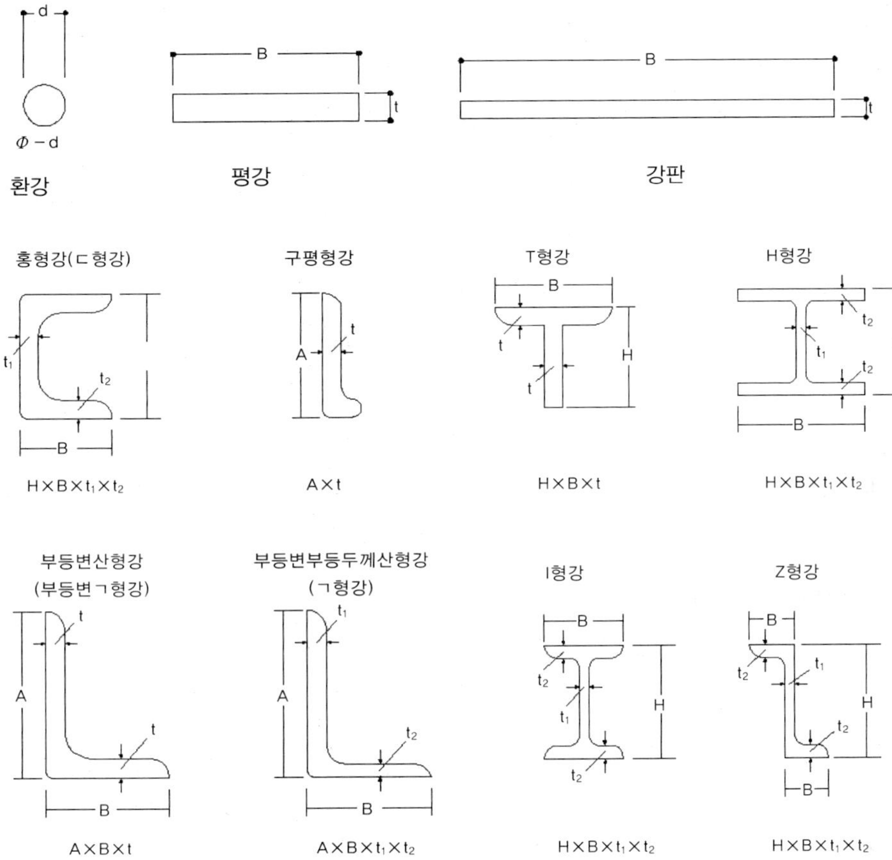

그림 3.3 구조용 형강의 단면형상과 치수표시법

3.8 조적구조

조적구조는 벽돌구조, 블록구조, 돌구조 등을 말한다. 자연에서 나온 원재료를 1차 가공한 동일 패턴의 단위재료를 접합재로 쌓아서 역학적, 의장적, 기능적 역할을 충분히 만족시킬 수 있는 구조방법을 의미한다. 가장 오랜 구조방법 중의 하나로 어느 장소에서나 쉽게 얻을 수 있고 고도의 숙련되지 않은 축조기술로도 가능하므로 그 이용성이 크다.

3.8.1 벽돌구조

벽돌구조 건물은 목구조 건물에 비하여 벽 두께가 커지므로 실내면적이 상당히 줄어들게 되고 건물의 무게가 크고 건축공사비도 다소 덜 들지만, 내화·내수적이고 튼튼할 뿐 아니라 외관이 장중 미려하고 구조 및 시공법이 간단하므로 다른 건축구조로는 이룰 수 없는 장점이 있다. 반면에 풍압력, 지진력, 기타의 횡력에는 극히 약한 구조체로 고층·대건물에는 부적당하다.

벽돌의 크기는 길이 190mm, 너비 90mm, 두께 57mm(1종), 또 길이 210mm, 너비 100mm, 두께 60mm(2종)이다. 벽돌은 강도가 크고 흡수율이 적으며 모양이 바르고 갈램 등의 결함이 없어야 한다. 벽돌과 벽돌 사이의 모르타르 부분을 줄눈이라 하며, 수평의 것을 가로줄눈, 수직의 것을 수직줄눈이라 한다. 세로줄눈의 아래·위가 막힌 것을 막힌 줄눈이라 하고 통한 것을 통줄눈이라 한다. 통줄눈으로 된 부분은 약하여 위에서 오는 하중을 균등하게 하부로 전달할 수 없을 뿐더러 지중에서 습기가 스며들기 쉬우므로 되도록 통줄눈이 생기지 않도록 쌓아야 한다.

3.8.2 블록구조

블록구조는 모르타르 또는 콘크리트블록을 만들어 벽돌과 같은 방법으로 쌓아올려 벽체를 구성하는 방식이다. 특징은 건물의 대량생산·경량·불연구조로서, 시공이 간편하여 공기단축·경비절약 등의 장점이 있다.

블록은 모래와 잔자갈을 써서 만드는 것이 원칙이고, 이를 콘크리트블록이라 하지만 특수한 경우 외에는 자갈을 사용하지 않고 모래만을 써서 속이 비게 만들기 때문에 속빈 시멘트블록이라 한다. 부피비중이 1.8 이하의 속빈 블록을 경량블록이라 하고, 그 이상의 속빈 블록을 중량블록이라 한다. 경량블록으로서 고압 증기양생한 것을 ALC블록이라 한다. 중량블록으로 중량골재로 중정석 · 자철광 등을 써서 만든 차폐용 블록이 있다. 블록의 형식에는 그림 3.4와 같이 BI형, BM형, BS형 및 재래형이 있으나 BI형 외에는 전혀 쓰이지 않고 있다.

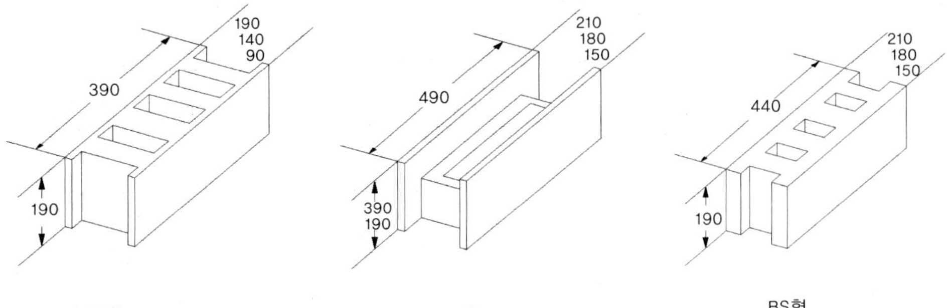

그림 3.4 기본 블록

3.8.3 돌구조

석조건축은 돌을 쌓아올려 벽체를 만든 조적식 구조법의 일종이다. 벽체를 석재만으로 쌓는 일이 거의 없으며, 대개는 벽돌 또는 콘크리트조의 벽체와 일체로 축조하거나 붙여 쌓는다. 또 3층 이상의 철근콘크리트조나 철골·철근콘크리트조의 벽체에 붙여 외장으로 쓰인다. 그리고 벽돌조, 블록조 등의 창문 갓둘레, 외부 층계 등의 특수부분이나 내부에 장식적 효과를 내기 위하여 국부적으로 사용된다. 석조건축은 외관이 장중·미려할 뿐만 아니라 내화적이고 마모·풍화에 대하여도 손색이 없고 양질의 석재가 풍부하지만 가공이 어렵고 고가인 것이 결점이다.

3.8.4 목구조

건물의 벽체·마룻바닥·지붕 등의 뼈대를 나무로 짜 세운 가구식 구조를 나무구조 혹은 목구조라 한다. 나무구조는 세 가지 양식으로 대별된다. 그 하나는 옛날부터 전해진 전각·사원 등의 동양 고전식 구조법이고, 또 하나는 구미에서 전하여진 양식구조, 셋째는 이들을 개량 발전시킨 절충식 구조법이다. 한국 고전식 구조법은 향토적 사찰·사원·기념 건물에 많이 사용되고 또 주택 · 소규모 건축에도 사용되고 있다.

목조건축에서는 그 사용목적과 규모 정도에 따라서 목재를 선택해야 한다. 한식구조에서 기둥, 도리와 같이 그대로 보이게 될 경우에 나뭇결·무늬·빛깔이 보기 좋을 뿐만 아니라 강도도 큰 것을 사용해야 하며, 지붕 속·마루 밑 등 감추어지는 부재는 볼품은 없어도 강도가 큰 것을 쓰고 습기가 많은 곳에는 잘 썩지 않은 것을 사용해야 한다. 나무는 다른 재료에 비해 비중이 작고 강도가 비교적 크며, 열전도율도 적고, 가공성이 풍부할 뿐만 아니라, 부드러움을 주며, 값이 싼 장점이 있지만 불에 타고, 썩고, 습기에 신축이 심한 결점이 있다.

04 하중의 전달경로 및 분포

외부에서 작용하는 모든 하중들이 구조물을 구성하는 부재들을 통하여 지반에 전달되도록 구조물은 설계되어야 한다. 구조물의 설계에서 개념화(conceptualization), 건축계획, 여러 개의 설계안, 최종안의 선택, 시공의 과정들이 고려된다. 개념화는 단순히 건물이나 프로젝트에 대한 이해를 형상화하는 것이다. 이를 근거로 스케치, 도면 작성, 그리고 모형 등과 같이 시각적으로 나타내는 건축계획을 수행하게 된다. 건축계획 단계에서는 한 개 이상의 대안들이 제시되며, 각 대안에 대한 가능성이 사전 설계에 의해 평가되어진다. 이 과정과 허용기준을 통하여 대안 중에 하나가 시공을 위해 최종 선택된다. 구조설계(structural design)는 부재들이 소정의 기능을 발휘할 수 있도록 부재를 배치하고 크기를 결정하는 것이다. 구조공학(structural engineering)은 구조물의 해석과 설계를 수행한다. 구조해석(structural analysis)은 외부하중의 작용에 의해 여러 구성부재들이 저항해야 하는 힘을 결정하는 것이다. 건축물의 구조형식 및 하중이 결정되면 구조해석을 수행하게 된다. 이때에 작용하는 하중은 부재를 따라 연속적으로 전달되어 지반에 안전하게 전달되어야 한다. 부재에 전달되는 하중의 크기에 따라 부재의 단면 및 설계가 이루어진다. 따라서 하중의 전달경로 및 그 하중의 크기를 결정하는 것이 필요하다. 이 장에서는 각종 건물의 구조형식의 역학적인 특성을 소개하고, 하중의 전달경로 및 하중의 크기를 산정하는 방법을 다룬다.

4.1 건물의 분류

건축물은 외부의 작용하중이 구성부재들을 따라 궁극적으로 지반에 전달하는 여러 형태의 구조부재들의 합성체로서 정의된다. 여기서 구조 부재들은 변형될 수 있다. 건물이나 교량과 같이 가장 흔한 형태의 구조물은 슬래브, 보, 기둥, 케이블, 아치 등과 같이 별개의 부재에 의해 이루어진다. 또한 구조물은 쉘과 같이 연속적인 표면요소에 의해 시공되기도 한다. 건물은 주거용, 상업용, 산업용으로 설계되는 구조로서 이들 외에 학교, 병원, 극장, 호텔, 창고 등과 같이 세부적으로 분류되기도 한다.

4.1.1 형태에 의한 분류

구조물의 형태에 따라 골조구조와 쉘구조로 크게 분류된다. 골조구조물은 큰 보, 작은 보, 기둥, 트러스, 골조 등과 같이 가늘고 긴 부재들의 합성체로서 이루어진 구조물을 말한다. 이들 부재들은 주요한 하중분담 요소로서 단독으로도 사용될 수 있다. 반면에 쉘구조물은 주로 플레이트나 쉘로 시공되며 표피 자체가 주요한 하중분담 요소로서 작용한다. 플레이트는 1차원의 봉(bar) 요소를 2차원으로 확대한 부재로 부재면 내에 혹은 부재와 수직방향으로 하중을 분담한다. 플레이트가 부재면에 작용할 경우에 이들 부재를 막구조로 본다. 쉘은 공간을 점유하는 곡선 모양의 플레이트 요소이다. 플레이트와 쉘구조는 슬래브, 보와 같이 휨거동을 나타내기보다는 부재면내 혹은 막 거동에 의해 주로 하중을 부담한다.

4.1.2 시공재료에 의한 분류

건축에 사용되는 일반적인 재료는 철골, 철근콘크리트, 목재, 벽돌, 그리고 블록이 주로 사용된다. 그리고 이들 재료들을 합성하여 시공되기도 한다. 주요한 하중전달은 강재와 콘크리트, 그리고 보강된 조적조와 목재와 같은 재료들에 의해 설계되고 시공되는 반면에, 부수적인 부재들은 알루미늄, 유리, 플라스틱과 같은 재료들에 의해 시공된다. 대부분의 건물들은 현장에서 여러 구성물들이 합성되고 콘크리트를 타설하여 시공된다. 그리고 일부의 건물들은 현장에서 소정의 위치에 프리캐스트 패널로 시공된다.

4.1.3 높이에 의한 분류

설계 관점에서 건축물들은 저층, 중층 그리고 고층건물로 분류하기도 한다. 저층의 건물들은 주로 중력하중이 구조시스템을 결정하는 건축물로서 정의된다. 바람이나 지진과 같은 횡하중이 무시될 수 없거나 설계에서 고려되어야 함에도 불구하고 저층건물의 부재들의 크기에는 좀처럼 영향을 미치지 않는다. 실무에서 대부분의 건물들은 저층건물과 같은 특성을 지닌다. 가장 흔한 형태의 저층건축물들은 주택, 호텔, 모텔, 기숙사, 저층의 아파트와 같은 주거용 건물을 들 수 있다. 다른 예로서 사무소 건물, 교육시설, 병원, 의료시설, 주차장 등을 들 수 있다. 30m 이상의 건물들을 고층건물이라 한다. 혹은 소방과 피난이 지상 장비와 요원들에 의해 성공적으로 이루어질 수 없는 건물로도 정의된다. 소방차의 구조용 사다리가 약 30m 이내이며, 경사각이 50~70° 임을 고려하면 실제의 수직높이가 23m~29m 이상인 건물을 고층건물이라고 볼 수 있다.

고층건물의 설계에 임계 변수의 하나인 바람에 노출되어 있는 건물 외벽면의 면적은 높이에 따라 증가한다. 바람은 건물 상층부의 수평처짐을 일으킨다. 건물의 높이가 두 배로 되면 건물의 강성을 현저하게 증가시키지 않는 한, 바람에 의한 수평처짐은 16배가 된다. 따라서 가새에 의해 고층건물을 횡보강하게 된다.

건물이 고층화되면서 새로운 재료의 개발이 시급히 요구되고 있다. 건물 높이의 증가는 자중의 영향과 관련이 있는 기둥과 기초의 크기에 정비례 관계에 있지 않다. 고층건물의 시공은 특별한 시공기술과 높은 기술력을 필요로 한다. 물, 공기, 전기, 통신선과 같은 서비스들을 상층부에 공급하려면 건물의 높이가 증가하면서 더 많은 내부공간을 필요로 한다. 물을 상부로 끌어올리기 위하여 물과 공기조화용 파이프 하부 단면에 고압으로 작용하도록 건물의 지하에 큰 펌프를 설치한다. 이와 같은 압력을 줄이기 위하여 물 저장탱크와 열 교환기를 분산하여 설치한다.

1880년대에 20층 이상의 초고층 건물이 미국의 맨해튼과 시카고의 스카이라인을 따라 나타나기 시작했다. 도시의 지가 상승은 건물의 고층화로 이어지고 있다. 초기의 초고층 건물은 내부가 강재에 의해 보강된 골조를 갖는 조적구조였는데 현대에는 철골과 철근콘크리트 골조의 시공으로 대체되고 있다. 표 4.1은 높이에 따른 세계 100대 초고층 건물을 소개하고 있다. 구조적인 관점에서 초고층건물은 중력과 수평하중에 저항하는 수직의 세장한 캔틸레버 보로서 가정될 수 있다. 중력하중은 건물의 상층으로부터 하층으로 내려가면서 점점 누적되면서 보다 큰 단면의 기둥 단면을 필요로 하게 된다. 바람이나 지진과 같은 수평하중은 건물 하부의 전체 수평력(밑면 전단력)이 건물 전체에 작용하는 수평력과 동일하게 되도록 여러 층으로 구분하여 집중하중으로서 가정된다.

표 4.1 세계의 100대 초고층 건물

순위	건 물 명	도 시 명	완공 년도	건물높이 (m)
1	Pertronas Tower1	Kuala Lumpur	1996	452
2	Pertronas Tower2	Kuala Lumpur	1996	452
3	Sear Tower	Chicago	1974	443
4	Jin Mao Building	Shanghai	-	420
5	One world Trade Center	New York	1972	417
6	Two world Trade Center	New York	1973	415
7	Empire State Building	New York	1931	381
8	Central Plaza	Hong Kong	1992	374
9	Bank of China Tower	Hong Kong	1989	367
10	T&C Tower	Kaoshiung	-	347
11	Amoco	Chicago	1973	346
12	John Hancock Center	Chicago	1969	344
13	Shun Hing Square	Shenzen	1996	325
14	Sky Central Plaza	Guangzhou	1996	322
15	Baiyoke Tower2	Bangkok	-	320
16	Chrysler Building	New York	1930	319
17	Nation Bank Plaza	Atlanta	1992	312
18	First Interstate World Center	Los Angeles	1990	310
19	Texas Commerce Tower	Houston	1982	305
20	Ryugyoung Hotel	Pyongyang	1995	300
21	Two Prudential Plaza	Chicago	1990	298
22	First Interstate Bank Plaza	Houston	1983	296
23	Landmark Tower	Yokohama	1993	296
24	311 South Wacker Drive	Chicago	1990	292
25	Jubilee Street/Queens Road Central	Hong Kong	-	292
26	First Canadian Place	Toronto	1975	290
27	American Interstate Building	New York	1932	290
28	One Liberty Place	Philadelphia	1987	288
29	Columbia Seafirst Center	Seattle	1985	287
30	40 Wall Street(Bank of Manhattan	New York	1930	283
31	Nations Bank Plaza	Dallas	1985	281
32	Overseas Union Bank Center	Singapore	1986	280
33	United Overseas Bank Plaza	Singapore	1992	280
34	Republic Plaza	Singapore	1995	280
35	Citicorp Center	New York	1977	279
36	Scotia Plaza	Toronto	1989	275
37	Transco Tower	Houston	1983	275
38	Society Center	Cleveland	1991	271

순위	건 물 명	도 시 명	완공 년도	건물높이 (m)
39	AT&T Corporate Center	Chicago	1989	270
40	900 North Michigan	Chicago	1989	265
41	Nations Bank Corporate Center	Charlotte	1992	265
42	One Peachtree Center	Atlanta	1992	264
43	Canada Trust Tower	Toronto	1990	263
44	Water Tower Place	Chicago	1976	262
45	First Interstate Tower	Los Angeles	1974	262
46	Transamerice Pyramid	San Francisco	1972	260
47	G.E. Rockefeller Center	New York	1933	259
48	One First National Plaza	Chicago	1969	259
49	Commerzbank Tower	Frankfurt	-	259
50	Two Liberty Tower	Philadelphia	1990	258
51	Messeturm	Frankfurt	1990	259
52	USX Tower	Pittsburgh	1970	256
53	Gate Tower	Osaka	1996	254
54	World Trade Center	Osaka	1994	252
55	One Atlantic Center	Atlanta	1988	250
56	BNI City Tower	Jakarta	1995	250
57	Korea Life Insurance Company	Seoul	1985	249
58	Cityspire	New York	1989	248
59	One Chase Manhattan Plaza	New York	1961	248
60	200 Park Ave	New York	1963	246
61	Kompleks Tun Abdul Hazak	Penang	1985	245
62	May Bank Headquarters	Kuala Lumpur	1988	244
63	Tokyo Metropolitan Government Bldg	Tokyo	1991	243
64	Rialto Towers	Melbourne	1985	242
65	Woolworth Building	New York	1913	241
66	Mellon Bank Center	Philadelphia	1990	241
67	John Hancock Tower	Boston	1976	240
68	Bank One Center	Dallas	1987	240
69	JR Central Towers	Nagoya	-	240
70	Commerce Court West	Toronto	1973	239
71	Moscow State University	Moscow	1953	239
72	Nations Bank Center	Houston	1984	238
73	Bank of America Center	San Francisco	1969	237
74	One Worldwide Plaza	New York	1989	237
75	Canary Wharf Tower	London	1991	237
76	IDS Center	Minneapolis	1972	236
77	Norwest Center	Minneapolis	1988	236

순위	건 물 명	도 시 명	완공 년도	건물높이 (m)
78	First Bank Place	Minneapolis	1992	236
79	Singapore Treasury Building	Singapore	1986	235
80	Shinjuku Park Tower	Tokyo	1994	233
81	Heritage Plaza	Houston	1987	232
82	Palace of Culture and Science	Warsaw	1955	231
83	Carnegie Hall Tower	New York	1991	231
84	Three First National Plaza	Chicago	1981	230
85	Equitable Plaza	New York	1985	229
86	One Penn Plaza	New York	1972	229
87	1251 Avenue of the Americas	New York	1972	229
88	Prudential Center	Boston	1964	229
89	Two California Plaza	Los Angeles	1992	229
90	Gas Company Tower	Los Angeles	1991	228
91	MLC Center	Sydney	1978	228
92	Two Pacific Place/Shangrila-La Hotel	Hong Kong	1991	228
93	1100 Louisiana Building	Houston	1980	228
94	Korea World Trade Center	Seoul	1988	228
95	Wing Lok Street/Queens Road Central	Hong Kong	-	228
96	Governor Phillip Tower	Sydney	1993	227
97	J.P.Morgan Headquarters	New York	1989	227
98	Two Union Square	Seattle	1989	226
99	333 South Hope Building	Los Angeles	1975	226
100	One Liberty Plaza	New York	1973	226

4.1.4 하중경로에 따른 분류

하중경로에 따라 건축물은 여분(redundant)과 비여분(nonredundant)의 구조물로 분류된다. 여분의 구조물은 구성요소 중 하나가 붕괴할 경우에 전체 구조물의 붕괴로 이어지지 않는 구조물을 말한다. 이러한 견지에서 여분이라는 것은 구조물을 보증하는 척도로 볼 수 있다. 여분의 구조물에서 내력부재가 그 능력을 상실한 후에 하중은 다른 부재로 재분배된다. 이 재분배는 다른 부재들을 과응력 상태로 만들어 결과적으로 구조물 전체에 손상을 입힌다. 그러나 구조물은 붕괴되지 않는다. 예를 들어, 보에 의해 지지되는 바닥판은 비록 한 개의 보가 손상을 입었다 하더라고 붕괴되지 않을 것이다. 즉 바닥판을 지지하는 다른 보로 하중이 재분배될 것이다.

비여분 구조물은 한 개의 부재가 붕괴되었을 경우에 전체 구조물의 붕괴로 이어지는 구조물을 일컫는다. 모노레일이나 산업용으로 사용되는 크레인 장치는 비여분 구조물의 예로 볼 수 있다. 따라서 구조물의 안전을 고려한다면 여분의 구조물로 설계하는 것이 바람직할 것이다.

4.2 건물의 구성요소

구조설계의 첫 단계는 구조물에 작용하는 하중의 산정이다. 가장 단순한 건물은 바닥판과 건물의 외피에 의한 두 개의 요소로 구성된다. 바닥판은 인간의 행동을 위해 사용되는 편평한 수평면으로 되어 있다. 외피는 바닥판 위를 둘러싸게 되며, 주로 바람, 비, 눈과 같은 환경으로부터 보금자리를 제공하여 내부 온도를 제어하고 개인공간을 제공한다.

최초의 건물들은 지면이 바닥판으로 사용되었다. 현대 건물에서 바닥판은 구조용판이 직접적으로 지면 위에 위치하거나 구조부재 위에서 지지된다. 바닥판은 콘크리트, 나무, 강재 플레이트, 그리고 합성재료들과 같이 다양한 재료들에 의해 시공된다. 이와 같이 바닥판이나 외피의 사용으로 추가적인 구성요소들, 예를 들어 바닥판을 지지하기 위하여 벽과 장선들이 필요하게 되었다. 여러 층의 건물에서는 계단뿐만 아니라 벽, 기둥, 장선 위에 지지되는 추가적인 바닥판들이 필요하게 되었다. 벽과 기둥들은 지면 하부의 기초들에 의해 지지되었다. 기초는 건물의 침하를 막기 위하여 하중을 넓은 영역 위에 분산시키는 것을 목적으로 한다. 따라서 현대의 건물들은 최초의 건물보다 더 많은 성분들로 구성되어 있다.

실제로 현대의 건물들은 이들 구성요소들 외에도 외피시스템, 위생, 조명, 전력, 신호시스템, 음향, 공조, 난방, 환기 등과 같이 더 많은 구성 요소들로 이루어져 있다. 최근에는 현대 건물에서 컴퓨터나 통신장비를 사용하여 건물의 환경을 제어하기에 이르렀다. 이러한 건물을 인텔리전트 빌딩(intelligent buildings)이라고 한다. 장비와 작동기구들이 거주자들이 바라는 환경으로 통제센터에서 제어된다. 건물의 주요 부분에 여러 센서들과 통신장치들이 통제센터에 정보를 제공한다. 페트로나스 타워(Petronas Towers)는 인텔리전트 빌딩으로 설계되어 시공되었다.

모든 건물들은 상부구조와 하부구조의 두 구조로 이루어져 있다. 지표면 위의 구조를 상부구조, 지표면 아래에 구조를 하부구조라 한다. 건물의 하중을 지반에 분산시키는 하부구조의 일부가 기초다. 벽과 기둥과 같은 수직 성분들은 개개의 기초를 갖는다. 이웃한 기둥의 기초가 매우 클 경우에 한 개로 합친 기초를 복합기초라 한다. 연약지반일 경우에 지하면의 하부에 암반으로 하중을 전달시키기 위하여 기초들이 말뚝에 의해 지지된다.

건물은 일반적으로 슬래브, 보, 기둥, 벽, 그리고 케이블과 같은 구성 요소로 이루어져 있다. 이들 성분들은 강체(rigid)와 유연체(flexible)로 분류되기도 한다. 강체는 하중을 받았을 때에 형태의 변화가 나타나지 않는다. 기둥-보 형태의 구조에서 슬래브, 보, 기둥은 강체인 반면에 케이블은 하중을 받으면 모양이 변하는 매우 유연한 요소이다.

설계 시, 구조부재에 작용하는 하중들이 결정된다. 구조물과 부재들은 기본적인 하중 전달에 따라 분류되기도 한다. 부재들은 축하중(인장과 압축), 휨과 전단, 그리고 비틀림의 세 가지 기본적인 하중을 부담한다. 이들 하중을 전달방법에 따라 (1) 인장하중을 전달하는 타이나 인장부재, (2) 압축하중을 전달하는 기둥과 스트럿, (3) 수직하중을 전달하는 보, (4) 비틀림 하중을 전달하는 샤프트로 분류한다.

실제로 부재들은 이들 하중들이 결합된 하중을 부담한다. 예를 들어, 핀 접합된 트러스구조들은 인장과 압축 외에 자중에 의해 미소의 휨이 발생한다. 그러나 부재들이 휨과 축하중의 결합된 하중을 부담할 경우에 이 두 하중 중에 하나가 보다 크게 작용하면 그 하중이 부재의 설계를 지배한다. 예를 들어, 휨부재가 축하중을 추가로 받는다면 그 부재는 주로 휨에 대해 설계를 하고 합성하중에 대해 검토한다. 유사하게 기둥이 휨모멘트의 작용 하에 있다면 그 부재는 축하중을 주로 부담하도록 설계하며 합성하중에 대해 검토한다.

구조용 부재는 설계의 중요성에 따라 주(primary) 부재와 부차적인(secondary) 부재로 구분된다. 주 부재는 보, 기둥, 그리고 축하중을 받는 트러스 부재와 같이 주요 하중을 부담하며 부차적인 부재는 하중을 직접적으로 부담하지 않고 주요 부재의 강성을 증진시키는 역할을 한다. 보 혹은 기둥에 대해 가새나 교량에서 이웃한 보 사이의 다이어프램을 부차적인 부재로 볼 수 있다.

4.2.1 지붕과 바닥판

일반적으로 건물은 외부하중을 처음으로 받는 수평의 표피요소들로서 지붕과 바닥판을 들 수 있다. 이들은 주로 콘크리트, 목재, 강재로 만들어진다. 지붕과 바닥판들은 보와 기둥, 혹은 벽체, 두 부재의 합성에 의해 지지된다. 지붕과 바닥판의 기능은 수직의 하중을 부담하며 바람이나 지진과 같은 횡하중에 저항한다. 바닥판과 지붕은 자체의 면내 수평하중을 저항하여 수평의 다이어프램이라고도 한다.

4.2.2 보

보는 중력 방향으로 하중이 작용하여 전단과 휨모멘트를 발생시키는 가장 단순한 구조부재이다. 보는 단순보나 연속보로서 표현된다. 단순보는 일단이 회전단[3], 타단이 이동단으로 지지하는 경간을 말한다. 연속보는 한 경간 이상의 경간으로 구성되며 일단은 회전단이나 고정단으로, 타단은 이동단으로 지지하는 경간을 말한다. 보는 지지조건에 라 명명된다. 고정보는 양단이 고정인 보이며, 캔틸레버 보는 일단은 고정, 타단은 자유단으로 구성된다. 기타 보들을 그림 4.1에 나타내었다.

수직하중을 받는 단순보에서 부재 단면의 상부 연단에는 압축력을, 하부 연단에는 인장력을 부담한다. 이와 같은 휨 양상[4]을 나타낼 경우에 양(+)의 모멘트를, 역으로 음(-)의 모멘트 상태에서는 부재 단면의 상부 연단이 인장력을, 하부 연단이 압축력을 각각 부담하게 된다.

---

3)

지점의 명칭	반력의 방향	
이동단	수직반력	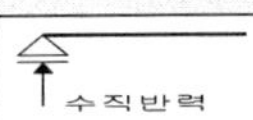
회전단	수직반력 수평반력	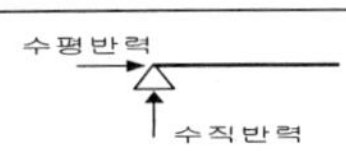
고정단	수직반력 수평반력 모멘트반력	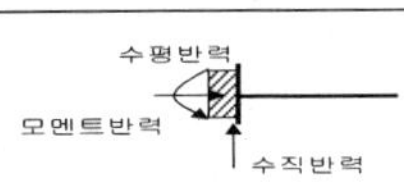

4)

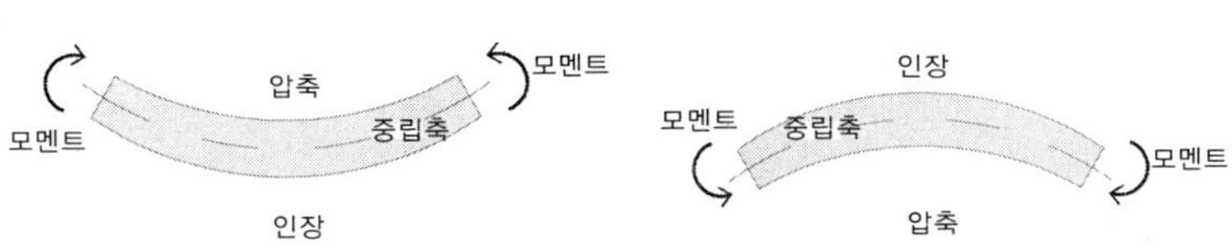

(+)의 모멘트 (−)의 모멘트

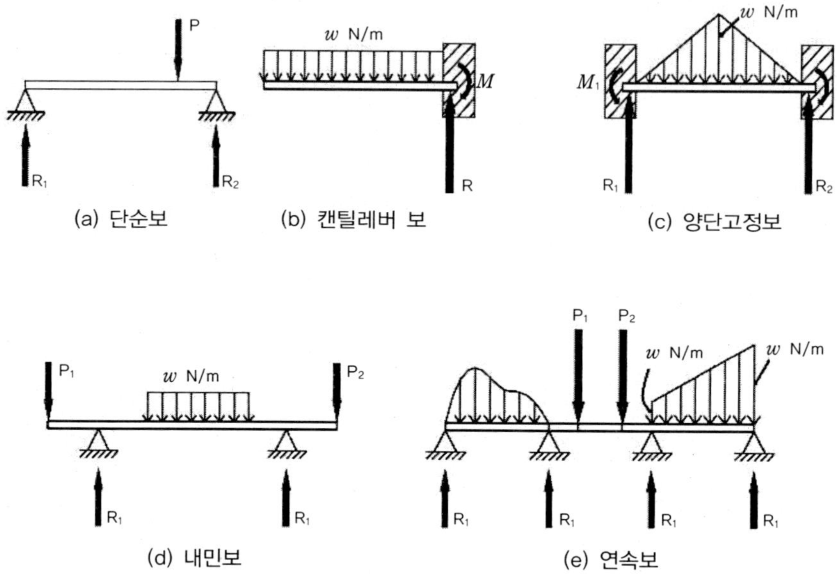

그림 4.1 보의 형태

4.2.3 기둥

기둥은 큰 보나 작은 보로부터 하중을 받는 수직의 압축부재로 모든 하중들을 기초를 통해 지반에 전달하는 기능을 지닌다. 기둥은 축력이나 편심의 하중을 받는다. 편심의 하중을 받는다면 기둥은 축력 외에 휨모멘트를 받는다. 축력 외에 휨모멘트를 받을 경우에 그 부재를 보-기둥이라 한다. 강접합의 골조에서 기둥의 대부분은 보-기둥의 거동을 나타낸다.

4.2.4 트러스

트러스는 봉(bar)들이 마찰이 없는 핀들에 의해 접합된 구조체로 정의된다. 트러스는 다양한 구조물에 적용되어 하중을 전달하는 기능을 갖는다. 예를 들어 주거용, 상업용, 철도 교량 등에 흔히 사용된다. 트러스는 형상에 따라 그림 4.2와 같이 분류된다.

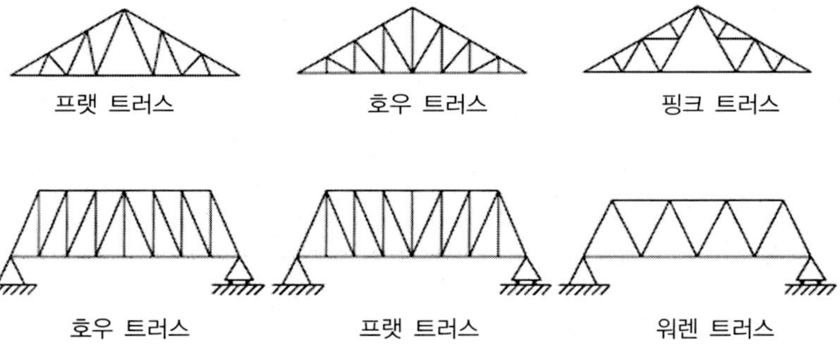

그림 4.2 트러스의 종류

트러스는 특별한 특성을 지니고 있다. 모든 트러스 부재는 직선재이며 접합부를 지나 연속적인 부재는 없다. 하중이 길이방향에 수직으로 작용하는 보와는 달리, 트러스는 단지 절점(joint)에만 하중이 작용하는 것으로 간주한다. 단순 트러스(simple truss)는 절점에서 만나는 세 개의 부재가 핀으로 접합된 구조물을 일컫는다. 트러스는 삼각형으로 공간을 세분하여 정렬되며, 모든 절점들이 마찰이 없으며 자중이 무시되고 모든 하중들이 절점에만 작용한다는 이상화된 가정 하에 해석된다. 이들 가정들로 트러스 부재들이 축력만을 부담하게 된다. 절점들은 실제로 거싯 플레이트(gusset plate)에서 볼트나 용접되므로 회전에 자유롭지는 않다. 그 결과 트러스 부재에 휨응력이 발생하게 되며, 이러한 응력을 2차응력(secondary stress)이라 한다.

트러스는 일반적으로 절점들에서 재하된다고 가정할지라도 절점과 부재들에 하중이 가해지는 경우도 있다. 주거용의 목조 트러스에서 지붕과 바닥판에 사용되는 지붕널은 못에 의해 직접적으로 부재에 부착되어 트러스 부재는 수직하중을 부담하게 되는데, 이 경우 트러스 부재들은 축하중과 휨하중을 동시에 받게 된다.

트러스 또한 정적 평형방정식에 의해 부재력들이 계산되는지 여부에 따라 정정과 부정정 트러스[5)]로 구분된다. 트러스는 기본적으로 세 가지 형태의 형상을 지닌다. 삼

5) 구조물이 안정, 불안정, 정정구조, 혹은 부정정구조를 판단하기 위해서 다음과 같은 구조물의 판별식을 사용한다.
$n=(m+r+\Sigma k)-2j$
판별 : $n<0$일 경우 : 불안정 구조물, $n=0$일 경우 : 정정 구조물, $n>0$일 경우 : n차 부정정 구조물
여기에서 m: 부재의 수, r: 반력의 수, j : 절점의 수

각형 트러스는 경사지붕에 가장 흔히 사용되며, 상현재와 하현재가 평행인 장방형 트러스는 건물과 교량에 사용된다. 트러스의 현재들은 평행이 아닌 곡선의 형태를 취하기도 한다. 상부에 곡선의 형상을 하부에는 직선의 형상을 지닌 트러스들은 건물과 교량에 모두 사용된다. 과거에 트러스는 곡선의 형상을 갖는 상 · 하현재로 시공되기도 하였다.

트러스 부재들은 수직, 수평 및 사재로 구성된다. 트러스 부재의 내력(internal forces)은 기본적으로 축력이다. 모든 부재들이 평면 내에 배열된다면 평면 트러스가 된다. 단순지지의 평면 트러스에서 상현재는 압축력을 부담하고 하현재는 인장력을 부담한다. 장방형의 트러스에서 상현재와 하현재의 길이는 동일하다. 접합부는 절점(panel points)이라고 하며, 이웃한 절점 사이의 길이를 절점간 길이(panel length)라고 한다. 모든 트러스는 그 중앙에서 대칭이 되도록 절점간 길이를 같게 한다. 공간상의 트러스를 공간트러스(space truss)라고 하며, 그 부재들은 3차원 해석에 의해 부재력들이 결정된다. 공간트러스는 지붕과 바닥판을 지지하기 위해 사용되기도 한다.

4.2.5 골조(frame)

골조는 보와 기둥들이 단순 혹은 강접합에 의해 결합된 구조체를 말한다. 골조에는 단순, 가새 보강 혹은 모멘트 저항 골조들이 있다. 단순골조에서 보와 기둥의 접합부는 보에서 기둥으로 수직의 반력만을 전달한다. 강절점은 접합된 기둥과 보 사이에 이루어진 각이 재하로 인하여 각이 변하는 트러스와는 달리 변하지 않는 특성이 있는데 그 결과로 보는 강접합을 통해 전단력과 모멘트를 기둥으로 전달할 수 있는 것이다. 트러스 부재와는 달리 골조의 부재들은 축력과 휨모멘트의 작용 하에 있다. 골조의 형상을 그림 4.3에 나타내고 있다.

벤트(bent)는 두 개의 기둥이 보와 강접합된 구조체를 말한다. 건물은 두 개 이상의 골조로 구성된다. 건물의 양단부에 위치한 두 개의 골조를 단부골조, 나머지 골조들은 중간골조라 하며, 두 개의 이웃한 골조 사이의 거리를 경간(bay)이라 한다. 골조는 단경간(single bay)과 다경간(multi-bay)이 있으며, 단층과 다층으로 구분된다.

그림 4.4와 같은 게이블 구조는 지붕을 지지하는 두 개의 경사 보의 골조를 일컫는

Σk : 강절점의 수, 하나의 부재에 강접합으로 연결되어 있는 부재의 수

다. 트러스와 골조구조물은 일반적으로 평면구조물로서 해석되고, 보나 도리와 같은 2차 부재에 의해 서로 연결된 반복적인 평면 단위로 구성된다.

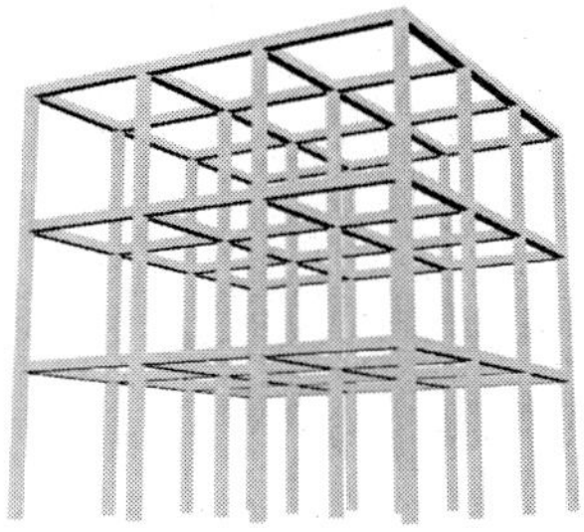

(a) 모멘트

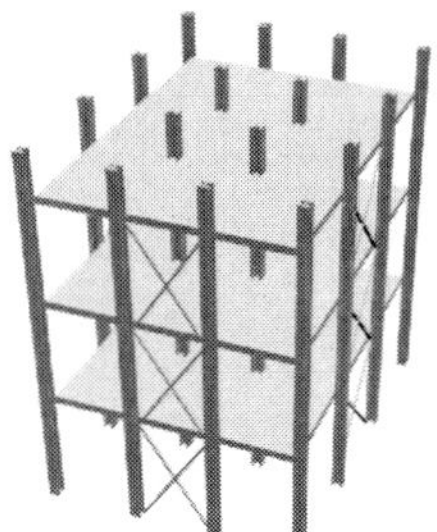

(a) 가새 골조

(c) 코어+전단벽

그림 4.3 재래식 건물골조

보, 트러스, 골조 외에 순수 인장과 압축력을 부담하는 구조물도 있다. 이러한 부재들에 작용하는 응력은 일정하기 때문에 매우 효율적인 설계를 행할 수 있으며, 재료 또한 최적으로 사용될 수 있다. 특히, 부재의 강도가 재료의 강도만에 의해 결정되는 인장재에서 적정하다. 현수 구조물은 구조요소가 순수 인장상태에 있는 구조물의 한 형태로, 이들을 인장구조물이라 한다.

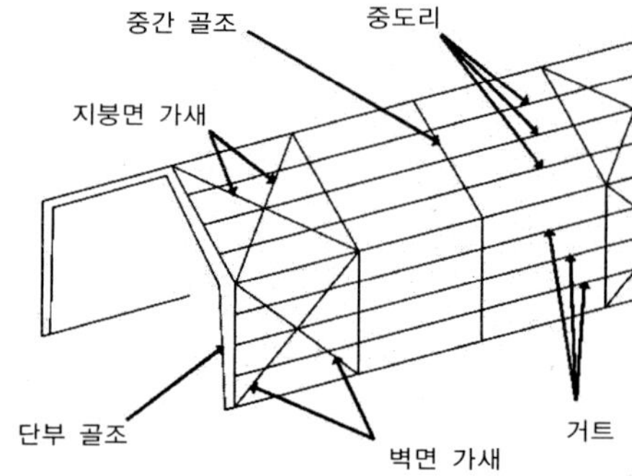

그림 4.4 게이블구조

4.2.6 벽체

벽체는 구조물의 수직면을 구성하기 위해 사용되는 수직의 구조요소이다. 벽체는 내력벽과 비내력벽으로 구분되며, 내력벽은 지붕이나 바닥판의 하중 혹은 큰 보와 작은 보로부터의 중력하중을 부담한다. 추가로, 벽체는 횡저항 골조로서 기능을 한다. 이들 횡하중은 면내 혹은 면외의 하중으로 구분된다. 면내하중은 벽체가 수평의 다이어프램(diaphragm)과 자중에 의한 관성력을 받는 하중을 일컫는다. 이러한 하중을 부담하는 벽체를 전단벽(shear wall)이라 한다. 면외하중은 벽체면에 수직으로 작용하는 하중을 말하며 비내력벽은 자중 이외에 중력하중을 부담하지 않는 벽체를 말한다. 내력벽은 중력하중과 횡하중을 동시에 부담해야 하는데 벽체들은 지하의 공간을 확보하기 위해 시공되기도 한다. 이 경우에 벽체는 중력하중 이외에 횡토압의 영향을 받게 된다.

4.2.7 박판 쉘

쉘은 공간상에서 3차원의 구조형태를 취하는 얇고 곡선으로 된 플레이트 요소이다. 현대의 박판 쉘의 돔은 고대 이후에 진화된 구조형태로서 구조적인 특성은 막응력[6]

---

6)

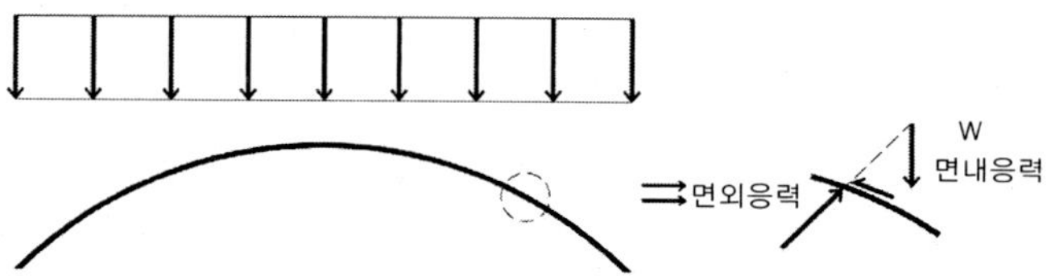

(membrane stress)에 의해 하중을 저항하는 능력을 지닌 것이다. 이들 응력들은 인장이나 혹은 압축응력이 될 수 있다. 쉘은 질량으로부터 강도가 결정되는 것이 아니라 그 형태로부터 강도가 결정된다. 쉘의 거동은 휨 하중을 부담하는 슬래브와는 현저하게 다르다. 쉘 구조의 설계는 실제 요구사항들을 충족할 수 있는 박판으로 쉘을 만드는 것이다. 따라서 고정하중을 현저하게 줄일 수 있고 구조물은 휨 응력이 없는 막으로서 기능을 다할 것이다. 이는 최소의 재료를 사용하여 최대의 구조적인 장점을 얻게 되는 것이다. 간략히 말해 쉘은 기하학적인 특성과 작은 휨강성으로 무시할 수 있는 휨과 더불어 면내에 직접응력으로 하중을 부담하는 특징을 가지고 있다. 쉘 요소의 두께는 큰 휨저항을 기대할 수 없다. 결과적으로 쉘구조는 등분포하중을 부담할 수 있으나 불가피하게 휨을 유발하는 집중하중을 부담하기에는 적절하지 않다.

박판 쉘은 장경간에 적절하다. 단곡률과 복곡률의 형태가 있으며 표피의 형태는 이동(translation), 회전(rotation) 등에 의해 형성된다. 이동에 의한 표피는 한 개의 곡평면 위에 또 다른 곡평면을 중복시켜 형성된다. 원통, 타원의 포물면, 쌍곡선의 포물면 등이 그러한 예이다. 원뿔과 쌍곡선-포물면과 같이 두 개의 곡평면 각각을 확장하여 형성되는 표피도 있다. 기타의 복잡한 표피면들은 회전, 이동 등을 합성하여 형성된다.

반원 쉘(barrel shell)과 볼트(vault)는 단곡률의 표면을 갖는 원통의 쉘구조로 장방형 영역의 표피를 감싸는데 사용된다. 원통 쉘은 곡평면을 직선방향으로 이동시켰을 때에 형성된다. 표피의 직선을 확장선(generator)이라고 하며 곡선을 준선(directrix)이라 한다(그림 4.5). 준선의 형상은 원의 호, 포물선, 반타원, 원형 혹은 현수선의 형태를 취한다. 원통형 쉘의 양단부들에 지지부재인 트래버스(traverse)는 면내에 강성(rigid)으로, 면에 수직방향으로는 유연(flexible)하게 작용한다. 트래버스는 견고한 다이어프램, 강성골조, 인장 타이의 아치, 그리고 트러스로 된 아치의 형태를 취하기도 한다(그림 4.5).

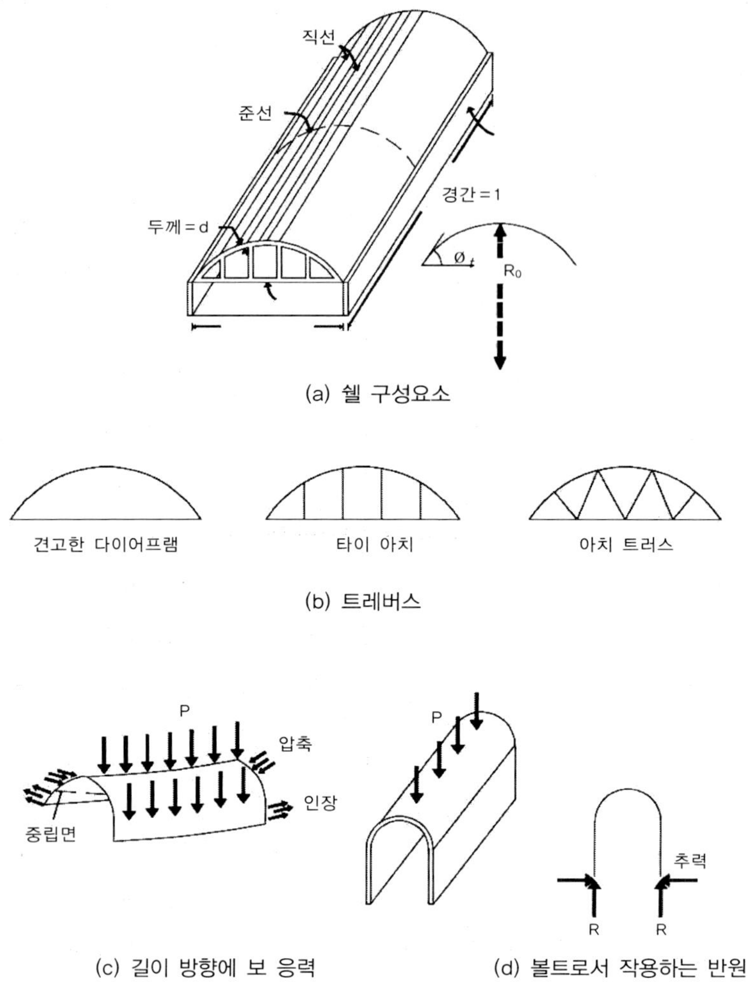

그림 4.5 원통쉘

반원쉘은 경간방향에 수직으로 곡선의 방향을 갖는 쉘구조이다. 경간이 매우 크고 단부의 보들이 견고하지 않다면 곡평면의 단면을 갖는 보로서 거동한다. 길이방향의 막응력은 반원의 춤을 따라 선형으로 분포되어 중립면의 상부는 압축에, 하부는 인장에 저항한다(그림 4.5). 반원에 작용하는 하중은 전단에 의해 단부 골조들에 전달된다. 볼트는 마치 연속적인 아치와 같이 세로방향에 단곡률 구조이다. 반원 쉘과 달리 볼트는 길이방향을 따라 연속적으로 지지되며, 세로방향으로는 아치 거동을 나타내는 특성이 있다.

구, 타원 그리고 포물형 쉘은 긴장 없이 편평하게 될 수 없는 전개가 불가능한(nondevelopable) 복곡률면의 구조이다. 이러한 형태의 쉘이 가장 효율적인 구조형태이다. 달걀껍질, 호두껍질, 인간의 두개골이 복곡률 쉘구조의 예들이다. 곡면은 수직축에 대해 곡선을 회전시켜서 형성된다. 회전 쉘의 수직단면을 자오선, 단면이 원인 수평면들을 평행선이라 하며 가장 큰 평행면을 적도(equator)라 한다. 면의 형상은 수직축에 대해 회전한 곡선에 의해 결정된다. 예를 들어 구면 쉘은 원의 사분면을 회전하여 얻을 수 있으며, 타원형 쉘은 반타원을 회전하여 얻을 수 있다. 곡선면은 돔과 같은 지붕구조에 사용될 때에 매우 효율적이다(그림 4.6).

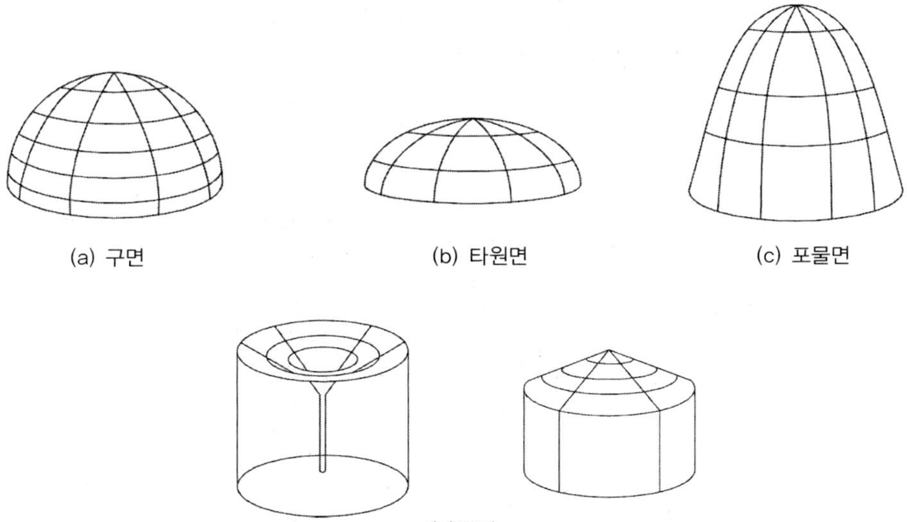

(a) 구면 (b) 타원면 (c) 포물면

(d)뿔면

그림 4.6 돔

쉘의 곡률이 접시의 곡률과 같이 모두 상향이거나 돔과 같이 모든 곡률이 하향일 때가 있다. 돔이 모든 방향에 대해 양(+)의 곡률을 취한다면 접시는 역으로 음(-)의 곡률을 갖는다. 반면에 양(+)의 곡률이 음(-)의 곡률로 면의 곡률이 변할 수도 있다. 예를 들어, 말의 안장은 말을 가로지르는 방향으로는 양의 곡률을 나타내는 반면에 말의 머리방향으로는 음의 곡률을 나타낸다.

돔구조는 수직하중뿐만 아니라 수평하중을 부담하는 특징이 있다. 가장 큰 박판의 쉘구조물은 수직하중보다는 수평하중에 저항하도록 시공되고 있다. 예를 들어, 원뿔형의 옹벽, 박판 쉘의 댐, 액체용기 탱크 등이 있다.

4.2.8 절판(folded plates)

절판구조는 모서리를 따라 강접합된 좁고 긴 구조이다. 플레이트를 다양한 형상으로 접어 변형시킴으로써 플레이트구조의 강성을 증가시킬 수 있다(그림 4.7). 플레이트를 접으면 플레이트의 재료가 중립면 밖으로 밀려나와 궁극적으로 강성이 증가하게 되는 것이다. 절판의 구조적인 거동은 횡과 종방향의 보 거동을 합성한 특성을 나타낸다. 플레이트는 좁고 길기 때문에 폭방향으로 일방향 보의 거동을 나타낸다. 플레이트의 두께는 휨 저항과 관련된다. 플레이트에 작용하는 하중은 횡방향의 휨을 통하여 접면에 전달된다. 플레이트의 각 횡방향대(strip)는 접힌 면에서 지지되는 동일한 경간을 갖는 연속보와 같이 거동한다. 종방향으로 하중은 단부 골조들에 휨으로 전달된다.

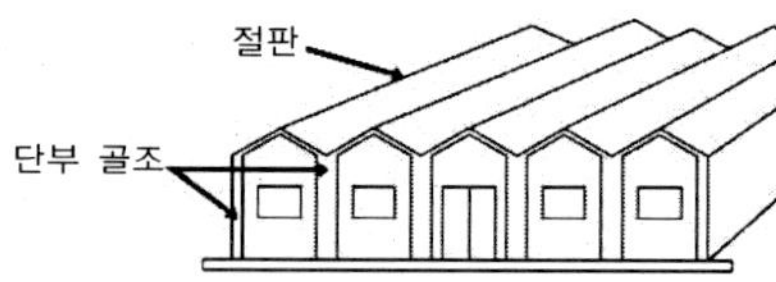

절판 구조 건물

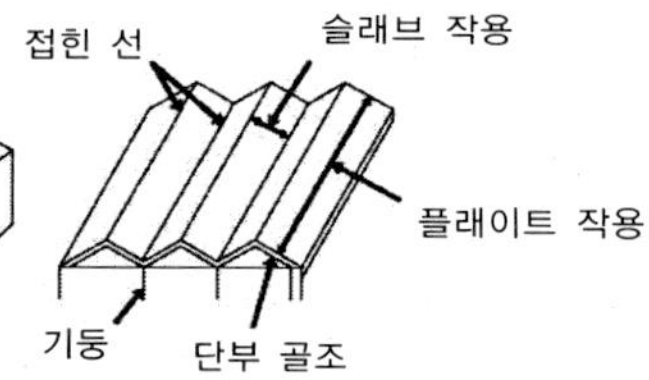

절판 내에 슬래브오 플래이트 작용

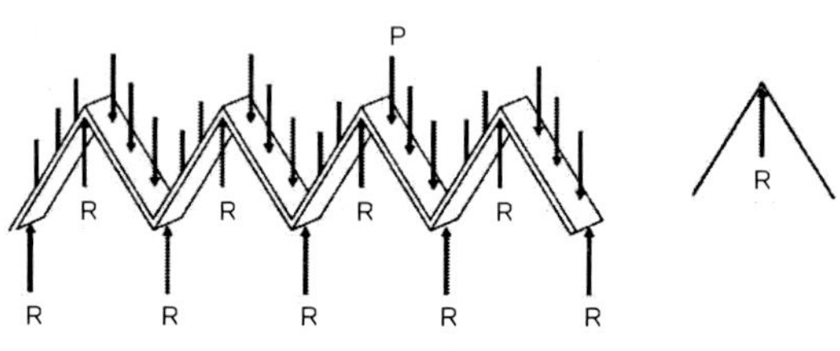

절판 내에 하중과 반력

그림 4.7 절판구조

4.2.9 아치(arch)

아치는 인류에게 알려진 가장 오래된 형태 중 하나로 교량이나 건물에 모두 사용된다. 아치는 두 점 사이의 경간에 곡선으로 된 구조부재로 주로 압축에 의해 하중을 전달한다. 아치 돔은 다양한 목적으로 사용되는 매우 큰 공간의 지붕구조이다. 아치는 순수압축으로 고정하중을 부축벽[7](buttress)에 전달하며, 아치의 형상은 휨 없이 고정하중에 의해 긴장된 케이블의 형태를 취한다. 아치는 약간의 휨이 존재하므로 아치는 압축과 휨의 합성작용으로 하중을 부담하게 된다.

4.2.10 케이블

케이블은 인장구조물로서 광범위하게 구조물을 형성하는 매우 유연한 구조요소로서 압축에는 저항할 수 없고 인장에 의해서만이 하중을 부담하게 된다. 현수교, 케이블 지지 교량, 케이블카 등과 같은 구조에 하중전달 요소를 구성하며(그림 4.8), 장경간 건물의 지붕을 지지하기 위해 사용되기도 한다. 지붕시스템은 다양한 형태와 형상으로 잡아당길 때에 케이블은 직선으로 긴장된다. 하중의 작용에 따라 케이블은 다른 형태를 가정할 수 있다. 예를 들어, 집중하중을 받는 케이블은 일련의 선분으로 변형되며, 자중으로 케이블은 현수곡선으로 변형되기도 한다.

그림 4.8 케이블 지붕구조

4.2.11 막구조

막은 막면 내에 단지 인장에 저항하는 얇고 유연한 박판이다. 다른 선형요소와 복합적으로 사용하여 장경간의 표피를 형성하는데, 인장력에 저항하는 막은 공기압이나 유체압의 차이에 의해 강성을 유지하며 지붕, 사일로, 댐 등과 같은 형태를 갖는다. 이들 구조물은 매우 강한 경량의 접이식 막으로 시공된다.

막구조의 가장 흔한 형태 중 하나인 우산은 바람의 작용에 관계없이 우산의 천은

7) 벽이 쓰러지지 않게 버티어 대거나 부축하기 위하여 달아낸 벽

인장상태에 있다. 텐트는 막을 이용한 가장 흔하고 가장 오래된 예로서, 텐트 표피의 경량성과 유연성 때문에 바람의 작용으로 텐트는 펄럭인다. 따라서 텐트는 영구 구조물이 아닌 임시 구조물로서 유용하게 사용된다.

모서리가 개방된 텐트와는 달리 막에 의해 구조물 전체를 둘러싸는 구조물도 있다. 이러한 구조물은 표피막을 팽팽하게 유지하기 위하여 내부압력이 작용하게 된다. 또한 공기막구조는 주로 인장면으로 형성되며 내부압력에 의해 안정화된다. 다른 예로서 공기압에 의해 안정을 유지하고 공기압뿐만 아니라 기타 하중들에 견딜 수 있는 풍선이 있으며, 공기막구조로는 공기지지 혹은 공기팽창 구조가 있다. 두 경우 모두 막이나 표피는 인장상태에 있게 된다.

공기팽창구조는 건물의 지붕이나 외부표피를 형성하기 위하여 팽창시켜 사용되는 별개의 요소들이 연결되어 구성된다. 내부의 공기는 보통 건물과 같이 대기압을 유지한다. 두 가지의 가장 흔히 사용되는 구조물로 이중벽 구조와 리브로 된 구조가 있다(그림 4.9). 이중벽 구조요소는 지붕면을 형성하기 위해 수평의 막으로 구성되거나 전체 요소가 내부 공간의 압력공기에 의해 편평한 지붕을 형성하도록 사용되기도 한다. 리브가 있는 구조물은 일련의 공기 팽창된 튜브나 아치들의 상호 접합에 의해 표면을 이루는 구조형식이다. 이중벽과 리브 있는 공기팽창구조들이 내부의 고압에 의해 강하게 제작되며 보, 기둥, 그리고 아치들로서 사용된다.

공기지지 지붕에서 경간의 증가와 더불어 막의 인장 또한 강도 이상 증가하게 된

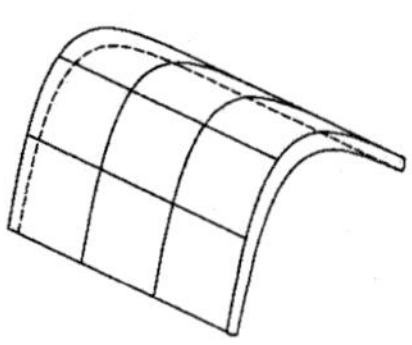

(a) 이중벽

(b) 리브로 보강된 구조

그림 4.9 공기팽창구조

다. 그러한 경우에 케이블을 휘감아 막을 보강해야 한다. 이웃한 케이블 사이의 거리가 작을수록 보다 얇고 경량으로 경제적인 막을 사용할 수 있게 되는데 이것을 망상구조라 한다. 이러한 구조는 강성의 증가와 안정성을 제공하며 펄럭임에 저항하게 된다. 횡단하는 케이블의 간격을 변화시킴으로써 다양한 표면의 형상이 가능하며 극히 큰 영역을 덮을 수 있을 것이다. 막지붕은 천뿐만 아니라 강재, 알루미늄, 콘크리트 등 다양한 시공재료들이 막에 사용된다.

4.3 중력에 대한 하중 전달경로

보-기둥 골조에서 중력하중은 처음에는 지붕과 바닥판에 전달된다. 이 성분들을 지지하는 여러 형태의 기법이 있을 수 있다. 지지방법의 형태는 구조물 내에 하중경로를 결정한다. 예를 들어, 기초 위에 시공된 벽체들에 의해 직접적으로 지지되는 지붕 혹은 지붕과 바닥판으로 구성된 기본적인 구조체를 고려하자(그림 4.10). 이 기법에서 외부하중은 지붕이나 바닥판에 작용하고 이 하중들은 벽체 및 기초를 통하여 지반에 전달된다. 이러한 일련의 하중전달이 중력하중의 전달경로가 된다. 다른 예로서, 지붕이나 바닥판이 벽체 위에 지지되는 평행한 보들에 의해 지지되는 건물을 고려하자(그림 4.11). 바닥판의 자중과 더불어 지붕의 활하중이 먼저 지붕시스템에 전달되고 다음으로 지붕을 지지하는 보에 전달된다. 보들은 단부의 반력에 의해 지지하는 벽체에 하중을 전달한다. 마지막으로 벽체들은 하중을 기초 및 지반에 전달하는 역할을 한다.

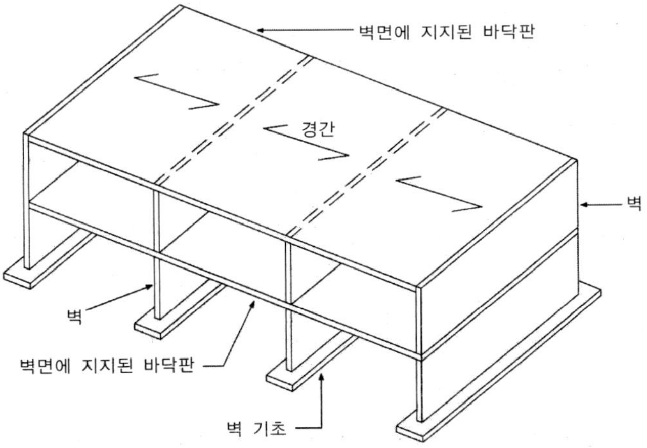

그림 4.10 벽체에 지지된 바닥 슬래브의 단순 건물에서 하중경로

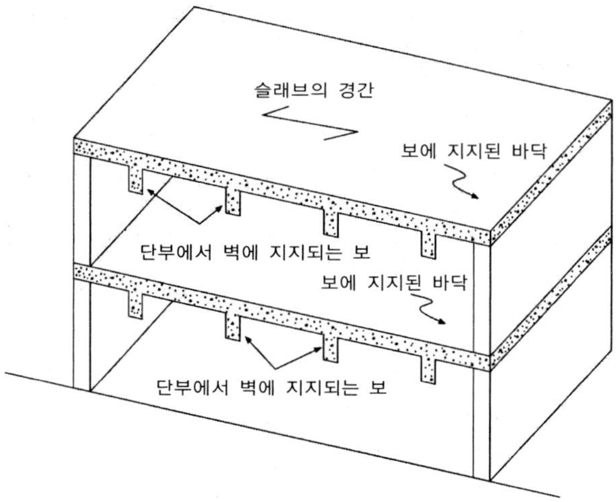

그림 4.11 벽체로 지지된 보와 바닥판의 1층 건물이 하중 경로

지붕과 바닥판을 지지하는 구조기법에 따라 건물의 하중경로는 전술한 기법보다 정교할 수 있다. 예를 들어, 지붕이나 바닥판이 작은 보(beam)와 큰 보(girder)에 의해 지지되는 구조를 고려하자. 큰 보는 기둥이나 벽체들에 의해 지지되며 기둥과 벽체는 기초에 의해 지지된다(그림 4.12). 이 골조기법은 주거용이나 상업용 건물에 주로 사용된다. 작은 보는 지붕과 바닥판으로부터의 하중을 부담하고 그 하중은 큰 보 그리고 기둥을 통하여 최종으로 지반에 전달된다(그림 4.12). 일반적으로 각 부재가 지지하는 모든 하중이 최종부재에 집중되므로 하중은 건물의 하부층으로 가면서 누적된다.

집중하중, 등분포하중과 같은 하중의 형상 또한 매우 중요하다. 바닥판이나 지붕으로부터의 하중은 등분포로 작용하며, 작은 보의 반력이 큰 보에 전달된다. 즉 작은 보와 큰 보의 접합부에서 집중하중으로 전달된다. 또한 큰 보와 작은 보로부터 전달되는 하중은 기둥이나 벽체들에 반력으로 작용하게 된다. 이들 반력에 의해 벽체에 전달되는 하중은 보의 수직면에 30~45° 사이의 각도로 벽체의 상부에 등분포로 작용한다. 마지막으로 기둥이나 벽체에 전달된 하중이 기초로 전달된다. 중력하중에 대한 일련의 하중 전달경로는 연속적이다. 지지기법에 따라 하중 전달이 달라질 수 있다. 일부의 보들은 직접적으로 기둥에 연결되어 기둥의 반력으로 작용하며, 일부의 보에서 일단은 벽체에, 타단은 기둥에 접합되기도 한다. 또 다른 형태로 그림 4.12와 같이 큰 보가 기둥을 지지하는 경우도 있다. 재하 및 지지형태에 따라 하중 전달경로는 차이를 나타

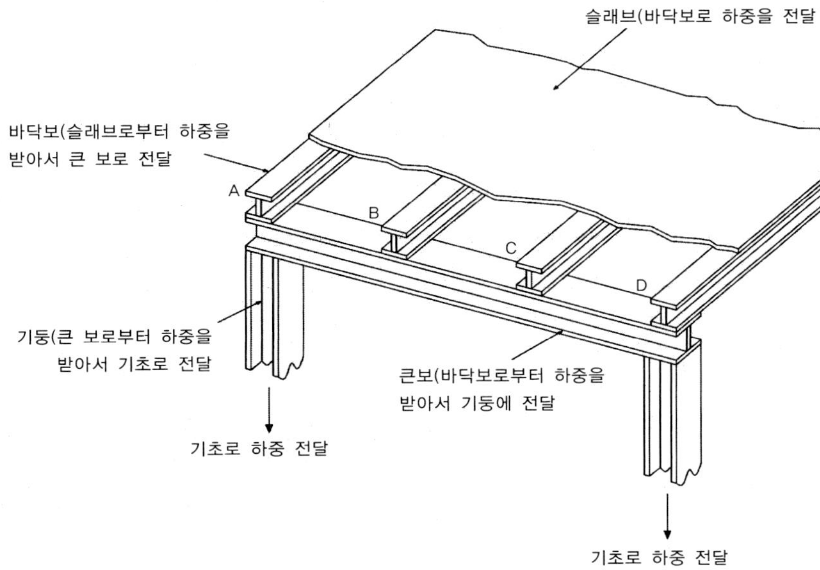

그림 4.12 중력 하중을 받는 건물에 하중 전달메커니즘

내며, 그림 4.13은 기둥-보 건물에서 중력하중을 받는 부재들의 하중경로를 도식적으로 나타내고 있다.

중력하중은 건물의 상부에서 하부로 전달된다. 다층의 건물에서 기둥이 연속적일 경우에 각 층의 기둥은 바로 위층의 하중을 분담한다. 따라서 이들 하중은 하층으로 갈수록 누적된다(그림 4.14(a)). 또한 모멘트 골조가 횡력을 저항할 경우에 기둥에 작용하는 모멘트는 수직의 캔틸레버 보와 같이 하부로 갈수록 증가한다(그림 4.14(b)). 따라서 건물 하부의 기둥의 단면은 점차로 증가하게 된다. 건물의 시공은 하중 전달경로에 역순으로 시행된다.

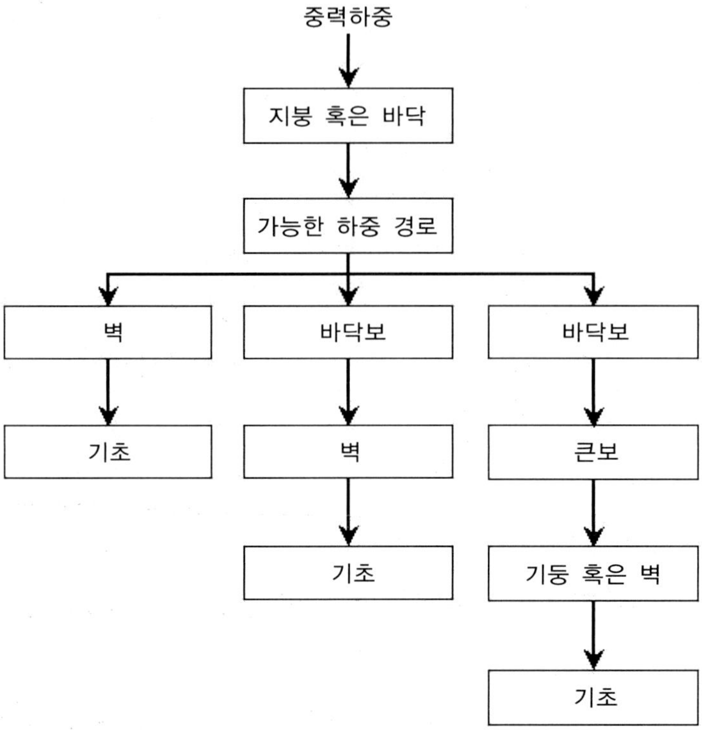

그림 4.13 중력하중을 받는 구조부재

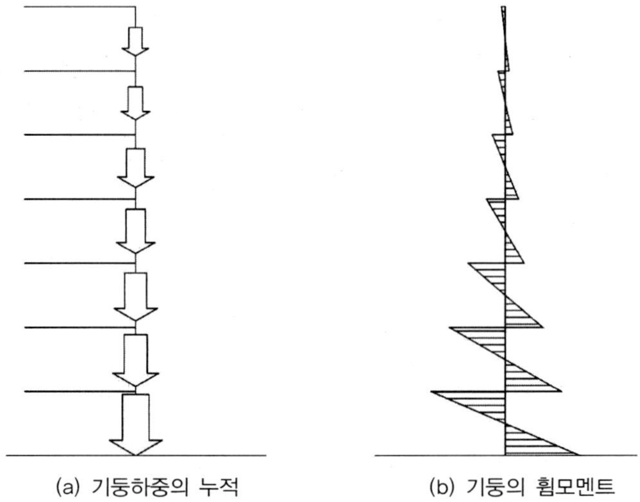

그림 4.14 다층 건물에 기둥하중

그러나 많은 구조물에서 하중 전달경로는 분명하지 않다. 케이블, 인장, 그리고 쉘 구조물은 일반 건물과 다른 하중경로를 나타낸다. 예를 들어, 케이블구조에서 하중은 큰 보와 작은 보와 같은 시스템보다는 케이블에 의해 주로 하중이 전달된다. 그림 4.8과 같은 케이블 지지구조물에서 지붕은 지붕의 모서리를 따라 일정한 간격으로 배치된 지붕 케이블에 의해 지지된다. 케이블은 지붕의 모서리에 설치된 마스트(mast)들에 의해 연결되며, 마스트로부터 기둥에 전달되어 궁극적으로 기초를 통해 지반에 전달된다.

4.4 횡하중에 대한 하중 전달경로

풍하중이나 지진하중과 같은 수평하중에 대한 하중 전달경로는 중력하중과 다르다. 풍하중과 지진하중은 수평하중임에도 불구하고 두 형태의 하중들에 노출된 구조물들이 기본적으로 다르기 때문에 그들의 하중 전달경로는 조금 다르다. 풍력은 바람방향으로 구조물에 작용하며, 지진력은 지반가속도와 구조물의 질량에 의해 발생한다.

건물의 지붕과 표피는 직접적으로 풍하중을 받는다. 이 수평하중은 지붕이나 바닥판과 같은 수평부재나 수직부재에 전달되는 반면에, 지진하중은 지반가속도에 의한 지반 진동현상으로 건물의 기초가 복잡한 방식에 의해 움직이는 현상이다. 기초의 흔들림은 건물 전체의 진동으로 이어지며 지붕과 각 층의 바닥판에 관성력이 작용한다. 두 하중의 경우에 수평하중은 각 바닥판과 지붕면에 집중되고 이들 수평하중은 지반에 전달된다. 이러한 거동은 지붕과 바닥판으로부터 수직부재들에 하중을 전달하게 된다. 일련의 하중전달은 연속적이다. 지붕과 바닥판들은 면내에서 수평하중을 저항하며 수직부재로에 하중을 전달하는 역할을 하는 수평 다이어프램(horizontal diaphragm)이 된다. 수평하중을 받아서 지반에 전달하는 수평 다이어프램과 수직인 부재들의 구조물을 횡력 저항시스템이라 하며, 풍하중에 대한 구조물의 안정을 유지하기 위한 구조요소들의 합성을 풍력저항시스템이라 한다.

풍하중과 지진하중의 특성은 구조물 내에서 중력방향으로 힘이 작용한다는 것이다. 수평하중은 전단벽이나 골조들과 같은 중력저항 요소들을 통해 지반으로 전달되는데 두 횡하중으로 나타나는 지면의 단부모멘트를 저항해야 한다. 지진에 의한 수직의 지반운동의 결과로서 구조물은 수직 가속도인 수직의 관성력이 나타난다. 풍하중에 의

해 지붕면은 치솟거나 가라앉는다. 중력방향으로 작용하는 수직하중 외에 풍하중과 지진하중에 의해 발생하는 수직하중은 구조물을 설계할 때에 적절히 반영해야 한다.

풍하중과 지진하중은 랜덤(random)하중이기도 하다. 중력하중과 달리 지진이나 바람은 모든 방향으로 작용할 수 있다. 그럼에도 불구하고 이 하중들은 구조물의 평면상에 두 개의 직각방향으로 작용하며 서로 독립적으로 작용한다고 가정한다. 만약, 구조물이 이들 두 방향에 대해 안전하다면 기타의 방향에 대해서도 안전하다고 본다. 그러나 예외로서 비틀림의 영향을 고려하여 두 직각방향에 임의 각을 갖는 방향에서 작용한다고 가정하여 기준이 설정되는 경우도 있다. 이러한 예외는 건물의 단부 영역, 모서리 기둥, 불규칙적인 건물에서 찾을 수 있다. 각 방향에 작용하는 수평하중에 대한 별도의 하중경로들은 모든 구조물의 설계에 반영되어야 한다.

4.4.1 다이어프램

다이어프램은 지붕과 바닥판, 그리고 수평 트러스와 같은 구조용 부재들을 일컫는다(그림 4.15). 지붕과 바닥판은 주로 중력하중을 부담하기 위한 부재이다. 그러나 이 부재들은 횡하중에 저항하기 위해 사용되기도 하며, 이러한 목적으로 사용되는 부재를 다이어프램이라고 한다.

다이어프램은 층전단하중[8](story shear)을 수직의 수평저항시스템의 수직요소에 배분하는 역할을 한다. 이러한 기능을 다이어프램 거동이라 한다. 건물의 모든 시스템에서 횡하중을 전달하기 위하여 바닥판의 다이어프램 거동을 이용한다.

다이어프램 거동은 양단부에 수직부재들에 의해 지지되는 춤이 깊은 H형강의 거동과 유사하다(그림 4.15(a)). 다이어프램은 휨과 전단의 작용 하에 있다. 설계를 목적으로 웨브의 휨 부담은 무시되고 단지 전단강도만이 횡하중에 저항한다고 본다. 휨은 수평하중 방향에 수직으로 위치하는 경계요소들이 축력으로 저항한다고 가정한다. 경계요소들은 현재(chords)라 한다. 다이어프램은 반력으로서 횡하중을 양단부에 위치한

---

8) 임의 층 x에서의 층전 $V_x = F_t + \sum_{i=x}^{N} F_i$ 단력(V_x)은 그 층 이상에 작용하는 지진하중의 합이 된다. 여기서 N; 지면 위의 모든 층의 수, F_x, F_i, F_N; x, i, N층에 작용하는 지진하중, F_t; 구조물 최상층에 작용하는 지진하중

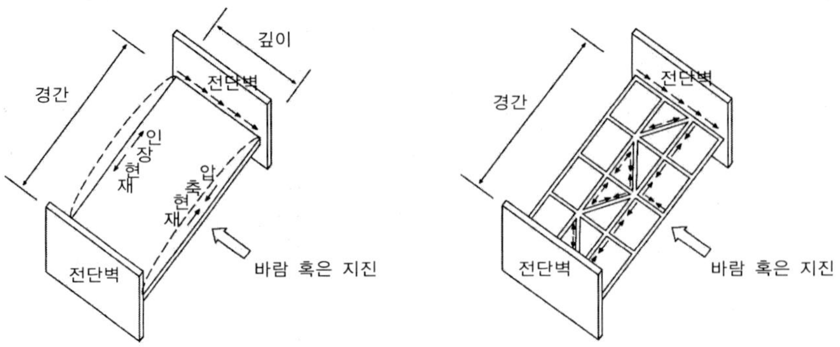

(a) 바닥 다이어프램 (b) 수평으로 가새되거나 트러스로 된 다이어프램

그림 4.15 수평 다이어프램의 구조거동

수직의 수평저항시스템에 전달시키고, 궁극적으로 횡하중은 지반에 전달된다.

다이어프램은 반드시 수평면에 위치시키거나 전단에 저항하기 위하여 반드시 편평할 필요는 없다. 예를 들어, 경사 지붕 또한 다이어프램으로서의 역할을 한다.

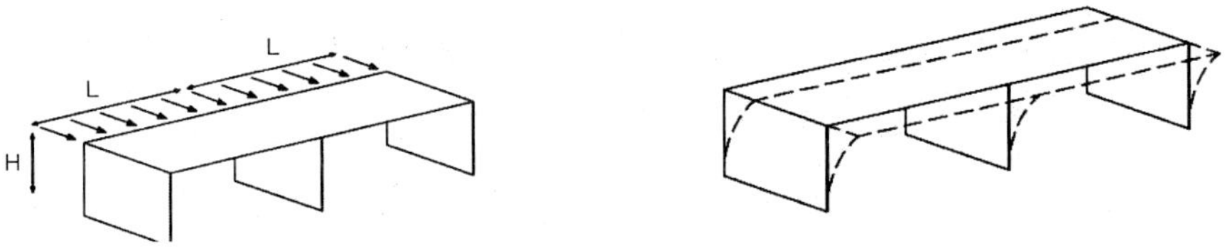

(a) 수평 다이어프램과 수직의 횡력저항 요소의 형상 (b) 강성 다이어프램

(c) 유연한 다이어프램 (d) 반강성 다이어프램

그림 4.16 수평 다이어프램의 분류

지붕과 벽체 시스템은 결함이 발생할 수 있는 수평처짐을 초과하지 않고 수평하중을 횡력 저항시스템에 전달할 수 있어야만 한다. 추가로 다이어프램은 횡하중을 전달시키기 위하여 횡력 저항시스템에 충분히 긴결되거나 정착되어야 하며, 바람에 의한

치솟음에 저항해야 한다.

다이어프램으로부터 횡력 저항시스템의 수직요소에 횡력의 부담 정도는 횡하중에 변형되는 능력인 다이어프램의 강성과 관련이 있다. 다이어프램의 강성은 단위처짐이 발생할 때에 요구되는 힘으로서 정의된다. 경간을 L이라 할 경우에 강성은 $1/L^2$에 비례하는 반면, 횡력 저항시스템의 높이를 H라 할 경우에 횡력 저항시스템의 강성은 $1/H^3$에 비례한다(그림 4.16).

실제로 횡력 저항시스템에 상대적인 변형능력에 따라 세 가지 형태의 다이어프램으로 분류된다.

① 강성 다이어프램(rigid diaphragm) 횡하중에 의한 다이어프램의 처짐이 횡력 저항시스템의 처짐과 비교하여 매우 작을 경우에 해당한다. 강성 다이어프램은 그들의 상대적인 강성에 비례하여 횡력 저항시스템에 횡력을 분배한다. 대칭하중의 경우에 모든 횡력 저항시스템은 동일한 양만큼 변형한다고 가정하여, 강성이 좀 더 큰 요소가 다른 강성이 작은 부재에 비하여 더 많은 횡하중을 분담한다.

② 유연한 다이어프램(flexible diaphragm) : 유연한 다이어프램의 강성은 횡력 저항시스템의 강성과 비교하여 상대적으로 작은 경우에 해당하여 횡력 저항시스템의 처짐과 비교할 때에, 다이어프램의 처짐이 크다. 유연한 다이어프램은 그들의 강성과 무관하게 그들의 부담하중(tributary loads)에 따라 횡력 저항시스템은 횡력을 분담한다. 즉 그들은 횡력 저항시스템 사이의 경간에 의한 단순보로서 거동을 하며, 항복을 하지 않는 지점으로서 가정한다. 유연한 다이어프램은 수평편심으로 인한 비틀림 하중을 분담할 수는 없다.

③ 반강성 다이어프램(semirigid diaphragm) : 반강성 다이어프램에서 횡력 저항시스템의 처짐은 다이어프램의 처짐과 거의 동일하다. 다이어프램은 횡력 저항시스템의 강성과 비례하여 하중의 일부를 부담하는 충분한 강성을 지닌다고 가정한다.

위와 같은 분류는 횡력 저항시스템과 다이어프램의 상대처짐으로 관계로부터 분류되며, 각각의 절대 처짐에 의한 분류는 아니다. 지붕이나 바닥판의 다이어프램은 면에 수직으로 작용하는 중력하중을 지지해야 할 뿐만 아니라 면내 전단에 의한 횡하중에

저항해야 한다. 따라서 두 요구사항 중에 보다 임계값에 대해 설계를 행한다. 즉 다이어프램의 두께는 먼저 중력하중으로 인한 휨에 대해 설계하고 다음으로 수직의 양방향의 면내 전단강도에 대해 검토하여 필요하면 두께를 증가시킨다.

4.4.2 횡력 저항시스템

횡력 저항시스템은 여러 개의 구조요소들로 구성된 하나의 단위체이다. 단층 혹은 2층의 주거용 건물, 산업용 건물, 고층건물과 같이 구조물의 형태에 따라 여러 하중전달 요소들이 횡력 저항시스템으로 작용하여 단순하기도 혹은 매우 복잡하기도 하다. 모든 구조물은 횡하중을 저항하기 위한 시스템을 지니고 있다. 횡력 저항시스템은 수평과 수직방향에 대해 별도로, 그러나 서로 연결된 부재들로 구성되어 있다. 수평으로 위치하는 부재는 다이어프램이며, 수직으로 위치하는 부재는 전단벽체 혹은 골조가 된다. 골조는 가새 골조와 모멘트(강성) 골조로 구분된다. 설계자의 관점에서 전단벽체와 골조를 독자적으로 혹은 복합적으로 사용한다. 수직의 횡력 저항시스템이 두 가지의 다른 형태들로 복합하여 사용될 때에 그 시스템을 이중시스템(dual system)이라 한다.

횡력 저항시스템의 수직요소로는 전단벽체와 골조를 들 수 있다. 이들 두 부재는 면내의 횡하중에 캔틸레버 보와 같이 거동한다. 따라서 횡하중은 설계의 관점에서 면내하중[9]으로서 언급되기도 한다. 골조는 가새 혹은 강성(모멘트 저항)의 골조가 될 수 있다. 이들 부재들은 건물 내에 혹은 주변을 따라서 횡하중에 저항하기 위하여 구조물 내에 위치된다. 그러나 그 위치는 횡하중의 크기를 결정하는 데에 주요한 요소가 된다. 전단벽체는 철근콘크리트, 보강된 조적조, 철골, 혹은 목재에 의해 시공되는 반면에, 수평의 트러스나 수직 골조는 철골에 의해 시공된다.

---

9)

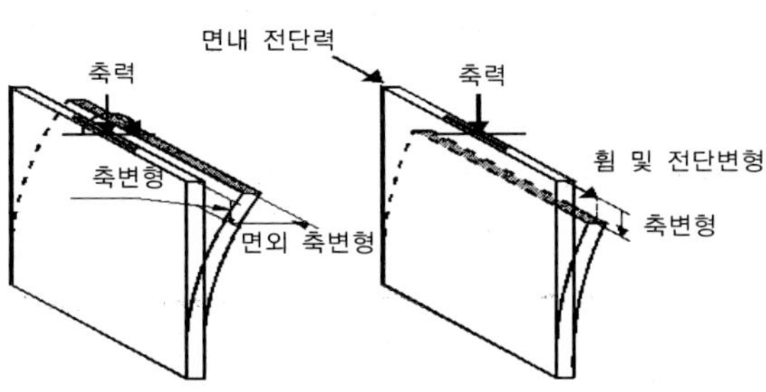

개개의 횡력 저항요소는 각 재하 방향과 수직면에 별도로 위치하는 것이 바람직하다. 횡하중은 두 방향에 대해 고려되어야 하므로 구조물은 최소한 세 개의 수직 부재들에 의해 안정성이 확보되어야 한다. 만약 단지 한 개의 부재가 횡하중에 저항한다면 이 요소에 힘과 바닥판의 기하학적인 편심으로 인하여 비틀림모멘트가 발생하게 된다. 두 개의 수직의 구조 부재들내에 동일하고 방향이 반대인 힘들에 의해 저항 모멘트가 나타난다. 모든 경우에 대해 수평과 수직부재들은 통합구조시스템을 형성하기 위하여 서로 긴결되어야 한다. 가새된 골조는 수직면 내에 트러스 작용에 의해 횡하중에 저항하는 반면에, 가새가 없는 골조에서는 모멘트 저항 접합부에 의해 횡하중을 저항한다. 이들 구조물은 수평변위에 저항하고 다른 경간들을 횡지지한다.

구조적인 관점에서 횡력 저항시스템은 다음으로 분류된다.

① **내력벽시스템**

내력벽은 완전하게 수직으로 하중을 전달하는 시스템을 갖추지 않은 시스템이다. 내력벽이나 가새골조는 대부분의 중력하중을 지지한다. 재하 중에 이들 저항요소들의 파괴는 구조물의 불안정을 나타낸다. 횡하중의 저항은 전단벽이나 가새골조와 동일한 방법으로 벽체에 의해 제공된다.

단지 횡하중에만 저항하는 기능으로서 전단벽을 설치할 경우에 그 건물을 전단벽 건물이라 한다. 전단벽은 조적, 철근콘크리트, 강판들에 의해 시공된다. 그림 4.17은 내력벽 구조에서 전단벽의 거동을 묘사하고 있다. 전단벽은 다이어프램으로부터 면내에 횡하중을 받아서 지반에 전달한다. 따라서 전단벽을 수직의 다이어프램이라 한다. 수평의 다이어프램과 유사하게 전단벽은 이중의 기능을 수행하며, 또한 횡하중을 부담하는 것 외에 바닥판으로부터 전달되는 중력하중을 부담하는 내력벽으로서 사용되기도 한다. 이들 두 하중이 벽체 면내에 작용한다 할지라도 거동은 상이하게 나타난다. 중력하중은 축압축력과 편심에 의한 약간의 휨을 동반하는 반면에 횡하중은 벽면에 휨이 발생하는 면내 하중으로서 작용한다. 내진설계에서 전단벽은 다이어프램에 의한 횡하중에 추가로 수평의 관성력을 부담하는 것으로 본다. 중력하중, 관성력, 다이어프램에 의한 전단력은 전단면 내에 작용하고 동시에 작용하는 것으로 가정한다.

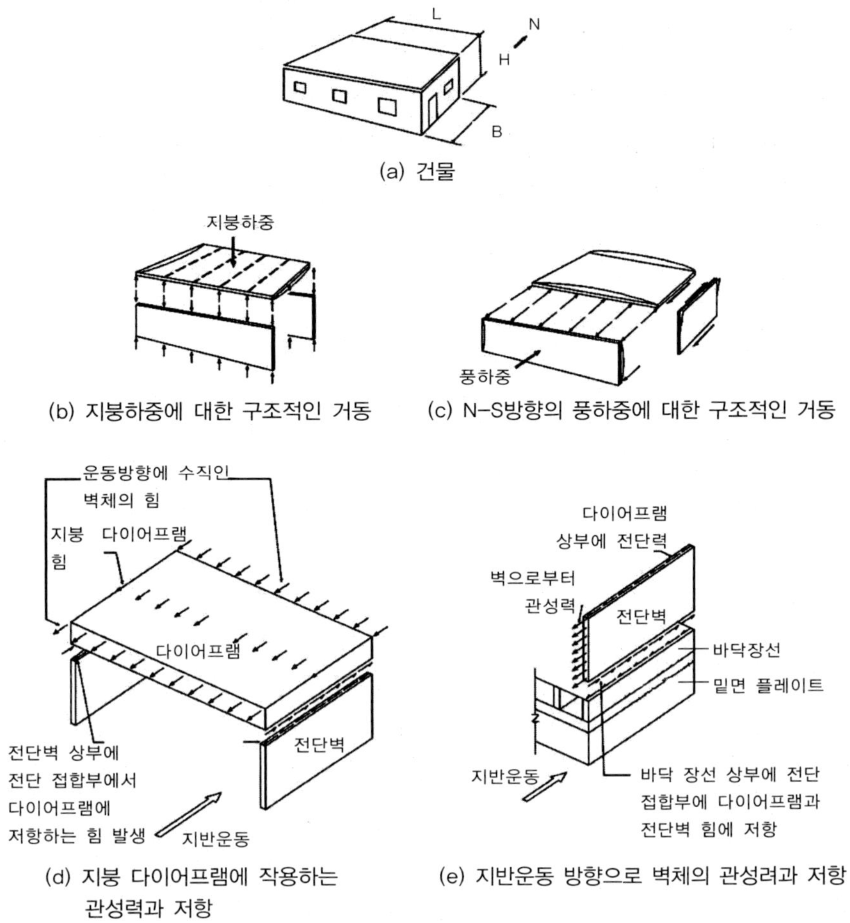

(a) 건물

(b) 지붕하중에 대한 구조적인 거동 (c) N-S방향의 풍하중에 대한 구조적인 거동

(d) 지붕 다이어프램에 작용하는 관성력과 저항 (e) 지반운동 방향으로 벽체의 관성려과 저항

그림 4.17 전단벽 건물에 구조 거동

횡하중이 두 수직방향으로 구조물에 작용한다면 전단벽은 면외의 하중을 받게 될 것이다. 그러나 면내와 면외의 횡력이 동시에 전단벽에 작용한다고 가정하지는 않는다. 각 모서리가 벽체로 이루어진 전단벽 건물에서 두 개의 수평한 벽체들이 면내의 하중(풍하중이나 지진하중)을 받는다면 나머지 두 개의 벽들은 면외 하중을 부담하고 전단벽과 같이 거동한다.

② 골조시스템

골조는 기둥과 보로 이루어져 있다. 건물 골조시스템은 내력벽이 미소하게 중력하중을 부담하더라도 공간골조(space frame)가 중력하중을 지지하는 구조시스템이다. 횡력은 전단벽이나 가새골조에 의한다. 골조는 수평, 수직 및 경사골조로 구성된다. 골조는 단순골조, 가새골조, 모멘트골조로 분류된다. 가새골조는 가새인 경사부재로 보강된 골조를 말한다. 단순골조는 기둥과 보 접합이 휨모멘트 없이 수직의 전단반력을 기둥에 전달한다고 가정되며, 횡력에 저항할 수 없다. 가새로 보강하여 그림 4.18과 같이 중력하중에 저항하는 외에 횡력에도 저항하도록 한다.

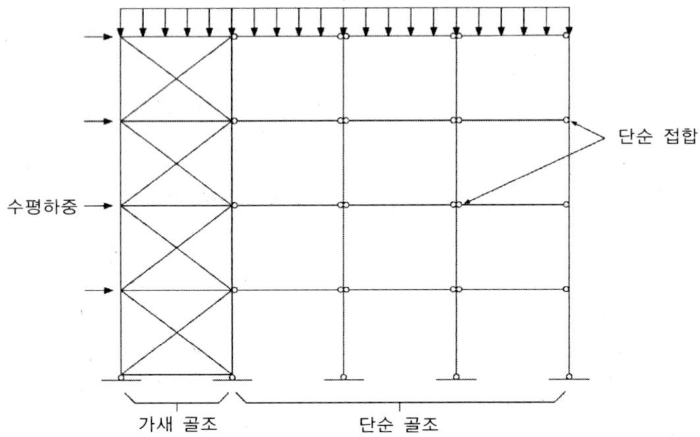

그림 4.18 단순 가새골조

골조에서 가새 보강되지 않은 골조는 단순 보-기둥 접합을 취한다.

모멘트골조에서 기둥-보 접합부는 강접합인 반면에, 가새된 골조에서 접합부는 핀 접합으로 가정한다. 가새골조는 조립과 시공의 용이함 때문에 구조용 강으로 만들어진다. 부재력, 길이, 소요 강성 그리고 정확성에 따라 구조형강에서 경사부재는 L형강, T형강, ㄷ형강 등과 같이 다양한 형태를 취할 수 있다.

단순골조의 접합부는 유연성이 있기 때문에 횡하중에 의해 골조 내에 발생하는 저항모멘트를 수용할 수 없으므로 횡하중에 불안정하다. 따라서 그런 부류의 골조에는 가새시스템을 설치하여 안정을 유지해야 한다. 보, 기둥, 대각의 가새는 수직의 트러스 모양을 취하며, 골조는 트러스로서 해석된다. 이러한 골조의 부재들은 주로 축력을 부담하게 되며 기둥의 횡이동을 제어하여 층간변위[10]를 줄이게 된다.

10) 수평력에 의해 발생한 연속된 층 사이에 상대변위를 나타낸다.

이웃한 기둥 사이의 공간을 경간이라 하며 건물의 형상에 따라 한 개 이상의 경간들이 가새로 보강된다. 가새가 없는 골조의 보들은 모멘트 저항이 아닌 단순한 접합부이다. 횡하중을 저항하기 위해 가새 외에 전단벽이 설치된다. 가새의 형상과 무관하게 모든 가새골조들은 중앙의 가새골조(centrally braced frames)와 편심의 가새골조(eccentrically braced frames)의 두 부류로 구분된다. 중앙의 가새골조에서 수직부재(기둥), 수평부재(보), 경사부재(가새)의 중심축들이 한 점에서 만난다. 그 결과 모든 부재에 힘들은 축력이 된다. 편심의 가새골조에서 가새의 중심축은 수평부재의 중심축과 일치하고 골조의 접합부로부터 작은 편심 거리 내에서 일치하게 된다. 이러한 상태는 연성을 증가시키기 위하여 큰 보에 휨이 작용하도록 하는 것이다. 가새골조에서 골조의 모든 패널에 가새보강을 할 필요는 없다. 가새는 문, 창문 그리고 유리벽에 의해 장애를 받지 않도록 최소한으로 설치한다. 가새는 외벽에 위치되며, 필요 시에는 내벽에 설치될 수도 있다. 수직 트러스는 고층건물에서 엘리베이터와 서비스 코어 영역에 설치된다. 층간 변위를 줄이기 위하여 추가로 건물 최고층에 캡트러스나 여러 개의 벨트트러스를 설치한다(그림 4.19).

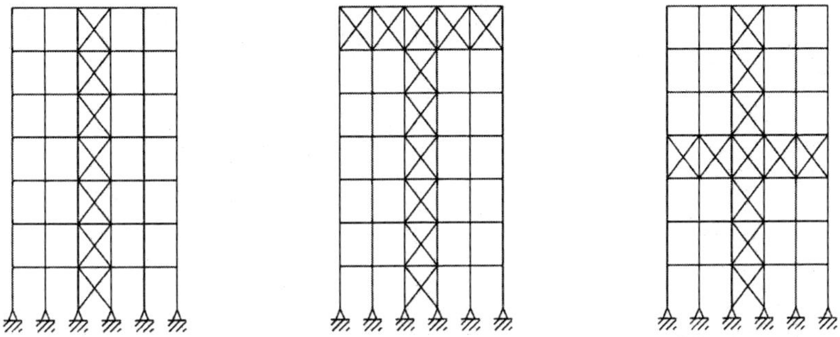

(a) 엘리베이터실에 가새 (b) 캡트러스 (c) 벨트트러스

그림 4.19 고층건물의 가새시스템

골조는 주로 중력하중을 부담하고 또한 횡력 저항시스템으로 거동한다. 전단벽이 없다면 골조는 다이어프램이나 트러스에 의해 횡하중을 지반에 전달하게 된다. 전단벽과 가새골조가 횡하중을 지반에 전달하기 위해 동시에 사용될 경우에 이를 이중시스템이라 한다. 가새골조에서 중력하중은 바닥판으로부터 큰 보와 작은 보, 기둥 최종으로 지반에 전달된다(그림4.20). 횡하중의 경우에 하중은 다이어프램으로부터 시작하여 골조에 전달된다. 골조는 수직의 캔틸레버 트러스로서 작용하여 기둥과 가새의 축

강성을 통해 횡하중에 저항한다. 골조에 작용하는 횡하중에 의해 밑면에 전도모멘트[11)]가 발생하며 바람을 맞닿는 면에 기둥은 인장을, 반대쪽에는 압축력을 받는 현재로 거동한다. 가새와 큰 보는 수평 전단에 저항하는 복부(web) 부재로 거동하며, 부재력은 가새의 방향에 따라 인장이나 압축의 축력을 부담한다. 복부 부재의 주 기능이 횡하중에 저항하는 것이라도 가새는 또한 중력하중을 부담한다(그림 4.20). 중력하중으로 인한 기둥축소(column shortening)는 가새에 압축력을 가새의 단부에 접합된 보는 인장에 저항한다. 그림 4.20(c)에서 절점 A와 D에 사재가 없으므로 이런 경우에는 해당되지 않는다. 혹은 그림 4.20(d)에서와 같이 보의 구속 정도가 미미할 경우에 가새는 아주 작은 하중만을 부담하게 된다.

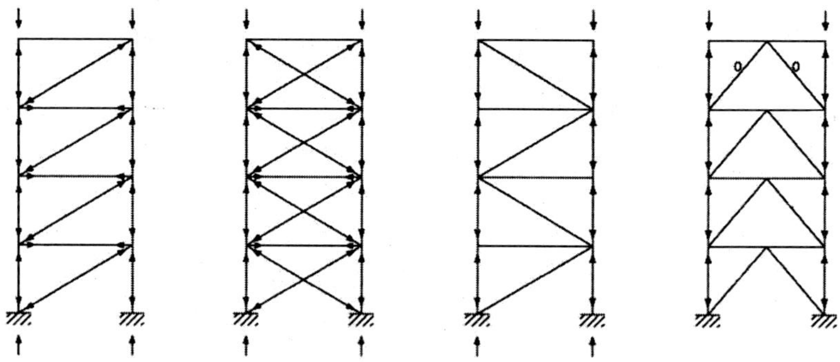

(a) (b) (c) (d)

그림 4.20 가새골조에서 중력하중의 하중경로

(a)와 (b)의 가새는 중력하중을 부담하나 (c)와 (d)의 가새는 부담하지 않는다.

가새골조에서 횡하중의 하중경로를 그림 4.21에 나타내고 있다. 그림 4.21(a)에서 골조의 최고층에 횡력의 작용으로 각 가새는 그림과 같이 압축력을, 그리고 큰 보는 인장을 부담한다. 그림 4.21(b)에서 큰 보의 각 단부에 연결된 가새는 수평의 평형상태에서 인장과 압축의 축력을 부담하며, 큰 보에는 미소의 축력이 발생한다. 그림 4.21(c)에서 바람을 맞닿는 면의 가새는 인장에, 반대면에는 압축력을 부담한다. 유사하게 보의 반은 압축에 나머지 반은 인장을 부담하게 된다. 그림 4.21(d)의 가새골조의

11) 수평력 F_x, F_t를 사용한 전도모멘트는 M_x는 다음과 같이 계산된다.

$$M_x = F_t(h_N - h_x) + \sum_{i=x}^{N} F_i(h_i - h_x)$$

여기서 h_x, h_i: 지면 위 x와 i층의 높이

경우에 가새에 축력은 번갈아 가며 압축과 인장에 저항하며 큰 보는 기본적으로 응력을 부담하지 않는다. 횡력은 반대방향으로 작용할 수 있으므로 가새에 힘들 또한 역으로 저항할 수 있다. 따라서 일반적으로 가새는 좌굴과 같은 압축력에 대해 설계된다.

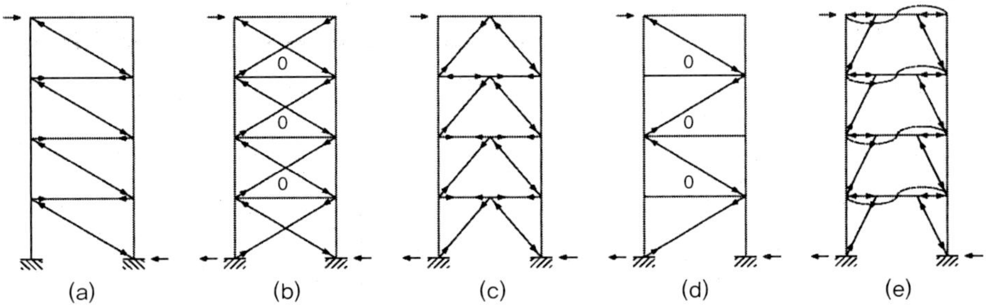

그림 4.21 가새골조에서 횡력의 하중경로

일반적으로 횡하중을 받는 골조의 거동은 그림 4.22와 같이 트러스로 된 보의 거동과 매우 유사하다. 그림 4.22(a)는 수직의 캔틸레버 보와 같이 휨만에 의한 골조의 변형 성상을 나타내고 있다. 바람방향의 기둥은 인장은 반대면에, 기둥은 압축력을 부담한다. 그림 4.22(b)는 전단력만에 의한 동일한 골조의 변형 성상을 나타내고 있다. 골조가 전단변형을 일으킬 때에 곡률은 휨에 의한 곡률과 반대가 된다. 복부부재의 주요 기능은 수평의 전단력에 저항하는 것이다. 따라서 건물의 전체 변형은 휨과 전단에 의한 변형의 합이 된다.

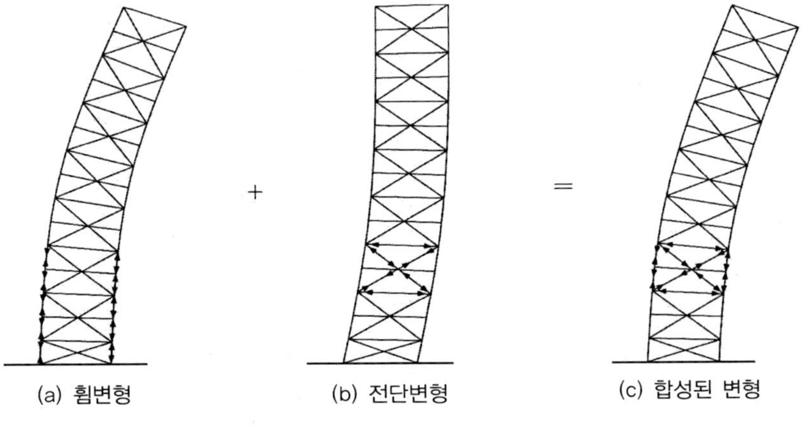

그림 4.22 가새골조의 변형

③ 모멘트 저항골조시스템

모멘트 저항골조는 중력하중을 지지하는 공간골조의 구조시스템이다. 모멘트 골조는 보와 기둥이 강접합되어 있는 강성골조이다. 강접합은 보와 기둥이 이루는 각이 재하중에도 변하지 않는 접합을 말한다. 중력하중의 저항은 기둥, 큰 보, 기둥-보 접합부의 휨저항에 의해 주로 행해진다.

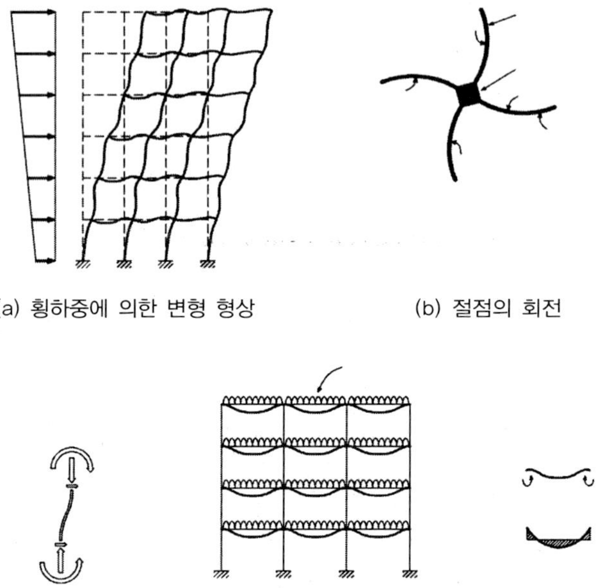

(a) 횡하중에 의한 변형 형상 (b) 절점의 회전

(c) 변형된 기둥에 작용하는 힘 (d) 중력하중만에 의한 모멘트 (e) 횡력에 의해 변형된 형상

그림 4.23 모멘트 저항골조의 거동

횡하중에 의한 골조의 수평변위가 나타나고 기둥이 횡이동을 할 경우 비가새의 모멘트 골조라 한다. 횡하중의 작용에 의한 모멘트 골조의 거동은 그림 4.23과 같다. 그림 4.23(a)는 건물의 좌측면에 횡하중의 작용 하에 모멘트 골조를 나타내고 있다. 그 결과 기둥은 휘게 되고 보와 기둥의 접합부는 시계방향으로 회전하게 된다(그림 4.23(b)). 접합부 회전은 보에 축력을, 기둥의 단부에는 전단력으로 작용한다. 접합부가 회전을 할 때에 그들의 강성은 기둥과 보가 역곡률로 휘게 한다. 접합부의 강성과 횡하중의 작용으로 기둥은 중력에 의한 축력 외에 단부 모멘트가 발생하며(그림 4.23(c)), 보에서는 중력하중에 의한 모멘트와 전단력 외에 축력과 단부 모멘트를 받는

다. 중력하중에 대해 보의 중앙은 정모멘트를 나타낸다(그림 4.23(d)). 보의 연속성의 결과로 보의 경간 중앙부에 정모멘트는 감소된다. 보와 기둥은 축하중과 휨하중을 동시에 받기 때문에 보-기둥(beam-columns)이라 한다. 이 부재들의 변곡점은 거의 길이 중앙에 위치한다. 그림 4.23(e)는 횡하중에 의한 모멘트 골조의 변형 성상을 나타내고 있다. 횡하중의 방향 변화는 기둥과 보에 작용하는 단부 모멘트의 방향을 역으로 만든다.

철골의 모멘트 골조에서 보와 기둥은 주로 강축에 대해 휘어지도록 위치한다. 즉 횡하중의 작용면이 보와 기둥의 약축과 일치하도록 하여 부재에 휨강도를 충분히 이용하도록 한다. 다른 방향으로 작용하는 횡하중에 저항하기 위해 지나친 건물의 횡이동을 막는데, 이를 위해 골조는 가새 보강되어야 하며, 이는 약축에 대한 기둥의 휨강도가 너무 작기 때문이다.

모멘트 저항골조는 구조용 강재나 철근콘크리트로 시공된다. 강구조에서 접합부는 중요한 설계요소가 되며, 접합부의 강도와 연성은 지진하중에 저항하도록 설계된 골조에서는 매우 중요한 사항이 된다. 철근콘크리트 골조는 일체식의 접합부를 갖는 특징이 있으므로 이상적인 모멘트 저항골조라 볼 수 있다. 철근콘크리트 골조의 설계에서 특별한 배근 및 상세 설계를 실시하여 구조물의 파괴를 나타내는 취성의 파괴 양상을 막아야 한다.

고층건물에서는 철골과 콘크리트가 합성된 모멘트 저항골조가 사용된다. 합성구조는 골조의 경제성과 조립이 빠르고 용이한 경량 철골부재를 사용하는데, 이 철골부재들을 콘크리트와 철근에 넣어 강도와 강성을 증진시킨다. 합성시스템은 철골의 신뢰성과 연성에 콘크리트의 개선된 축 강도와 감쇠[12)](damping) 특성을 합성하는 것이다. 따라서 철골조립의 장점에, 훼손 없는 콘크리트의 특성들이 발휘되는 우수한 시스템이 된다. 가새골조에 비하여 모멘트골조의 주요한 장점은 보와 기둥 사이에 개구부를 둘 수 있다는 것이다.

12) 운동이나 포텐셜 에너지와 같은 기계에너지가 열과 같은 다른 에너지의 형태로 변형된다. 이 에너지 변형의 메커니즘을 감쇠라 한다.

④ 이중시스템과 전단벽-골조시스템

이중골조시스템과 전단벽-골조시스템의 이중시스템은 그림 4.24와 같이 상대적인 강성의 차이에 따라 횡력을 부담하는 전단벽과 골조의 합성구조이다. 이들은 (a) 중력하중을 지지하기 위한 공간골조와 (b) 횡하중에 저항하기 위한 전단벽 혹은 가새보강된 골조와 모멘트골조로 특징되어진다.

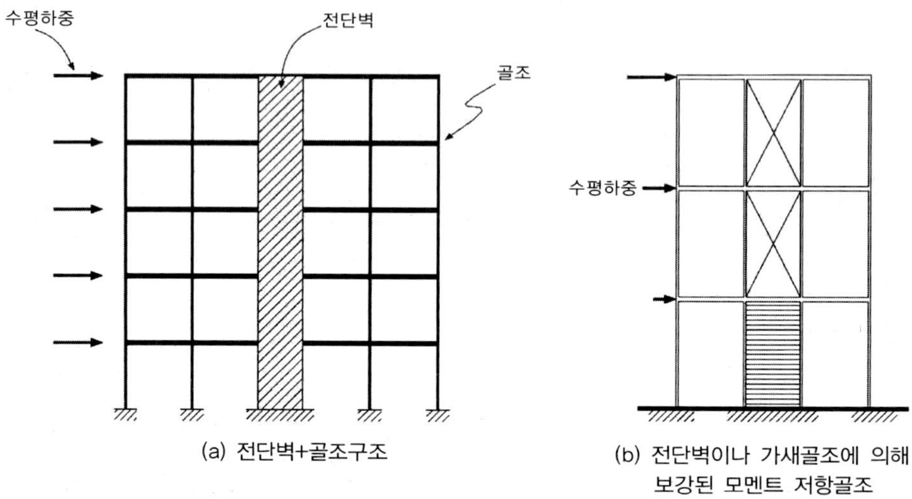

그림 4.24 이중구조

⑤ 캔틸레버기둥 시스템

역진자형태의 구조물은 최상층에 인접하여 질량의 대부분이 집중되어 있다고 본다. 이들 구조물들은 수평이동에 단자유도계로서 거동한다. 이들 구조물들은 최상층에 보와 골조들을 지지하는 단일기둥의 형태를 취한다. 단일기둥의 최상층에 지지된 탱크는 이런 형태의 구조물의 예가 될 수 있다. 그런 구조물은 바람직하지는 않지만 기둥의 파괴는 구조물 전체의 파괴로 연결된다. 캔틸레버 기둥시스템은 기초로부터 캔틸레버로서 기둥에 의해 횡력에 저항하는 시스템을 말한다. 역진자형태의 구조물과 캔틸레버 기둥시스템은 건물뿐만 아니라 비구조물에 사용된다. 캔틸레버 기둥시스템은 자동차 차고 위에 다가구의 주거용이나 해상의 단독주택 등에 흔히 사용되는 구조이다. 캔틸레버 기둥시스템에서 기둥은 중력과 횡하중를 지지하는 수직의 캔틸레버로서 거동한다. 그리하여 독립적 수직하중전달시스템은 없으며, 주요한 횡저항시스템의 파괴는 중력하중을 전달하는 구조물의 능력을 손상시킨다. 이런 형태의 건물은 내력벽,

가새, 모멘트 골조시스템과 같은 횡저항시스템들이 적용될 수 없을 때에만 사용된다.

4.5 구조부재에 의한 하중부담

구조물을 설계할 때 구조부재들 각각이 부담하는 하중을 파악하는 것이 필요하다. 지붕이나 바닥판과 같은 구조부재들은 큰 보나 작은 보와 같은 수평부재들과 기둥과 같은 수직부재에 의해 지지된다. 이들 부재는 각각 지붕이나 바닥판에 재하된 하중의 일부를 부담하게 된다.

작용하중으로 구조부재에 미치는 하중의 영향을 바닥면적으로 나타낸 것을 영향면적(influence area)이라 한다. 그 부재는 영향면적 이외에 어떠한 하중도 부담을 하지 않는 것으로 가정한다. 작은 보, 큰 보 및 기둥의 영향면적을 그림 4.25에 나타내고 있다.

부하면적은 연직하중 전달 구조부재가 부담하는 하중의 크기를 바닥면적으로 나타낸 것을 의미한다. 영향면적은 부하면적(tributary area)과 깊은 관련이 있다. 그림 4.25에 나타난 영향면적 A와 부하면적 A_0의 관계는 다음과 같다.

기둥 : $A=4A_0$　　　작은 보 : $A=2A_0$　　　슬래브 : $A=A_0$

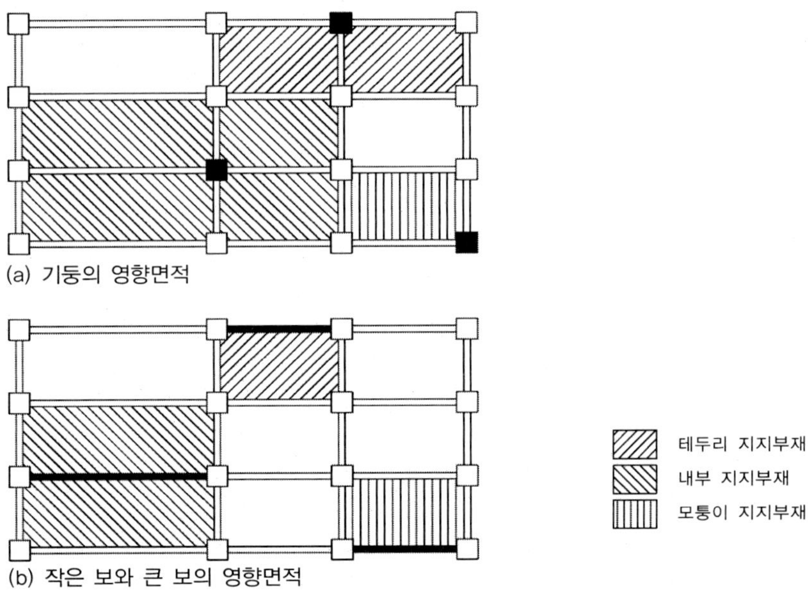

그림 4.25 영향면적

구조설계에서 영향면적이나 부하면적을 사용하여 부재에 작용하는 하중을 결정하게 된다. 구조부재가 부담하는 전체하중은 하중경로와 부하면적에 의한다. 부하면적은 보에 의해 지지되는 바닥판의 형상과 깊은 관련이 있다.

구조설계에서 기본은 설계하중의 선정에 있으며 이는 부하면적과 깊은 관련이 있다. 부하면적은 부재에 작용하는 하중에 의해 영향을 미치는 구조물의 재하면적으로 볼 수 있다. 이 면적은 이웃한 작은 보, 큰 보, 혹은 기둥과의 중앙선으로 둘러싸인 영역이 된다. 하중은 부재면에 수직으로 작용한다고 가정한다.

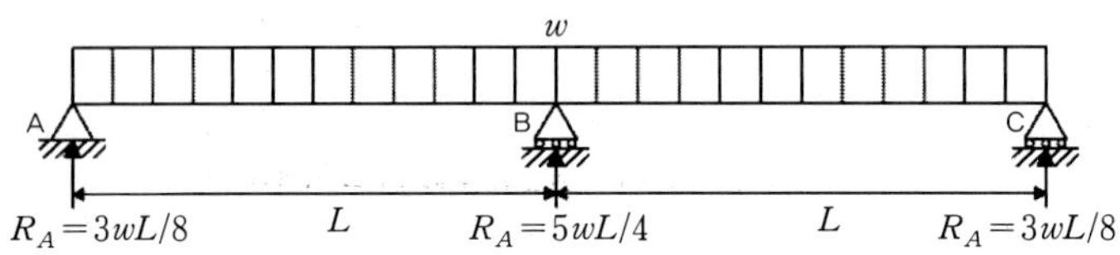

(a) 연속보일 경우에 지점반력

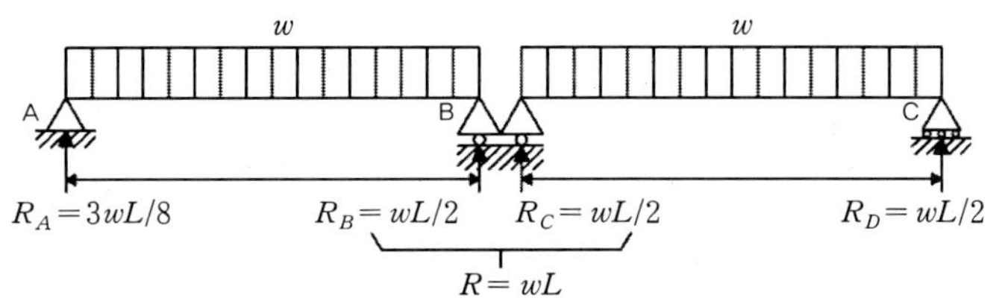

(b) 단순보일 경우에 지점반력

그림 4.26 2경간 연속보의 하중 분포

부하면적을 이용할 때에 하중을 받고 분배하는 부재들은 단순지지로 보고 부재의 연속성은 무시한다. 예를 들어, 그림 4.26의 2연속인 보를 고려하자. 이 보가 연속보라고 가정하면 지지반력은 그림 4.26(a)와 같이 될 것이며, 연속보임을 감안하면 중앙지점에서 양쪽 경간에 작용하는 하중의 반 이상을 부담하게 될 것이다. 즉 외부지점에 반력들이 각각 $3wL/8$ 이면 내부지점의 반력은 $5wL/4$ 이 된다. 반면에, 이 연속보를 두 개의 단순지지보로 분리하면 하중들은 부하길이에 의해 지점들에 분배될 것이다. 두 개의 보 각각에 전체하중은 wL 이 되며, 지점반력은 $wL/2$ 이 되어 내부지점의 반력합은 wL 이 된다. 부하면적으로부터 설계하중들이 산정된다 할지라도 해석단계에서 구조물의 연속성의 영향이 고려되어야 할 것이다.

일반적으로 강구조나 철근콘크리트구조의 바닥판은 그림 4.27의 바닥 평면에서와 같이 망사형태로 배열된 보들에 의해 지지된다. 이 바닥 평면에서 기둥은 선 A, B, C와 1, 2, 3의 접합점에 위치한다. 바닥보들은 가로방향으로 위치하며 보에 의해 지지된다. 큰 보는 바닥보에 수직방향에 위치하며 이웃한 기둥들에 의해 지지된다. 예비설계 단계에서 바닥보와 큰 보들은 단순지지로 가정한다. 중력하중을 계산하기 위해서는 각 부재의 부하면적을 결정하는 것이 필요하나 그 전에 중력하중의 전달경로를 파악해야 한다. 바닥판에 작용하는 연직하중은 바닥보, 큰 보, 기둥, 기초 순서로 하중이 전달되도록 접합되어 있다. 바닥보와 큰 보는 단순지지로 가정되었다 할지라도 바닥판은 일체로 되었으며 양방향에 대해 일체로 작용한다.

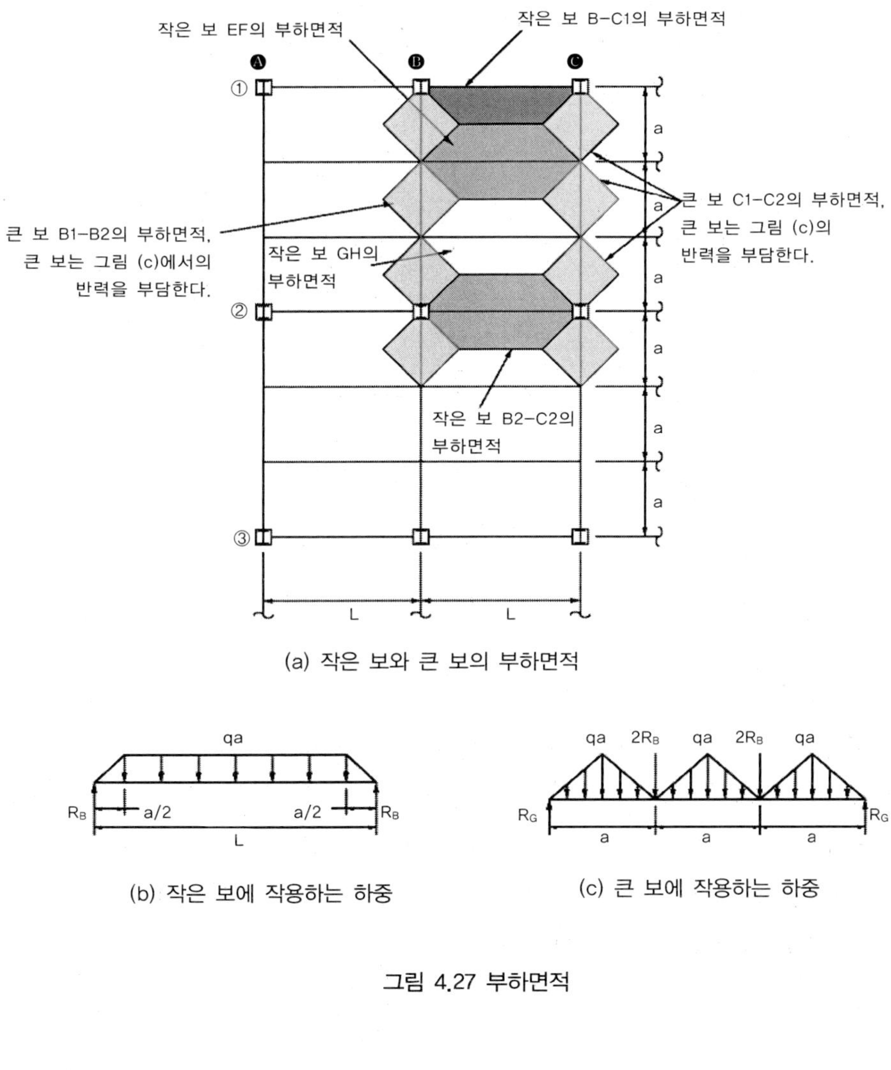

그림 4.27 부하면적

두 개의 이웃한 바닥보 EF와 GH, 두 개의 이웃한 큰 보 B1-B2와 C1-C2에 의한 네 개의 바닥부재들에 의한 바닥판 EFGH를 고려하자. 이들 네 개의 부재들이 바닥판으로부터의 하중을 부담한다고 가정한다. 따라서 일부 하중은 보 EF와 GH로, 일부는 큰 보 B1-B2와 C1-C2로 전달된다. 이들 네 부재들에 전달되는 하중은 그림 4.27(a)와 같이 45° 의 경사선에 의해 구획된다. 바닥판의 부하면적은 육각형의 형태로 보가 부담하는 부하면적은 그림 4.27(b)와 같이 사다리꼴 형태가 된다. 바닥보들은 하중들에 의한 반력을 통해 큰 보로 전달된다.

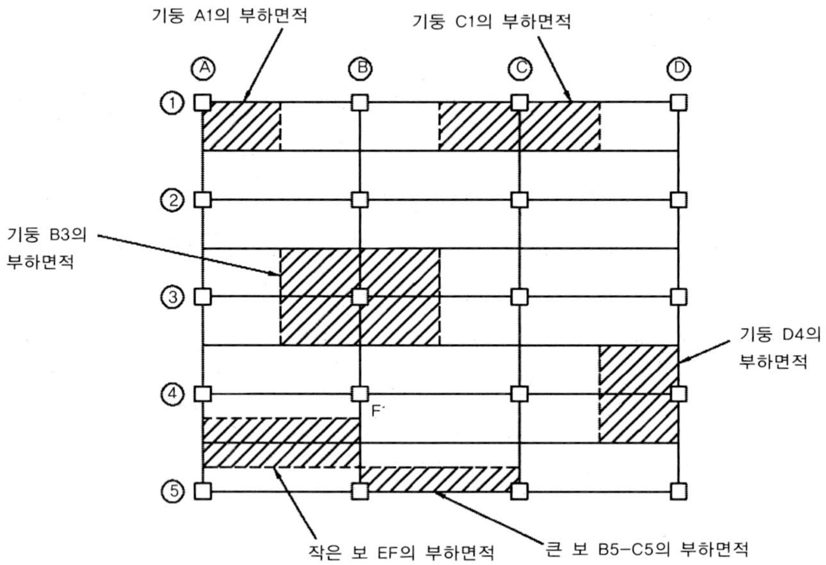

그림 4.28 바닥판을 지지하는 부재의 부하면적의 간략화

작은 보에 사다리꼴 형태의 하중과 큰 보에 톱니 모양의 하중분포는 복잡한 계산과정을 요한다. 간략한 계산을 위하여 보에 작용하는 하중이 일정하게 작용한다고 가정한다. 그림 4.28과 같이 작은 보, 큰 보, 기둥들이 부담하는 하중들을 부하면적의 개념으로 사용한다. 바닥보의 부하면적은 이웃한 보의 중앙선까지 확대하고, 단위면적당 하중에 부하면적의 폭을 곱하여 단위길이당 등분포하중으로 나타낸다. 이 근사법이 작은 보에 대해서는 조금 크게, 큰 보에 대해서는 조금 작은 값을 나타내지만 기둥에 작용하는 전체하중에는 영향을 미치지 않는다.

예제 4.1

철골조 건물이 그림 4.29와 같은 바닥판 골조평면으로 설계되었다. 바닥판은 경간이 6m, 중심간격이 3.6m인 작은 보와 경간이 10.8m, 중심간격이 6m인 큰 보에 의해 지지되고 있다. 바닥판에 500kgf/m^2의 하중이 작용할 경우에 내부 보, 큰 보, 기둥의 사용하중을 결정하라.

풀이

① 내부 작은 보

부하면적 : $A_0 = 6\times3.6 - 4\times1.8\times1.8\times1/2 = 15.12\ \text{m}^2$

등분포하중 : $w = 500\times3.6\,\text{m} = 1.8\text{tf/m}$

사다리꼴의 분포하중을 그림 4.29(c)에 나타내고 있다.

반력의 크기 : $R_B = [(6-1.8\times2)+6]\times1/2\times1.8\times1/2 = 3.78\ \text{tf}$

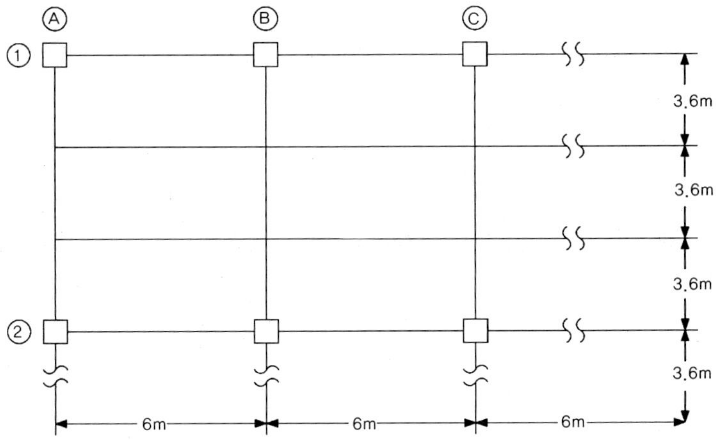

(a) 바닥평면도

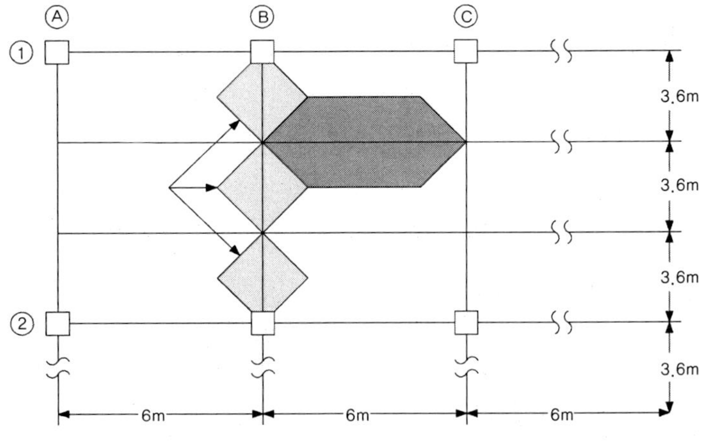

(b) 큰 보와 작은 보의 부하면적

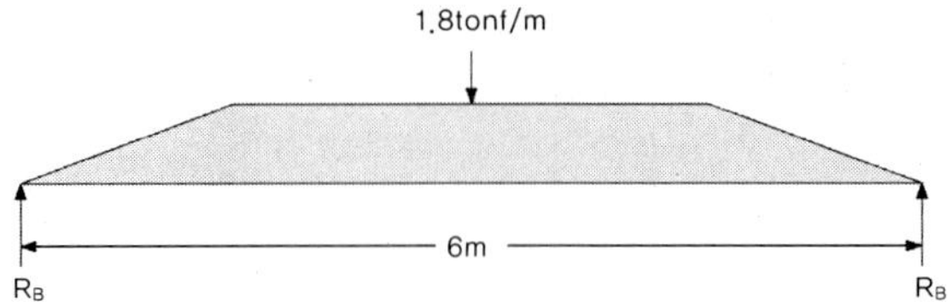

(c) 작은 보의 분포하중

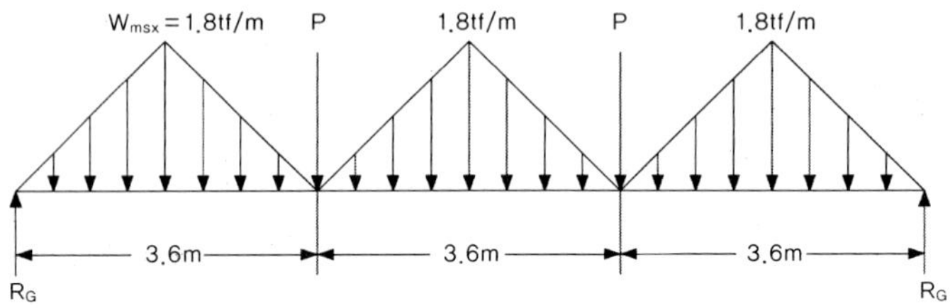

(d) 큰 보의 분포하중

그림 4.29 예제의 바닥판

② 내부 큰 보

부하면적을 그림 4.29(d)에 나타내고 있다.

작은 보와 큰 보의 접합점에 집중하중

$P = 2R_B = 2 \times 3.78 = 7.56$ tf

등변분포하중의 최대값 : $w = 500 \times 3.6 = 1.8$ tf/m

큰 보의 반력 : $R_G = 1/2 \times [2 \times 7.56 + 3 \times (1/2 \times 3.6 \times 1.8)] = 12.42$ tf

③ 내부기둥

기둥에 작용하는 하중은 두 개의 내부 큰 보로부터의 반력과 내부의 작은 보의 반력 합으로 된다.

$R_C = 2 \times 3.78 + 2 \times 12.42 = 32.4$ tf

혹은 기둥의 부하면적의 개념으로부터도 산정이 가능하다.

부하면적 : $A_0 = 6 \times 10.8 \times 2 \times 1/2 = 64.8\text{m}^2$

기둥에 축하중 : $P = R_G = 500 \times 64.8 = 32.4$ tf

예제 4.2

【예제 4.1】에서 중력하중에 대한 하중경로를 설명하고 간략법을 통한 내부의 작은 보, 큰 보 및 기둥에 대한 사용하중을 결정하라.

풀이

모든 바닥 보는 등간격으로 배치되어 있다. 큰 보 $B1-B2$는 기둥 $B1$과 $B2$에 의해 지지되고 있으며, 유사하게 큰 보 $C1-C2$는 기둥 $C1$과 $C2$에 기둥에 의해 지지되고 있다. 부하면적과 부재와 부재의 하중전달은 그림 4.27(a)와 4.28로부터 다음과 같이 설명된다.

① 모든 보들은 바닥판에 작용하는 단위면적당 하중(q)을 분담한다.

② 바닥보에 작용하는 하중은 경간을 따라 단위길이당 하중으로 가정되며, 이 값은 단위면적당 하중에 부하면적의 폭을 곱하여 산정된다. 모든 보들은 등간격으로 배치되어 있으므로 내부의 보와 외부의 보들에 대한 부하면적의 폭은 각각 a와 $a/2$가 된다. 여기서, a는 보의 중심간 간격을 나타낸다. 따라서 내부 보의 단위길이당 하중은 qa가 되며, 외부 보의 경우는 $qa/2$가 된다.

③ 외부의 바닥 보 $B1-C1$은 기둥 $B1$과 $C1$에 직접적으로 반력을 전달한다. 유사하게 내부의 바닥 보 $B2-C2$는 기둥 $B2$과 $C2$에 직접적으로 반력을 전달한다.

④ 내부 보 EF와 GH는 큰 보 $B1-B2$와 $C1-C2$에 반력을 전달하게 된다. 이들 큰 보들은 하중을 기둥 $B1$과 $B2$, $C1$과 $C2$에 반력으로서 전달한다.

⑤ 기둥 $B1$, $B2$, $C1$, $C2$는 기초로 하중을 전달하며 최종으로 지반에 전달하게 된다.

가. 내부 보 EF

단위길이당 하중 : $w=500\times3.6=1.8$ tf/m

보의 반력 : $R_B=1.8\times6/2=5.4$ tf

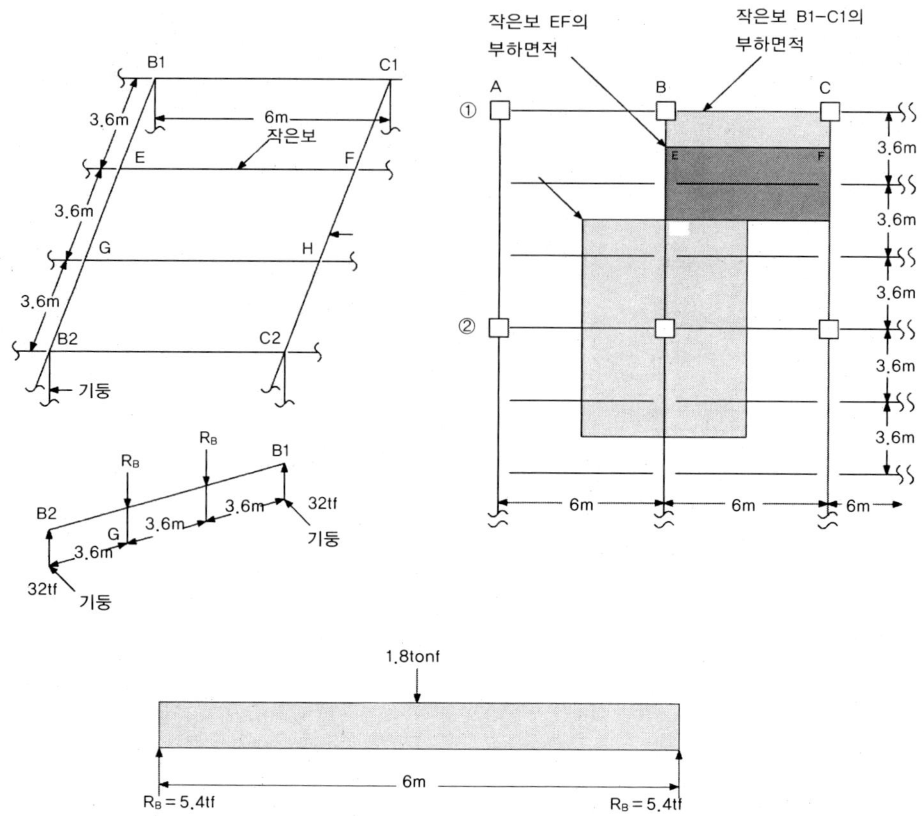

그림 4.30 간략화 된 부하면적

나. 큰 보 $B1-B2$

작은 보와 큰 보의 접합점에서의 집중하중 :

$P=2R=2\times5.4=10.8\,\text{tf}$

큰 보의 반력 : $R_G=P=10.8$ tf

다. 내부기둥

$R_C=2\times(5.4+10.8)=32.4$ tf

4.6 수평하중에 대한 부하면적

부하면적의 개념은 수평하중을 부담하는 부재에도 유사하게 적용된다. 그러한 부재로는 벽체, 지붕과 같은 부재들을 들 수 있다. 벽체는 여러 방향에서 지지된다. 수평하중에 저항하기 위하여 벽체들은 전단벽과 같이 이웃한 두 개의 바닥판 사이에 지지되어야 하거나 혹은 벽기둥 사이에 지지되어야 한다. 이들 벽체들은 타 부재로 수평하중을 배분하거나 전달하게 된다. 수평하중에 대한 하중전달 경로는 벽체로부터 하중을 받는 벽체들이 지지하는 방법에 의한다.

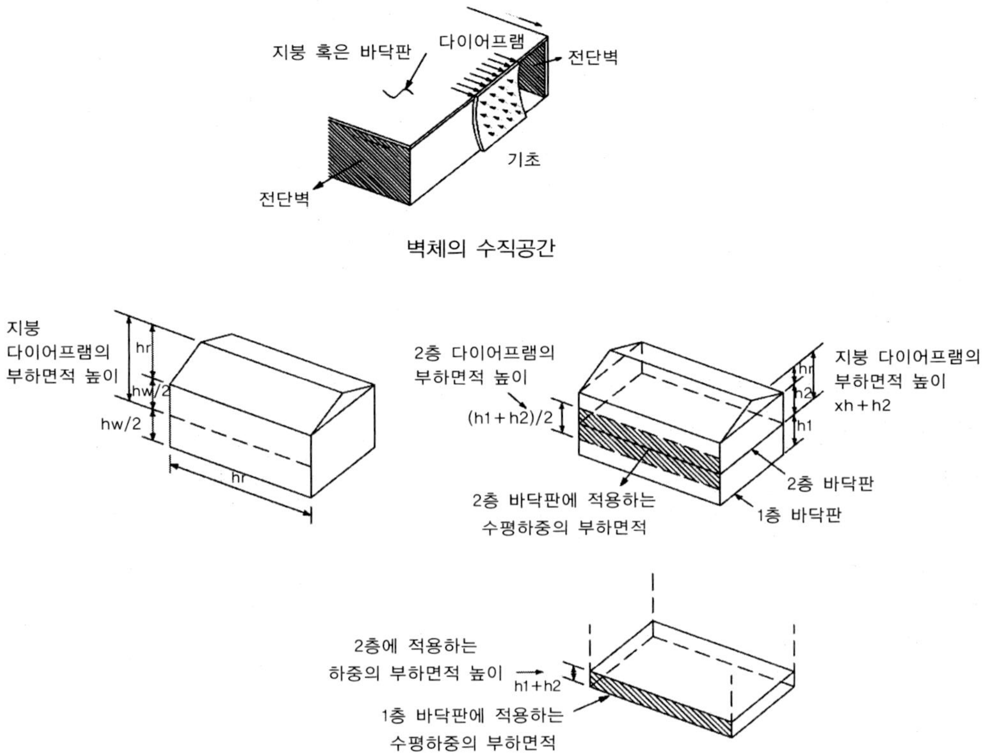

그림 4.31 지붕과 바닥판에서 수평하중에 대한 부하면적

예를 들어, 그림 4.31의 게이블 지붕의 전단벽식 건축물을 고려하자. 외벽들은 지붕과 바닥판에 의해 벽체의 상하가 단순지지되고 있다고 가정하자. 그런 경우에 벽체들은 단순지지 보의 반력의 형태로 지붕과 바닥판에 수평하중을 전달한다. 이를 다이어프램 작용이라 한다. 다이어프램이 부담하는 수평하중의 일부는 벽체의 부하면적의 높이에 의해 결정된다. 지붕에 전달되는 벽체의 부하높이는 벽체의 높이의 반으로 $h_{w/2}$와 같으므로 지붕의 다이어프램에 전체 부하높이는 $h_{w/2}$와 지붕의 투영된 높이 h_r의 합과 같다(h_w는 벽체의 높이를, h_r은 지붕의 투영된 면적의 높이를 나타냄). 따라

서 지붕 다이어프램에 수직 부하면적은 벽체의 상부 반의 면적과 지붕의 투영된 면적의 합인 $Lh_w/2 + Lh_r$로 계산된다. 또한 바닥판이 부담하는 벽체의 부하면적은 $Lh_w/2$이 된다. 그림 4.31에서 2층 바닥판의 다이어프램에 대한 부하면적의 높이는 2층 바닥판 하층부의 반으로부터 상층부 반까지를 말한다.

일반적으로 벽체의 부하높이를 규정할 때에 다층 건물의 벽체에 적용되며 횡력을 분배하는 데에 기본이 된다. 벽체가 다층에 걸쳐 연속적일 경우에 지붕과 바닥판은 단순지지되었다고 가정하고, 두 개의 바닥판 사이의 벽체는 바닥판 상하에서 받는 하중을 분배한다고 가정한다. 따라서 수평하중에 대해 바닥판 다이어프램에 대한 벽체의 부하면적 높이는 바닥판 하부층 높이의 반으로부터 상부층 높이의 반까지의 거리와 같다.

4.7 고정하중의 산정

건축물은 사용기간 동안에 여러 종류의 하중을 받는다. 고정하중은 시공과 동시에 작용하기 시작하며 적재하중은 소정의 목적으로 건축물이 점유된 후에 작용하기 시작한다. 각 부재들은 하중경로를 따라서 부과되는 고정하중과 적재하중을 분담하게 되며 모든 구조물은 자중을 지지한다. 고정하중은 벽체, 바닥판, 지붕, 천장, 칸막이, 마감 기타의 시공재료들의 무게로 이루어진다. 또한 배관, 냉난방설비, 전기장치 등과 같은 서비스장치도 고정하중이 된다.

고정하중을 결정할 때는 부재의 무게가 필요하다. 고정하중의 산정은 매우 간단하여, 부재의 체적과 사용재료의 단위체적당 무게인 밀도를 곱하여 얻을 수 있다. 그러나 부재의 크기가 결정되기 전까지 자중은 산정될 수 없다. 예를 들어, 보는 고정하중과 기타의 하중을 전달하도록 설계되어야 한다. 그러나 고정하중은 설계결과 선정된 보의 크기가 주어지지 않는 한 결정될 수 없다. 실제로는 초기 설계단계에 여러 구조부재들의 크기를 가정하고 가정된 크기를 후에 검토하게 된다. 만약, 단면의 크기가 작거나 크게 가정되었을 경우에는 새로운 크기로 가정하고 만족스런 단면을 얻기까지 반복한다.

부재 단면의 성질이 최종적으로 주어지면 최종적인 고정하중이 설계단계에서 고려한 최초의 자중에 근접한지를 입증하는 것이 필요하다. 최종과 최초 하중의 오차 크기는 고정하중과 적재하중의 비와 구조부재의 경간에 따라 나타난다. 경간이 작은 구조부재에서 구조물의 자중에 의한 고정하중은 전체 하중의 일부가 된다. 이런 경우에 초기에 가정된 고정하중은 최종적으로 선정된 고정하중과 크게 차이가 발생한다 할지라도 전체하중의 변화는 미미하여 구조물을 재설계할 필요는 없게 된다. 반면에, 경간이 크게 되면 구조물의 자중은 전체하중의 큰 부분을 차지하므로 구조물의 설계에 영향을 미치게 된다. 이런 경우에 고정하중의 조그마한 오차라도 구조물의 설계에 상당한 영향을 미친다.

건물의 고정하중은 각 부재의 고정하중을 더하여 산정되며, 부속설비와 고정물들의 고정하중은 제공업체에서 제출한 자료로부터 산정된다. 구조부재의 자중은 시공재료의 밀도로부터 산정된다.

예제 4.3 다음과 같은 철근콘크리트 부재의 고정하중을 결정하라. (a) 두께가 150mm인 슬래브, (b) 단면이 300mm×550mm인 장방형 보, (c) 플랜지 폭이 1800mm, 플랜지 두께가 100mm, 웨브 폭이 300mm, 전체 춤이 600mm인 T형 보

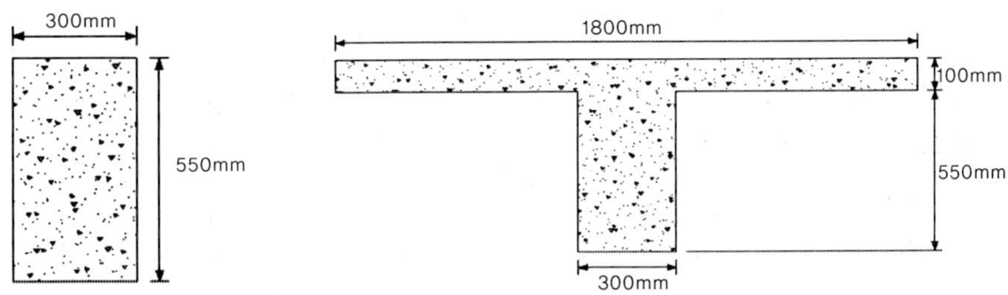

풀이

(a) 슬래브의 고정하중은 바닥면적당 하중으로 표현된다.

바닥면적 1m×1m당 콘크리트의 체적(V_{slab})

$$V_{slab} = \frac{150}{1000}\ \mathrm{m} \times 1\mathrm{m} \times 1\mathrm{m} = 0.15\mathrm{m}^3$$

콘크리트의 단위중량 : 2400 kgf/m^3

단위면적당 슬래브의 자중 : 0.15×2400 = 360 kgf/m^2

(b) 보의 단면적 : $\frac{300}{1000} \times \frac{550}{1000} = 0.165\ \text{m}^2$

보의 단위길이당 체적 : $0.165 \times 1 = 0.165\ \text{m}^3$

보의 단위길이당 하중 : $0.165 \times 2400 = 396\ \text{kgf/m}$

(c) T형 보

플랜지의 면적 : $\frac{1800}{1000} \times \frac{100}{1000} = 0.18\ \text{m}^2$

웨브의 면적 : $\frac{300}{1000} \times \frac{600-100}{1000} = 0.15\ \text{m}^2$

보의 단위길이당 체적 : $(0.18 + 0.15) \times 1\ \text{m} = 0.33\ \text{m}^3$

보의 단위길이당 하중 : $0.33 \times 2400 = 792\ \text{kgf/m}$

예제 4.4 세 개의 강판을 용접하여 그림 4.32와 같은 조립형강을 제작하였다. 양쪽 플랜지의 폭은 300mm 두께는 13mm이며, 웨브의 높이는 1200mm 두께는 10mm일 때에 단위길이당 하중을 결정하라.

풀이

플랜지의 단면적 : $2 \times \frac{300}{1000} \times \frac{13}{1000} = 0.0078\ \text{m}^2$

웨브의 단면적 : $\frac{1200}{1000} \times \frac{10}{1000} = 0.012\ \text{m}^2$

보의 단위길이당 체적 : $0.012 \times 1 = 0.012\ \text{m}^3$

보의 단위길이당 하중 :

$0.012 \times 7.8\ \text{tf/m}^3 = 0.094\text{tf/m}$

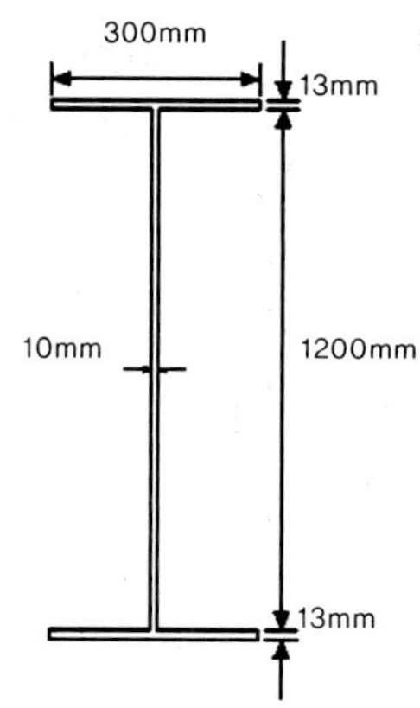

그림 4.32 조립형강

4.8 적재하중의 산정

적재하중은 소정의 점유영역에 작용하는 하중으로 사람, 기계, 기타의 물체들에 의해 지속적으로 구조물에 작용하는 하중을 말한다. 저장재료, 사람, 자동차와 같은 하중이 바닥판에 작용하는 적재하중과 적설하중으로 지붕 위에 작용하는 적재하중으로 구분된다. 적재하중은 분포하중이나 집중하중으로 작용하며 바닥판이나 지붕의 영역을 차지한다. 설계를 목적으로 적재하중은 전체면적 위에 등분포로 작용하는 것으로 가정한다.

집중하중은 특정 영역에 국부적으로 작용하는 것으로 가정된다. 집중하중은 적재하중이 상당히 작은 영역 위에 등분포로 작용할 때에 해당된다. 바닥판의 적재하중은 건물의 사용용도에 따라 결정된다. 표 2.4는 건축물의 용도별로 적용하는 적재하중으로서 최소 값의 등분포 적재하중을 나타내고 있다.

4.9 적재하중의 저감

설계 시에 가정된 설계하중이 건축물의 모든 바닥판들에 동시에 작용하지 않는다. 예를 들어, 여러 개의 실을 갖는 건물에서 단지 한 실에만 설계하중이 작용하는 경우에서 알 수 있다. 혹은 소형의 실에서 바닥판이 가정된 설계하중을 분담할지라도 대형의 실에서는 바닥판 전체에 일정하게 작용하지 않을 것이다. 바닥판 위에 작용하는 적재하중은 설계에서 가정된 것과 동일하게 작용하지 않는다. 이를 설계에서는 적재하중을 저감시킴으로써 설명한다.

적재하중에 대한 저감계수는 실측값과 통계값을 근거로 확률적, 통계적인 수법으로 적재하중을 저감한 것이며 구조설계의 관습적, 경험적인 요인도 포함된다. 기둥, 기초, 큰 보 및 연속보의 적재하중은 그 영향면적이 40m^2를 초과하는 경우에 다음으로 계산된 저감계수(C)를 곱한 값으로 한다.

$$C = 0.36 + \frac{4.0}{\sqrt{A}}$$

여기서, A : 영향면적, $A \geq 40\ \text{m}^2$

C : 영향면적에 따른 저감계수

단, 기둥 및 기초의 저감계수는 2층 이상의 건물에서는 0.4 이상, 단층 건축물에서는 0.5 이상으로 하며, 큰 보와 연속보에 대한 저감계수는 0.7 이상으로 하며, 단순보와 슬래브는 저감시킬 수 없다. 또한 표 2.4의 (6)~(12), (14), (15)의 적재하중은 저감시킬 수 없으며, 기둥 및 기초는 저감계수를 0.8까지 적용시킬 수 있다.

기둥 또는 기초의 영향면적은 상층부의 영향면적을 합한 누계 영향면적으로 한다. 영향면적은 기둥 또는 기초의 경우 부하면적의 4배, 큰 보 혹은 연속보는 부하면적의 2배를 각각 적용한다.

예제 4.5 바닥판을 지지하는 내부 보와 기둥에서 적재하중의 저감계수를 결정하라. (1) 부하면적이 18m^{2}인 작은 보, (2) 부하면적이 인 큰 보, (3) 부하면적이 36m^{2}인 기둥, (4) 부하면적이 18m^{2}인 기둥

풀이

(1) 영향면적 $A = 2 \times 18 = 36\,\mathrm{m}^2 < 40\,\mathrm{m}^2$이므로 저감은 없음.

(2) 영향면적 $A = 2 \times 36 = 72\,\mathrm{m}^2$

$$C = 0.36 + \frac{4.0}{\sqrt{72}} = 0.83$$

(3) 영향면적 $A = 4 \times 36 = 144\,\mathrm{m}^2$

$$C = 0.36 + \frac{4.0}{\sqrt{144}} = 0.69$$

(4) 영향면적 $A = 4 \times 81 = 324\,\mathrm{m}^2$

$$C = 0.36 + \frac{4.0}{\sqrt{324}} = 0.58$$

* 부하면적이 클수록 저감계수가 작아지는 것은 바닥판 전체에 일정하게 작용하는 영역이 감소되기 때문으로 설명된다.

예제 4.5 그림 4.33은 경량 창고의 바닥판의 평면도를 나타내고 있다. 작은 보, 큰 보, 기둥, 벽체들의 설계하중을 결정하라. 기둥에 작용하는 하중은 단지 한 층으로부터 작용하는 하중을 가정하라. 콘크리트 바닥판은 두께가 1801mm이며, 철골의 바닥판 골조의 자중을 25 kgf/m^2, 기계덕트의 자중을 20 kgf/m^{2}로 가정하고, 사용 하중만을 고려하라.

풀이

(1) 모든 보들은 4.8m의 동일한 경간과 폭이 3m의 부하면적의 하중을 부담한다. 기둥 $C1$과 $C2$가 부담하는 하중은 6×4.8m와 7.5×4.8m에 해당하는 부하면적에 작용하는 하중이 된다. 큰 보 $G1$과 $G2$는 $C1$과 $C2$의 기둥에 의해 지지된다. 하중전달 경로는 먼저 작은 보 B에 전달되며, 이 하중은 작은 보의 양지점인 큰 보 $G1$이나 $G2$, 그리고 상하 외벽에 지지되어 집중하중으로 작용하거나 혹은 기둥과 상하벽체들에 집중하중으로 작용하게 된다. 큰 보는 벽체와 기둥들에 지지된다. 좌우의 외벽들은 큰 보로부터의 집중하중과 바닥판으로부터의 등분포하중을 부담한다. 또한 상하의 벽체들은 작은 보로부터의 집중하중을 부담하게 된다.

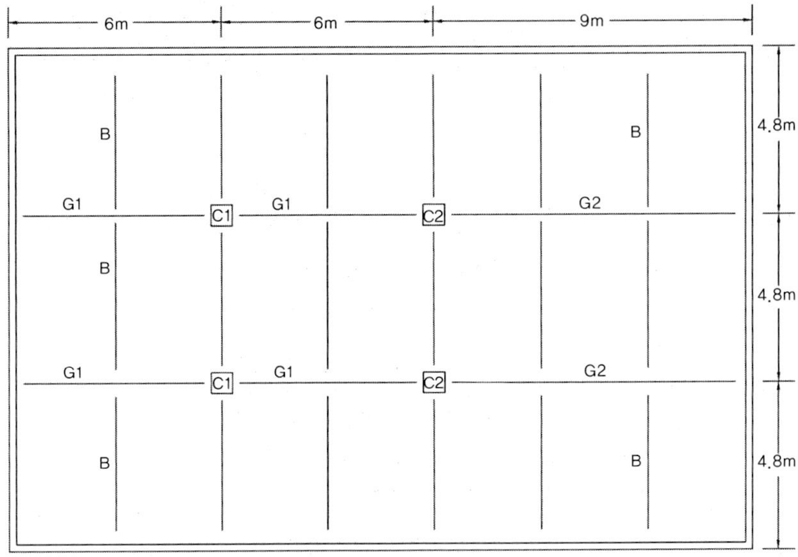

그림 4.33 바닥평면도

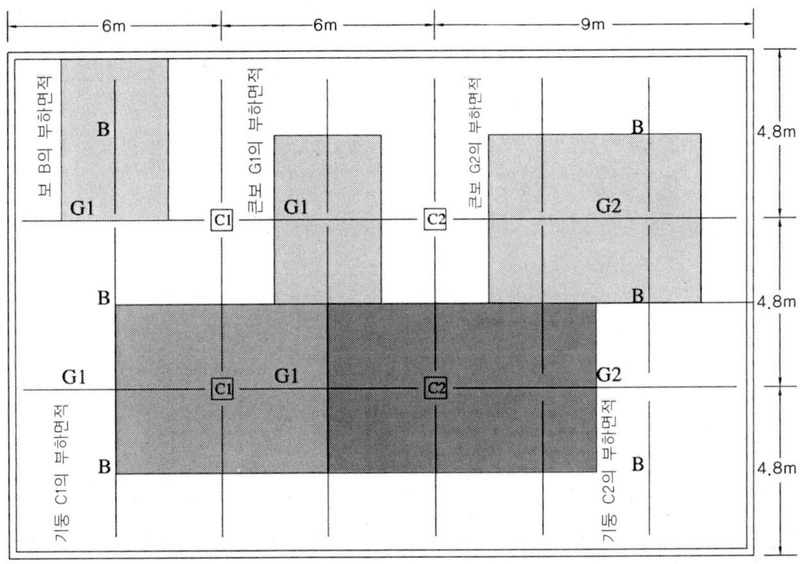

그림 4.34 부하면적

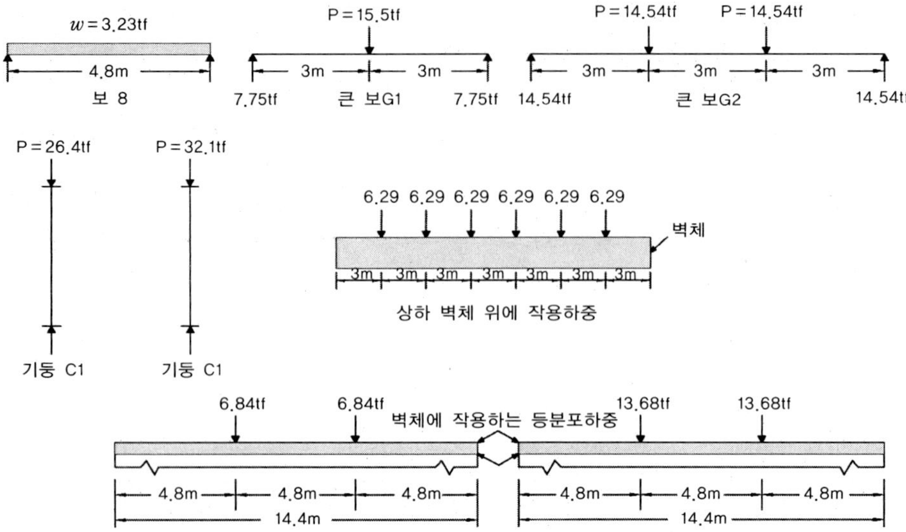

그림 4.35 각 부재의 분포하중

(2) 고정하중

바닥판 : 2400 kgf/m^3×0.18m = 432 kgf/m^2

철골의 바닥골조 : 25 kgf/m^2

기계 덕트 자중 : 20 kgf/m^2

합 계 : 477 kgf/m^2

(3) 적재하중

표 2.4에 의하면 경량품 저장창고의 적재하중은 6..kg/m^{2}로 정하고 있다. 그림 4.34는 부하면적을 나타내고 있다.

부재	모든 보(B)	큰 보($G1$)	큰 보($G2$)	기둥($C1$)	기둥($C2$)
부하면적	4.8×3m	3×4.8m	6×4.8m	6×4.8m	7.5×4.8
영향면적	28.8m^2	28.8m^2	57.68m^2	115.2m^2	144m^2
적재하중의 저감계수(C)	1.0	1.0	0.89	0.73	0.69
적재하중	600kgf/m^2	600kgf/m^2	534kgf/m^2	438kgf/m^2	414kgf/m^2

각 부재가 부담하는 설계하중 (그림 4.35 참조)

① 작은 보 B

길이방향의 등분포하중 : $w=(600+477)\times 3=3.23$ tf/m

작은 보와 큰 보의 접합부에서 큰 보에 전달되는 집중하중 P

$$P=\frac{wL}{2}=\frac{3.23\times 4.8}{2}=7.75\ \text{tf}$$

② 큰 보 $G1$

이 큰 보는 두 개의 작은 보에 작용하는 반력이 집중하중으로 작용하게 된다.

$$P=2\times 7.75=15.5\ \text{tf}$$

따라서 큰 보의 지점에 반력은 7.75tf가 된다.

③ 큰 보 $G2$

이 큰 보에 작용하는 적재하중은 감소된 하중을 분담하게 되며, 좌단으로부터 3m와 6m에서 작은 보로부터 전달되는 집중하중을 부담하게 된다.

작은 보 B에서 길이방향의 등분포하중 :

$$w=(534+477)\times 3=3.03\ \text{tf/m}$$

작은 보와 큰 보의 접합부에서 큰 보에 전달되는 집중하중 P

$$P=\frac{wL}{2}\times 2=\frac{3.03\times 4.8}{2}\times 2=14.54\ \text{tf}$$

두 개의 집중하중의 작용으로 이 큰 보의 양단에는 14.54tf의 반력이 작용하게 된다.

④ 기둥 $C1$

$$P=(L+D)A_0=(438+477)\times 6\times 4.8=26.4\ \text{tf}$$

⑤ 기둥 $C2$

$$P=(L+D)A_0=(414+477)\times 7.5\times 4.8=32.1\ \text{tf}$$

⑥ 벽체

가. 상하벽체 : 벽체에 대한 적재하중의 저감을 정하고 있지는 않으나, 하중을 전달하는 경로를 고려하면 기둥과 유사하므로 기둥에 적용한 방법을 사용한다. 상하의 벽체는 6개의 작은 보로부터의 반력을 부담한다고 볼 수 있다. 그러므로 상하벽체의 부하면적은 다음과 같이 계산된다.

$$A_0 = 4.8\ \mathrm{m} \times 3\mathrm{m} \times 6 \times \frac{1}{2} = 43.2\ \mathrm{m}^2$$

영향면적 : $A = 4A_0 = 4 \times 43.2 = 172.8\ \mathrm{m}^2$

적재하중의 저감계수 : $C = 0.36 + \frac{4.0}{\sqrt{172.8}} = 0.66$

작은 보 B에 작용하는 등분포하중;

$$w = (0.66 \times 600 + 477) \times 3 = 2.62\ \mathrm{tf/m}$$

보의 반력 : $P = \frac{wL}{2} = \frac{2.62 \times 4.8}{2} = 6.29\ \mathrm{tf}$

나. 좌측벽체

부하면적 : $A_0 = 1.5\ \mathrm{m} \times 14.4\mathrm{m} = 21.6\mathrm{m}^2$

영향면적 : $A = 4A_0 = 4 \times 21.6 = 86.4\ \mathrm{m}^2$

적재하중의 저감계수 : $C = 0.36 + \frac{4.0}{\sqrt{86.4}} = 0.79$

작은 보 B에 작용하는 등분포하중 :

$$w = (0.79 \times 600 + 477) \times 3 = 2.85\ \mathrm{tf/m}$$

좌측벽체에 작용하는 등분포하중 :

$$w = (0.79 \times 600 + 477) \times 1.5 = 1.43\ \mathrm{tf/m}$$

작은 보의 반력 : $P = \frac{wL}{2} = \frac{2.85 \times 4.8}{2} = 6.84\ \mathrm{tf}$

큰 보 $G1$의 반력은 작은 보의 반력과 동일하다.

다. 우측벽체

우측벽체에 작용하는 등분포하중 :

$$w = (0.79 \times 600 + 477) \times 1.5 = 1.43\ \mathrm{tf/m}$$

큰 보 $G2$의 반력은 두 개의 작은 보에 의한 반력으로부터 산정되므로 $2 \times 6.84\mathrm{tf} = 13.68\mathrm{tf}$의 집중하중이 작용한다.

PART II

건축환경과 설비·친환경건축

현대건축의 목적과 수단

건축이란 학문을 수강하지 않은 까치도 둥지를 짓고 수달도 자신에게 가장 적합한 은신처를 만들기 위한 건축행위를 한다. 동물의 DNA속에는 주거공간에 대한 기본적인 필요와 목적이 저장되어 있다. 건축은 문명과 문화 이전에 본능에 내장된 목적을 이루기 위한 필수 행위의 범주에 속해 있었다. 인류의 역사와 궤를 같이 해온 건축의 역사만큼이나 인간이 건물을 필요로 하는 이유와 목적 또한 지극히 절대적이며 기본적인 것이다. 인간은 항온동물로서 체온 유지능력이 상대적으로 떨어지고 유아기가 지극히 장기간이기 때문에 인류에게는 다른 생명체에 비하여 더욱 우수한 환경조절 능력이 수반되고 오랜 기간 동안 그 내구성이 유지될 수 있는 정주공간이 필요하였다. 이와 같은 건축의 절대적 목적을 쉘터(Shelter : 보호소)적 목적이라 하며 시대와 문화의 발달에 따라 인간이 건물에 기대하는 기능과 요구수준이 향상됨에 따라 건축의 쉘터적 목적 또한 발전적으로 진화하고 있다.

건축을 예술적인 학문이라고 한다. 일반적인 기술의 차원이 아닌 형이상학적 차원으로 건축을 발전시켜 온 것은 건축이 가지고 있는 미적 동력에 의한 바가 크다. 그러나 기능주의 건축을 언급하지 않더라도 현대사회와 그 구성원이 건물에 바라는 첨단기능과 환경조절의 수준은 건축가의 일반 인식을 때로는 상회하여 지극히 정밀하고도 포괄적인 4차원적 서비스에 준하는 것에 이르고 있다. 특히 정보통신화를 통한 지식사회로서의 변환은 그 시대와 사회의 산물로서의 건물이 제공해야 할 기능의 진화방향을 확연하게 명시하고 있다. 19세기에 건축된 고색창연한 건축물이 첨단정보설비 인프라를 제공하기 위하여 리모델링되는 장면은 현대건축의 새로운 시대적 목적과 건물이 존속할 수 있는 현실적인 방법론을 예시한다. 동시에 현재의 건축가들이 벤치마킹해야 하는 미래 시대의 기능적 요구의 경향과 예측치 못한 새로운 기능을 받아들일 수 있는 여지를 건물에 부여하는 과정이 오늘날 새로운 건물을 계획하는 필수 항목이 되어야 함을 의미한다. 이와 같은 현대건축에도 앞서 언급한 건축의 절대목적인 쉘터적 기능은 여전히 우선시 되어야 하며, 건물은 생산성 차원에서 판단되어야 할 대상물이 아니라 그 안에 거주하는 인간을 중심으로 이해되고 계획되어야 하는 유기체의 일종임을 되새겨야 한다.

아울러 건물의 현대적 기능을 수행하는 과정에서 자연환경에 대한 책임을 도외시하는 방법을 이용하는 것은 더 이상 사회적으로 용납될 수 없다. 특히 새로운 세기에 이르러 환경에 대한 관심이 높아지면서 '친환경'은 비단 건축분야뿐 아니라 사회 전 분야에 적용되는 시대적 담론화가 되었다. 全지구적 소득수준의 향상과 아울러 유발된 多에너지 소비 시대의 도래와 高유가의 장기화에 대한 국가적 대책이 다각적으로 모색되고 있고, 화석연료의 과다소비는 지구 온난화를 초래하여 이에 동반된 기후이상은 연쇄적으로 자연생태의 불균형을 초래하고 있다. 과거의 개발 지향적 건축행위들도 자연환경의 보존이라는 명제아래 그 적정성을 재검토 받고 있으며 과다한 에너지를 사용하거나 재활용이 불가능한 재료를 남용하는 건축은 경쟁력을 가질 수 없는 차원에서 아예 건축목적을 상실하거나 존재 가치가 없는 것으로까지 인식되고 있다. 결과적으로 오늘날의 건축가에게는 건물의 용도에 따라 건축의 목적을 충분히 이해하고 향후 기능에 대한 정확한 예측을 필요로 하며, 건물의 사용기간, 즉 전 생애기간 동안 환경친화적인 기술을 이용하여 의도된 건축의 목적을 지속적으로 달성해야 하는 포괄적인 소명이 요구되어지고 있다.

이에 건축을 바라보는 관점과 접근하는 방식 모두 건축의 목적을 충실히 수행하여 건물의 효용성을 얼마나 극대화시켰느냐 하는 '합목적성'과 건물의 사용연한 동안 건축목적을 이루기 위한 건축의 수단과 기능이 수행되는 기술과 방법이 얼마나 환경친화적이며 자연친화적인가 하는 '건축의 생태성'에 새로이 초점을 맞출 필요성이 제기되고 있다. 이에 건축가는 환경적인 차원에서 건축물을 구성하고 있는 요소들을 분석적으로 이해하고 건물을 계획하는 과정에서 단계별로 적용할 수 있는 친환경 건축이론을 습득해야 하며, 건물을 사용하고 운용하는 동안 적용할 수 있는 방계기술과 관련 설비기기들의 특성을 파악하여 건물의 기능과 수단의 긍정적인 역할을 수행하도록 준비해야 한다. 또한 건축목적과 수단에 대한 통합적 계획과 그에 따른 경제성을 분석하여 현실성 있는 건물을 지어야 한다. 아울러 관련된 환경인증 제도와 법규의 이해를 통하여 친환경 건물을 건설하는 경우, 부여되는 제도적 · 경제적 인센티브와 사회적 대가에 대한 타당성을 각 경우별로 분석할 수 있는 능력이 요구되어진다. 본 편(PART)에서는 건물의 여러 환경요소를 도출하고 건축계획적 환경조절 방법 및 설비적인 기법을 소개하며 친환경 건축을 실현하기 위한 제반 이론 및 제도적 지원책 등을 포괄적으로 다루고자 한다.

05 건축환경

5.1 건축과 환경

사회적 · 심리적 차원을 포함하여 환경이란 용어가 가진 의미가 다양하지만 건축에 적용되는 경우, 물리적으로 환경이란 건물을 구성하는 외부경계 내에 존재하는 내부 공간 영역으로 한정되며, 건물 외면부를 구성하는 형상과 재료에 따라 외부와는 여러 면에서 다른 환경을 조성하게 된다. 건물 내부에서 수용하기에 부정적인 외부요소는 건축물 경계에 의해 일정 부분 추출되며 긍정적인 외부요소는 적극적으로 도입되는 등 건물은 이상적인 내부 환경을 조성하기 위하여 선택적 조절기능을 수행하게 된다. 그러나 모든 건물이 동일한 환경조성 또는 조절기능을 가지게 되는 것이 아니라 건축가의 설계의도와 사용되는 재료에 의해 각기 다른 정도의 역할을 감당하게 된다. 이로 인하여 매우 아름다운 건축물임에도 사람들이 원하는 내부환경을 조성하기 위하여 지극히 많은 양의 에너지를 소모하는 비경제적인 건물이 되거나, 예술적인 음악당 내부에 부정적인 공명현상으로 인하여 음향학적으로 연주를 할 수 없는 실내조건이 만들어지기도 한다. 이와 같이 건축물 내부에서 의도된 행위들이 쾌적하고 효율적으로 이루어질 수 있기 위해서는 건축물을 경계로 존재하는 환경 인자들을 이해하고 건축설계에 적극적으로 고려해야 한다. 이에 건축환경은 주로 기상인자로 구성된 자연환경요소와 소음, 매연, 먼지로 대변될 수 있는 현대 산업사회에서 발생되는 인공환경적 인자들로 구성되어 있다. 특히 열환경, 빛환경, 음환경, 공기환경 등이 가장 대표적인 구성요소들로서 본 장에서 주로 다루고자 한다.

5.2 건축 열환경

5.2.1 열적 쾌적조건

건물을 통하여 얻을 수 있는 가장 기본적인 환경조절의 역할은 추위와 더위를 어느 정도 피할 수 있는 것이다. 계절적인 기상변화의 폭이 비교적 큰 우리나라의 경우, 인간이 건물내부에서 열적으로 쾌적을 느끼는 것은 매우 중요하고 필수적인 사항이다. 일반적으로 인체가 쾌적함을 느끼는 열적 상태를 온도와 상대습도(RH)로 그래프에 나타내면 그림 5.1과 같이 상대습도는 20%~60% (평균 40%), 온도는 22.8℃(겨울)~25℃(여름) 정도가 된다. 건물을 통해서 실내 열환경이 이와 같은 쾌적영역에 속하지 못할 경우에는 냉방 및 난방을 실시해야 하며, 결과적으로 많은 에너지와 비용이 소요되는 비경제적인 건물이 된다.

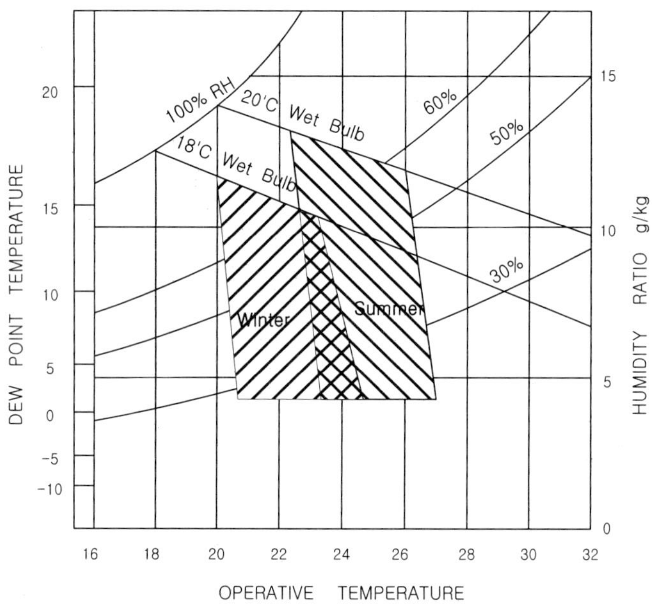

그림 5.1 쾌적영역 (Comfort Zone)

5.2.2 건물의 단열과 보온성능

단열이란 부정적인 열의 이동을 방지하는 것을 의미한다. 건물 벽체에 단열재의 사용하는 것은 건물의 보온성과 항온성을 확보하기 위한 가장 기본적인 건축 재료적 · 단면계획적 해법이다. 단열의 필요성에 대한 인식은 이미 일반화되어 보편적 용도의 단열재의 활용빈도는 매우 높다. 일반적으로 단열재는 무기질 단열재와 유기질 단열재로 대별되며 암면, 유리면, 스티로폼, 우레탄폼, 폴리에틸렌 폼 등이 대표적이다. 아울러 실내환경에 대한 인식과 기대수준이 높아진 근자의 환경친화적 관점에 부합되는 다목적 고품질 단열재 제품들도 최근 들어 개발이 활성화되고 있다. 건물의 벽, 천장, 바닥 등의 흡음 단열재 및 층간소음 제진재의 다양한 부가적 기능을 가지고 있는 폴리에스테르 섬유질을 소재로 한 내 · 외장 단열재 제품의 경우 인체에 무해한 환경친화적인 신소재로서 유리면, 암면, 스펀지, MDF, 석고보드 등을 대체할 수 있을 것으로 기대되고 있다. 기존 석유 화합물에서 추출한 단열재료와는 달리 재활용이 가능하고 난연성이며 비산 먼지 등이 발생하지 않는 다양한 부가적 장점이 있다.

그림 5.2 폴리우레탄폼 단열재의 내부시공

벽체에 사용될 수 있는 단열제품은 다양한 기능의 제품 개발이 활성화된 반면, 벽체의 구성체로서 가장 보온성이 취약한 유리창에 이용될 수 있는 단열 강화재는 상대적으로 큰 주목을 받지 못하고 있다. 실제적으로 건물의 고단열화가 이루어질수록 유리창을 통한 열의 유출입량이 더 큰 비중을 차지하게 된다. 특히 유리창의 빈약한 단열성은 여름철 일사열의 유입으로 극대화되며 전도와 복사열 유입의 다원적 문제점을 유발한다. 일반 주택에서는 겨울철 열 유출의 50%, 상업건물에서는 여름철 열 유입의 47%가 창문을 경유한다는 연구결과가 있다. 이중이나 삼중창과 같은 창호의 물리적인 개선방법이나 단열성이 우수한 Low-E유리와 진공층이 밀봉된 이중유리와 같은 재료적인 방법을 통하여 창호의 단열성을 증가시키는 방법은 이미 널리 이용되고 있으며, 조망으로부터 자유로운 경우 유리블록과 같은 다소 직접적인 형태로 유리벽체를 통한 열류 흐름을 방지할 수 있다.

최근 들어 유리가 갖는 의장적 투명성과 다양한 건축조형적 의미로 인하여 커튼월 등의 경량 외피구조를 가진 유리 건축물들이 더욱 선호되고 있으며, 동시에 유리 건축물이 갖는 부정적인 열적 특성의 심각성도 더욱 부각되고 있다. 이를 위한 해결책으로 이중 외피구조 등 새로운 유리외피 단면이 개발되고 있으며, 효과적인 외피단열을 확보할 수 있는 첨단유리 대체재에 대한 연구개발이 이루어지고 있다. 태양열 입사를 감소시키기 위한 첨단 유리소재로서 태양광에 의해 발전된 전기의 세기나 태양열에 의한 유리의 자체온도 또는 입사되는 태양광량의 세기의 변화에 대응하여 투과율이 변하는 가변투과 조광유리가 있다.

Low-E유리를 혼용한 이중창의 사용이 경제적 부담으로 불가능한 경우, 이를 대체할 단열 보강재로 단열 필름을 들 수 있는 바, 단열 필름을 유리 표면을 처리하는 경우 색유리와 달리 겨울철의 단열성능 강화와 여름철 일사 유입의 차폐기능으로 약 25%의 에너지가 절감된다. 단열 필름은 실내로 유입되는 가시광선은 최대로 허용하며 강렬한 태양열의 유입은 급감시키는 기능을 내포하고 있으며, 난방절기에는 실내의 난방열을 실내로 재반사시켜 난방효율을 극대화시키는 열적 광학적 기능을 가지고 있다. 아울러 자외선의 유입의 99%를 차단하고 눈부심 방지 효과도 뛰어난 부가적 장점이 있다.

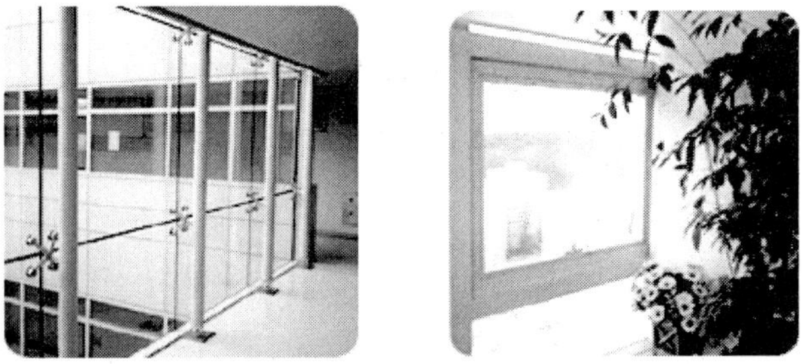

그림 5.3 단열필름의 시공 예

5.2.3 건물의 기밀성능

건물의 기밀성능을 확보하여 건물 내외부의 열류 흐름을 최소화하는 것은 가장 기본적인 에너지 절약기법이다. 열·냉 매체인 공기의 대류현상을 이용하여 냉·난방하는 건물의 경우, 실내공기의 유·출입은 에너지의 치명적 유출 및 관리의 근본적 오류를 의미하기 때문이다. 건물의 노출부위를 감소시키기 위한 외표면적의 최소화, 창호 개폐방식의 효율화, 벽체 연결부위 디테일의 강화, 전체적 시공의 질적 향상 등을 통한 건물의 밀폐화는 기밀성을 높이기 위한 가장 일반화된 건축기법이라 할 수 있다. 최근 들어, 폴리에틸렌 봉합법, 기밀 건식벽체법, 공기 멤브레인을 이용한 기밀화 기법이 소개되고 있다. 또한 기성 시스템 창호의 성능을 보완하여 기밀성, 수밀성, 단열성, 차음성, 보안성이 대폭 강화된 고기밀성 창호가 개발되어 현장에 적용되고 있다. 기존의 창호가 빗물 유입과 문틀에 쌓인 먼지로 인해 에너지 효율이 떨어지는 단점이 획기적으로 개선되거나 창틀의 금속 지지대를 통하여 열손실이 되는 것을 방지하기 위해, 금속재 좌우에 공기층을 형성해 단열성능을 향상시킨 제품이나 PVC 창호에 적용되는 보강철물과 창틀 사이에 공기 챔버를 설치해 열손실을 최소화한 새로운 기밀구조도 개발되고 있다.

그러나 건물과 실내환경에 대한 질적 요구수준이 향상되면서 기밀화된 실내가 양면적으로 가지고 있는 공기환경적 부작용에 대한 보다 고차원적인 건축환경적 해법을 필요로 하고 있다. 밀폐된 건물일수록 보온성은 높지만 신선한 공기 유입의 부족과 실내오염물질 배출 기회의 상실로 실내공기의 질적·성분적 환경은 더 열악할 수 있다. 건축자재에서 나오는 유해물질과 실내에서 사용하는 화학물질로 말미암아 생활의 90%가 이루어지는 실내에서의 공기 오염도는 외부 공기보다 2~3배 이상 더 심각하다는 조사결과도 있다. 근래 들어 실내 유해물질인 포름알데히드, 휘발성 유기화합물, 라돈 등의 전문 화학용어들이 건축계에서도 낯설지 않은 것으로 인식되는 시점에 이르고 있다. 새집 증후군으로도 통칭되는 실내공기의 환경적 문제는 근본적으로 환기를 통하여 해결할 수 있는 바, 재래식 건축물에서는 시공과 디테일의 불량에서 초래되는 자연 환기(침기)만으로도 일정부분 해소될 수 있었으나, 근래의 건물은 기밀성이 향상되어 주택의 경우에도 인공적인 환기설비시스템 설치의 필요성이 대두되어 각 아파트 건설회사들은 공동주택용 자체 환기설비시스템의 개발에 치중하고 있다. 인위적으로 실내공기의 질을 향상시키기 위해서는 하루에 최소 30분 이상, 3회 정도는 창문을 열어 실내공기를 환기시켜야 하며 난방도 18~20° 정도로 유지하여 화학물질의 방출을 억제해야 한다. 신선한 공기의 제공원으로써 외부 공기환경인 대기의 오염도를 낮추기 위한 거시적 환경보호 노력도 병행되어야 함은 물론이다.

5.2.4 열환경과 결로현상

결로란 실내외의 온도차가 상대적으로 큰 경우 표면온도가 높은 벽면에 물방울이 맺히는 현상을 말한다. 실내습도의 적절한 조절은 거주자의 쾌적함뿐 아니라 건물의 수축에 의한 균열 및 결로라는 치명적인 부작용을 초래한다. 최근에 실시된 아파트 입주자 주거만족도의 분석 결과, 결로를 포함한 과다 습기에 관한 불만족이 전체의 24%에 이르고 있다. 결로가 발생하면 실내공간의 질은 급격하게 저하되고 곰팡이, 얼룩, 냄새 등 위생과 관련한 복합적인 생활환경적 문제를 유발한다. 결로의 주된 원인은 실내습도의 과다, 실내 온습도의 부적절한 제어, 실내 벽 표면의 온도저하로 대별될 수 있다. 특정 온도의 공기는 습한 정도에 따라 함유할 수 있는 수분의 양이 비례적으로 정해져 있다. 차가운 공기는 상대적으로 적은 양의 수분만을 가질 수 있어서 실내온도가 노점온도라고 하는 특정 온도 임계치 이하로 내려가게 되는 경우 실내에 전반적인 결로현상이 유발된다. 실내공기가 노점 온도 이상으로 적절히 공조되고 있는 경우에도 실내에 차가운 벽면이 존재하는 경우, 그 부위의 공기온도가 내려가서 국지적인 결로가 발생한다. 따라서 공기의 습도와 온도의 적절한 조절이 기본적인 결로 방지법이며, 이에 실내 벽면의 표면온도가 지나치게 낮지 않도록 유지하는 부가적인 방지법이 수반되어야 한다.

실내 벽 표면의 온도가 낮게 되는 경우는 벽체 내에 단열재가 불량 시공되어 외부의 냉기가 영향을 미치는 경우와 유리창과 같이 외벽체로서 열 저항이 약한 재료를 사용한 경우로 대별된다. 특히 시공의 질이 높은 건물의 경우에도 예외 없이 창호 부근이나 단열재가 들어가지 않은 베란다 벽면의 결로가 문제가 되고 있다. 유리 창호는 단열처리가 된 외벽, 지붕, 바닥보다 작은 열 저항 값을 가지고 있어 첨단 기능성 창호의 경우에도 유리온도가 노점온도보다 낮을 가능성이 많다. 금속 프레임은 열이 매우 빨리 전도되어 결과적으로 창호 하단부나 모서리 부분에 집중적인 결로가 발생하게 될 가능성이 높으므로 이 부위에 열 차단 재료를 사용하여 표면온도의 저하를 감소시키는 것이 바람직하다. 따라서 결로 방지를 위해서는 단열 값이 증가된 단열유리의 사용을 통하여 유리의 실내 표면온도가 증가토록 해야 하며 단열성능이 강화된 창호 프레임의 개발이 절대적으로 필요하다.

그림 5.4 창틀 재료의 단열 특성에 따라 발생하는 결로현상

5.3 건축 빛환경

5.3.1 건축과 빛

건축이란 우리의 물리적 환경을 만드는 행위이다. 그 물리적 환경의 크기와 질에 따라서 사람의 사회적 · 심리적 환경도 좌우된다. 환경이란 기본적으로 눈에 보이는 세상이며, 따라서 우리가 자연의 빛을 통하여 삶의 대상물을 인식해 온 것은 인류의 역사와 궤를 같이 해 오고 있다. 건축물은 인류문명 또는 문화의 소산물 중 가장 대표적인 유형의 시각적 매체이다. 따라서 아름다운 건축물들은 디자인되는 과정에서 해당 건축물과 빛과의 관계 속에서 어떻게 시각적 · 미학적으로 인식될 것인가를 고민하여 결과화 된 산물이라 할 수 있다. 건축역사에 있어 아름다운 건물로 인정되는 많은 건축물들이 각기 다른 디자인 요소들을 갖지만, 공통적으로 해당 건물 외부와 내부에 존재하는 빛을 미학적으로 처리한 역작들이다.

타지마할, 파르테논 등의 건물은 해가 뜨는 시간부터 석양이 지는 시간 동안 같은 모양인 경우가 없다고 하며, 하루 종일 보아야 제대로 본 것으로 인정할 수 있다는 말이 있다. 서양 건축사를 대변하는 교회 건축물들은 스테인드글라스의 장식과 빛의 효과로 실내에 건축적 의미를 부여하였으며, 비잔틴의 대표작으로 불리는 이스탄불의 성 소피아 성당도 무수히 많은 작은 창문으로 들어오는 햇빛의 이미지로 연출되는 신비로움의 극치를 이루고 있다.

그림 5.5 빛의 교회

그림 5.6 롱샹 교회

5.3.2 건강한 건축과 빛

인공적인 건축이 건강하기 위해서는 건축환경 내에 가능한 많은 종류와 양의 자연요소를 함유하여야 한다. 이는 자연의 공기, 바람, 빛, 해가 뜨고 지는 시간감각, 비가 오고 눈이 오는 날씨감각 등 대부분 기상요소들이다. 이 중에서 빛만큼 건물 내부에 장기적으로 정주(定住)시키기에 깨끗하고 용이한 자연매체도 없을 것이며, 빛만큼 자연의 변화무쌍한 정보를 포괄적으로 시각화하는 매체도 없을 것이다. 빛은 생명을 의미하며 희망을 부여한다. 건강함을 의미하며 맑음을 의미한다. 희망과 건강함으로 더 큰 세상으로의 연결을 가능하게 해주는 통로로서의 아름다운 창문과 풍요로운 빛의 만남은 좋은 날씨만큼이나 현대 건축문명 속의 우리 삶에 반드시 필요한 요소일 것이다.

그림 5.7 즐거운 빛의 공간 (Great Court at the British Museum, Norman Forster)

5.3.3 유리건축과 빛

빛의 관점에서 모든 건물은 유리 건축물이다. 유리가 존재하지 않는 건물이 일반적인 것은 아니기 때문이다. 그러나 이러한 전제를 궤변화 시키는 유리 그 자체의 건축물의 시대를 목격하고 있다. 너무나도 잘 알려진, 철과 유리구조의 가능성을 처음 보여준 Crystal Palace, London (1850-51)는 "빛과 어두움의 전통적 대립을 소멸시켰으며 전통적으로 건축이 가지고 있던 빛과 어둠의 비례를 새로이 형성했다" 고 일컬어진 바 있다. 유리를 통하여 밝음이 균형 있게 배분되는 공간을 만들어 냈으며 그림자 없는 빛의 공간을 창조하였음을 의미한다. 결과적으로 오늘날의 유리 건축물들은 투명함으로 건축의 그림자를 표현할 수 있는 가능성을 추구하고 있다. 그러나 최근의 유리 건축물 중 빛과 어두움의 균형을 떠나 그림자 없는 과다한 빛의 무절제한 공급에 대한 고민이 동반되어야 할 유리건축의 예들이 적지 않게 존재한다. 오늘날에 붐을 이루고 있는 유리 건축물들 중 일부는 건물 내·외부의 빛에 대한 상충적·양면적 고려가 배제됨으로써 빛의 관점에서 접근되었다고 할 수 없는 결과물이다. 단지 외피로서 유리의 질감적 물성만이 강조되어 유리라는 건축재료가 생성하는 투명성을 통하여 작가가 표현하려고 하는 의장적 메시지의 전달자로서의 건물인 측면만이 강하다. 결과적으로 유리 건축물 속의 아름답고 건강한 빛은 과다하게 사용된 유리 면적으로 인하여 건축의 아름다움을 위하여 감내해야 하거나, 반드시 가공해야 하는 환영받지 못하는 자연매체요 기피대상으로 변하고 있다. 유리건축이 오히려 빛을 통한 건강한 건물이 아닌 시각적·환경적으로 위험하고 공격적인 건물을 만들어 내고 있는 것이다.

5.3.4 자연채광 설계

다행스럽게 빛에는 여러 종류가 있다. 부족한 빛, 과다한 빛, 스스로를 드러내는 강렬한 빛, 남을 보이게 하는 부드러운 빛, 색깔을 가지고 있는 빛, 열을 가지고 있는 빛 등 표현할 수 없는 많은 종류가 있다. 따라서 자연의 빛이 유리라는 매체를 통과할 때 생성되는 다양한 빛들의 선택은 건축가가 다루어야 할 또 다른 건축의 영역이다. 건축적으로 좋은 빛을 유도할 것인가, 광학적으로 빛을 새로이 생성할 것인가, 아니면 빛을 막아낼 것인가 하는 건축물 속에서의 빛에 대한 고뇌 역시 건축가의 몫인 것이다. 이와 같이 개구부나 건물 외벽을 통하여 내부공간과 빛의 관계를 환경적으로 미학적으로 설정하는 건축행위를 자연채광 설계라 한다.

그림 5.8 건축을 통해 존재하는 다양한 빛들

좋은 빛을 만들어낸 자연채광의 예는 수를 헤아리기 어려울 정도로 많다. 특히 빛을 필요로 하지 않은 공간에 필요한 빛을 만들어낸 건축가의 역작은 더욱 빛이 날 수밖에 없다. Tinted Glass로 Skylights의 새로운 지평을 열었던 Galleria in Houston, Texas, 차광부재인 가동형 루버의 디자인을 심미화시킨 Lenzo Piano의 Menil Collection in Houston, Texas이나 빛의 건축가라 일컬어지는 Louis I. Kahn의 Kimbell Museum의 천창도 그와 같은 일례이다.

전통적으로 박물관이나 미술관은 빛으로부터 격리되어야 할 것으로 간주되어 왔다. 한정된 공간에 가능한 많은 전시 벽면의 면적을 만들어야 하는 기본 건축 목적이나 수직적인 전시물을 관람하는 시야각(視野角)과 관련하여 수직 창을 만들 수 없는 합리적인 이유들이 있다. 그러나 예의 작품들은 적절히 천창을 통하여 실내에서 건물의 형태를 감상하거나 빛을 제어하고 가공하는 물리적 부재를 디자인 요소로 승화하여 결과적으로 건물의 아이덴티티로 설정한 경우이다.

그림 5.9 천창을 통한 빛과 그림자 (Galleria in Houston, Texas)

그림 5.10 광조절 장치의 미학화 (Menil Collection, Lenzo Piano)

또한 정밀한 시 작업이 필요한 공장의 경우에는 특히 방향성이 강한 빛의 유입이 억제되어야 하며, 입면에 유리를 사용하는 것은 건물의 경제성 문제와 아울러 금기시 되어 왔다. 그러나 이와 같은 일반적인 디자인 법칙을 초월하여 유리로 마감된 공장 건물들이 새로운 지평을 열어 가고 있다.

그림 5.11 유리로 마감한 프라다 구두공장 건물(Firenze, Italy)

5.4 건축 음환경

좋은 소리를 더욱 좋게 감상할 수 있도록 만들어 주는 건축적 경험은 실생활에서 그다지 많지는 않으나 듣기 싫은 소리, 즉 소음을 들어야 하는 경우는 매우 흔하다. 전자의 경우는 음향설계의 영역으로 음악당이나 다목적 공연장의 내부형태를 설계하고 마감재를 선택하고 배치하는 것은 실내음향학과 관련된 물리학적 전문분야이다. 후자의 경우에는 오늘날 사회적인 문제로까지 인식되고 있는 아파트 층간소음과 같이 차음 또는 방음설계에 관한 영역이다. 문화적 인프라가 발달할수록 음향설계는 전문가의 영역으로 인정되어 잘 설계된 음환경적 서비스를 제공받을 수 있어 크게 문제로 이슈화되지 않는다. 그러나 핵가족화와 개인주의 경향의 만연 및 공동주택형태로 주거방식이 일반화됨에 따라 소음방지 차원에서의 음환경적인 요구조건의 수준은 날로 높아지고 복잡해지고 있다.

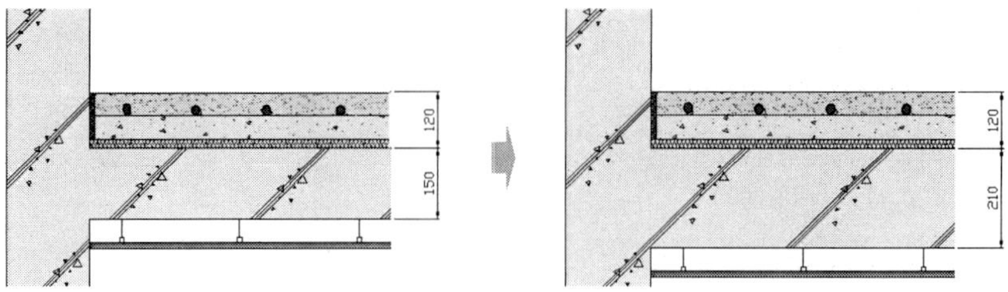

그림 5.12 층간소음을 줄이기 위해 두꺼워진 바닥 구조체

층간소음은 진동을 동반한 매우 지속적이고 치명적인 공해요소이다. 이제는 대표적인 주거방식이 되어버린 아파트라는 공동주택 방식의 삶 속에서 예전에는 이웃 간에 대화와 타협으로 해결하던 층간소음의 문제는 오늘날 건설사의 부실시공으로 간주되어 손해배상 소송의 대상이 되고 있으며, 대표적인 주거환경 파괴의 요인으로 인식되고 있다. 건설교통부는 그동안 논란이 되어 왔던 중량충격음 기준에 대하여 벽식 아파트의 경우 210mm의 바닥판 두께를 갖는 표준바닥구조에 따르도록 입법화하여 소음분쟁을 원천적으로 방지할 수 있을 것으로 기대된다.

바닥충격음과 아울러 제 2의 주된 소음원으로 인식되고 있는 화장실 급배수 소음은 욕실에 있는 급배수관이 경로역할을 하여 인근 층으로 전달되어 불쾌감을 유발시키고 주거환경의 만족도를 현격하게 저하시킨다. 화장실 급배수 소음은 필수 생활행위로서 조심하거나 자제할 수 있는 부분이 아니기 때문에 이웃 간이 아니라 건설사를 상대로 민원을 제기하게 된다. 주철관이나 이중 관 등을 사용하여 배수소음을 줄이고는 있으나 근원적인 방법이라고는 볼 수 없다. 즉 윗집에 있는 오배수관이 아래층으로 연결되어 있어 배수소음이 그대로 아래층으로 전달될 수밖에 없는 구조로 이루어져 있기 때문이다. 이에 대한 다양한 설비적, 건축적 해결책들이 모색되고 있다.

오늘날 음환경 조성 이론이 단지나 도시의 외부공간으로 확대되어 적용됨에 따라 공간을 이동하는 과정에서 아름답고 즐거운 소리를 경험하고자 계획된 사운드 스케이프 (Soundscape)의 개념이 정립되고 있다. 청각은 그 발휘기간이 오관 가운데 가장 길며, 시각과의 상호작용을 통해 경관을 지지하고 시각적 효과를 상승시키는 것으로 평가되고 있다. 이러한 사고에 바탕을 둔 계획을 사운드 스케이프 디자인이라 한다. 즉 소리의 관점에서 경관을 바라보고 이를 적극적으로 도입하는 설계의 개념이다. 최근 국내에서도 이에 대한 이해의 저변을 높여가고 있으며 많은 관심 속에 공공장소에 대한 사운드 스케이프 디자인의 연구, 장소에 적합한 소리의 선호도 연구, 하천 및 공원, 육교 등에 대한 디자인이 이루어지고 있다.

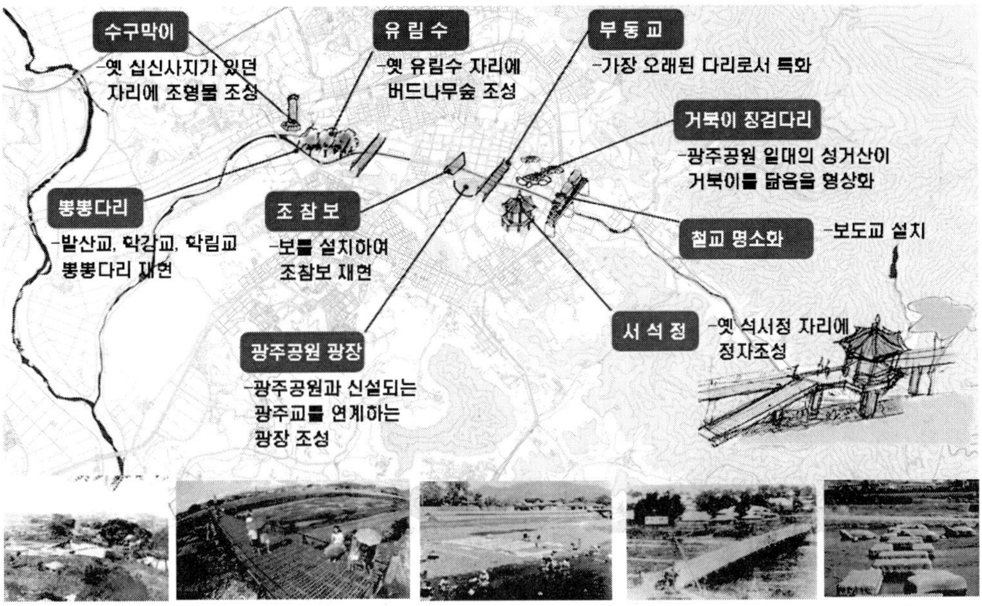

조짐보　　뽕뽕다리　　빨래터　　부동교　　거북이 징검다리

그림 5.13 광주천 사운드 스케이프 디자인의 연출방안

5.5 건축과 풍환경

전통적으로 바람은 건축물이 맞서야 했던 자연재해와 같은 존재였다. 즉 태풍과 같은 극단적인 바람에 대항하여 건물과 사람의 안전이 유지될 수 있는 내풍설계 과정에 고려된다. 최근 국내에서는 사무소, 주상복합 등의 대형 고층건물의 건설이 붐을 이루면서, 강풍에 민감한 대형 건축물이 증가하고 있는 실정이다. 따라서 합리적인 내풍설계를 위해서는 우리나라 각 지역의 강풍을 확률 통계적으로 정확하게 정량화하여 건축물 및 기타 구조물의 안전 설계 시에 반영하도록 해야 하며, 바람과 풍(압)력의 특성, 바람에 의한 진동, 내풍설계 기법 이해가 절실히 필요하다.

그러나 현대 건축설계에 있어 바람은 순기능과 역기능의 다른 차원에서 다루어져야 한다. 도심에 거대한 고층건물이 건축되는 경우 미기후와 기류의 변화에 따른 주변 바람의 변화가 형성된다. 최근에 지어진 강남 도곡동의 주상복합 건물은 여러 종류의 화젯거리를 제공하고 있다. 그 중 하나는 인근의 아파트 단지에 그전에 존재하지 않았던 종류의 바람이 분다는 사실이다. 이로 인하여 외출 준비를 마친 사람들이 집을 나서자마자 그 낯선 바람으로 말미암아 머리가 헝클어지는 불쾌한 상황이 발생된다는 것이다. 고층건물로 인하여 그 주변에 발생하는 강풍은 주로 상공에서 부는 강풍이 고층건물에 부딪쳐 곧장 지상으로 내려오기 때문에 발생한다. 이 강풍은 지상에 내려와 건축물 부근을 강한 3차원 난류장으로 만들며, 이렇게 발생되는 바람을 빌딩바람이라고 한다. 이러한 빌딩바람은 인간의 활동과 재산상에 큰 피해를 주며 건축물 주변을 순식간에 열악한 환경으로 만들고 있다. 실제로 외국의 유명한 고층건물의 후면을 가보면 먼지와 쓰레기들이 바람과 함께 부랑자처럼 떠돌며 을씨년스런 그림자를 만들고 있음을 자주 목격한다. 유럽, 미국, 일본 등에서는 이미 이러한 바람환경장해에 대한 피해를 최소화하기 위하여 적극적으로 노력하고 있다.

가까운 일본을 예로 들면, 동경도(東京都) 조례에는 환경영향평가제도에 바람환경에 대한 조항을 삽입하여 15층 이상의 건물에 대해서는 의무적으로 그 평가를 받도록 되어 있고 또한 문제점이 있을 경우는 설계변경 등 그 대책을 계획단계에서부터 마련토록 되어 있다. 빌딩바람에 의한 환경장해를 막기 위하여 설계된 일본에서의 대표적 건물로서는 NEC 슈퍼타워 건물을 예로 들 수 있으며, 이 건물은 건물 중간에 3층 높이의 전 층을 풍혈(風穴)로 두어 하강하는 상공의 강풍을 이 부분으로 유도하여 지상에 도달하는 강풍을 줄이고 있다.

고층건물에 의한 바람의 국부적인 변화가 항상 부정적 역할을 담당하는 것만은 아니다. 독일 남부의 최대 공업도시 슈투트가르트에서는 항상 맑은 공기가 도시 전체를 감싸고 있음을 자랑한다. 이 도시에서는 일정 높이 이상의 건물을 건설하는 경우 필수적으로 시의 환경위원회의 심의를 거치도록 되어 있는데, 스카이라인을 포함하여 도시의 고층건물군의 기하학 특성으로 말미암아 도시 외곽의 신선한 바람이 건물들에 의해 형성된 루트를 통하여 도심으로 유도되어 오염된 공기가 신속하게 자정이 가능한 시 외곽으로 불어 나가도록 계획한 결과인 것이다. 이와 같이 환경에 대한 파괴적 개발행위인 건축을 통하여 우리의 환경이 질적으로 개선되는 새로운 접근이 필요하다.

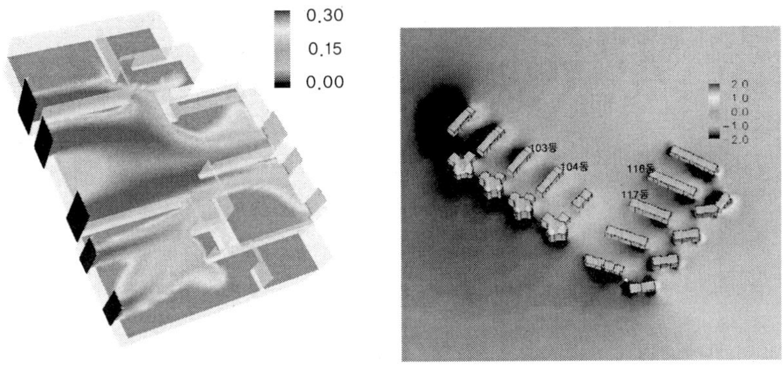

그림 5.14 평면형태와 단지 배치형태에 따른 풍환경의 변화

5.6 건축 공기환경

환경에 대한 사회적 인식이 높아짐에 따라 일반인들이 건축가에게 요구하는 환경적 책임은 막대해져 가고 있다. 최첨단 설비에 의해 전자동으로 관리되는 현대 건축물 내에서 사람들이 느끼는 외부와 자연과의 괴리감은 건축가가 해결해야 하는 새로운 명제가 되었다. 또한 믿고 안심했던 대형 건물의 냉난방시스템의 오염과 노후화로 인하여 실내에 치명적인 오염 물질이 공급되고 있는 병든 건물 증후군(Sick Building Syndrome)과 아울러, 신축 공동주택에 저급한 실내마감재의 과용과 오용으로 인하여 인체에 치명적인 석유화학물질이 방출되는 새집 증후군에 대한 세간의 관심은 시대적 담론이 되고 있다. 일상생활에서 발생하는 탄산가스(CO_2)나 일산화탄소(CO)와 함께 냄새, 습기, 먼지뿐 아니라 단열재나 페인트에서 방출되는 포름알데히드(HCHO)와 페인트와 접착제에서 주로 방출되는 휘발성 유기화합물(VOC) 등은 실내에서 제거되어야 할 최우선적 유해요소이다.

실내에 만연된 오염물질을 제거하기 위해서는 자연적인 환기방식을 통하여 실내공기를 배출하고 환기시켜주는 것이 필요하며, 원천적으로는 석유화학 물질을 방출하는 반환경적 건축자재의 사용을 피해야 한다. 자연적인 방법으로는 아파트의 실내공기를 빼내는 데 그치지 않고 외부의 공기를 실내에 공급하는 자연통풍시스템을 개발하기 위해 대지의 향과 지형에 관련된 국지적 풍향과 풍속, 풍량에 대한 기상자료의 분석을 바탕으로 맞통풍을 위한 적절한 건물형태와 배치, 창문의 설치와 크기 등이 설계되어야 한다. 초고층 건물이 주상복합의 형태로까지 붐을 이루면서 첨단 창호시스템의 적용 등을 통하여 건물 자체의 기밀성을 향상시키는 재료와 공법을 적용하였고, 이에 자연적인 실내환기의 가능성은 점차 줄어들어 실내공기는 점차 오염될 수밖에 없다. 건물의 환기와 자연스러운 냉방을 위한 맞통풍을 유도하기 위한 바람의 방향과 건물 및 개구부(openings)의 배치에 관한 것들이다. 환경부는 '다중이용시설 등의 실내공기의 질 관리법' 을 제정하고 아파트 등 공동주택에 대한 실내공기의 관리를 의무화 하여 주택건설업체를 긴장시키고 있다. 굴지의 주택공급 건설업체들은 아파트 실내에 깨끗한 공기를 공급하기 위하여 건강주택 팀을 신설, 소위 '하와이 공기시스템' , 등을 개발하여 환경친화형 아파트 개발에 힘쓰고 있으며, 분양가 인상요인을 최대한 줄이면서 아파트 공기를 쾌적하게 유지할 수 있는 건자재나 자연환기시스템을 개발 중이다.

공동주택에서 수납공간의 확대를 위해 붙박이장 형태의 빌트인 가구의 양과 함께 접착제가 주로 사용된 저급 조립식 가구의 사용이 늘어나면서 가구에서 방출되는 오염물질의 방출량은 지대하다. 또한 벽지나 마루 등, 바닥 마감재를 시공할 때 사용하는 접착제의 양이 과다하여 건조시 발생되는 오염물질이 많다는 사실은 평활도와 관련하여 시공의 정밀성을 요구하는 또 하나의 이유가 된다. 따라서 새집증후군을 방지하는 방법은 친환경 자재의 사용이나 친환경적 공법의 적용, 광촉매의 이용 등 다양한 시도들이 있으나 이의 효용성과 경제성은 아직 논란의 여지가 있다. 최근 베이크 아웃 기법으로 신축공동주택을 난방을 한 상태로 일정기간 혼기를 시켜 입주 전에 인위적으로 오염물질을 방출, 환기, 제거시키는 방법의 효용성이 검증되어 널리 사용될 예정이다.

06 건축설비

6.1 건축과 설비

건물이 아무런 기기나 장치의 역할 없이 그 자체로 인간이 필요로 하거나 만족할 수 있는 수준의 실내환경이 유지되는 것은 극히 이상적인 경우이다. 우리나라와 같이 극단적인 한계까지 외부 기상조건이 계절적으로 변화하는 경우에는 앞서 언급한 건축환경계획적인 방법만으로는 한계가 있다. 특히 현대 건물이 제공해야 할 건축적 서비스의 범위가 광대해짐에 따라 정보통신, 운송, 보안, 방재 등 원천적으로 건축 자체만으로는 해결할 수 없는 부분이 포함되어졌다. 19세기부터 등장하여 오늘날 현대건축의 표상이 된 초고층 건물도 엘리베이터의 발명이 없이는 건축가의 공상 속에만 지어지고 있었다.

50층이 넘는 초고층 사무소 건물의 한 예로서의 특정 기하학적인 형상이 머릿속에 떠오른다면, 그 예술적 아름다움을 넘어 그 건물이 어떻게 작동 또는 운용되고 있을지를 상상해보는 것이 건축설비를 이해하는 목적에 도움이 될 수 있다. 우리가 바라보는 최첨단 인텔리전트 건물의 표피를 뜯어낸다면 그 건물의 내부 모습은 다양한 기기와 장치가 혼합되어 설치된 거대한 공장과 다름이 없다. 많은 정보와 에너지와 물과 공기와 바람과 오물이 필요에 따라 예정된 곳으로 공급되고 배출되는 거대한 로봇과 다르지 않다. 이 중에서도 공조설비처럼 냉난방과 관련하여 단순히 실내의 기후환경에만 관계하여 역할을 하는 것과 전기설비처럼 각종 설비에 정보나 에너지를 공급하는 다각적인 역할을 가지고 있는 것이 있다. 그리고 급·배수위생설비처럼 인간이 살아가는 데 밀접한 관계가 있는 위생환경 및 생활환경을 위해 물이나 가스의 공급·배출을 목적으로 하는 것도 있다. 오늘날에는 건물의 내부에만 그치지 않고 지역적 규모의 공급 처리까지 그 범위가 확대되어 지역설비라는 새로운 기술이 개발되고 있다.

건축설비의 목적은 건물의 용도에 따라 다소의 차이가 있지만 기본적으로 공간을 형성하고 있는 건축물, 즉 쉘터의 특성에 적합한 환경을 조절 · 공급 · 처리하는 기능을 발휘함으로써 건축의 전체적인 성능을 향상시키는 것이다. 공간구조에 의해 건축적인 기본성능이 결정되고 건물 외벽의 단면구조에 따라 실내환경의 조절기능이 좌우되며 건물을 위해 설치된 기기와 장치, 즉 설비의 성능에 따라 건물의 전체적 성능이 결정된다. 즉 설비의 성능과 그 필요성은 기타 건축요소와 매우 상호 보완적으로 연계되어 있다. 예를 들어, 건물 외벽의 단열성능이 우수하면 내부공간의 열 손실이 줄어들어 냉난방설비에 대한 의존도가 감소하지만, 반대로 유리 건물과 같이 외벽의 단열성능이 열악한 경우에는 대형 설비가 필요하게 된다. 따라서 설비계획을 세울 경우에는 건축공간의 목적을 잘 이해하고 건물의 쉘터적 성능과 설비성능을 경제적으로 판단하여 균형 있는 설비규모가 설정되어야 한다. 역으로 건축설계 시에도 공간의 구조와 외벽설계, 재료의 결정이 건물의 환경조절능력에 지대한 영향을 미치게 되어 대량의 설비가 필요하고 에너지가 많이 소비되는 건물이 될 수 있다는 점을 인식하여 초기 설계단계에서 건축설비적 관점의 검토가 필요하다.

6.2 냉 · 난방설비

6.2.1 공기조화

건물의 기능 중 가장 기본적인 것이 거주자로 하여금 외부환경에 대한 충분한 저항력을 갖게 하는 것이다. 자연환경과 기상변화에 대하여 적절히 대처능력을 보유하고 조절토록 하는 가장 기본적인 건축적 장치가 난방과 냉방설비이며 우리의 일상에 가장 근접하여 있는 일반적인 건축설비이다. 우리가 거주하는 주택에 있어 겨울철에 난방을 위해 난로나 보일러를 가동시킨다든지 여름철에 너무 추워서 에어컨을 가동하는 것은 매우 일반적인 실내조절행위이다. 가동과 조절의 단계는 매우 단순하지만 해당 건물에 가장 알맞은 냉난방설비의 종류와 사용하는 에너지의 종류를 결정하는 것은 다소의 전문지식을 필요로 한다. 또한 건물 내부의 모든 공간이 선택된 설비의 영향 아래 있도록 효율적으로 설비를 설치하고 제어하는 설계와 운용의 기법은 더욱 전문적 지식을 요구한다. 예를 들면, 일반 보일러를 난방설비로 선택한 경우, 그 설치위치와 열매의 이동과 열전달을 위하여 난방 온수배관을 어떤 레이아웃으로 할 것인가, 에너지원으로 석유나 도시가스로 할 것인가, 공동주택의 경우 총 세대 규모에 따라 소규모 지역난방설비를 도입할 것인가 하는 등 냉난방설비와 관련된 제반 문제들은 간단치 않다.

특히 주택이 아닌 대규모 고층건물의 경우, 실내에 거주하는 재실자가 대형 냉난방설비를 직접 가동하고 운전한다는 것은 불가능하거나 위험하며, 같은 건물 내라도 동일한 시간대에 더운 곳과 추운 곳이 공존하여 냉방과 난방을 동시에 가동해야 하는 복잡한 경우가 발생한다. 또한 간헐적으로 사용되는 내부공간도 많아 구내식당이나 대형 회의실과 같은 경우에는 정기적으로 사용되는 시간대가 이미 정해져 있고, 이에 따라 자동적으로 운용되는 제어기법을 필요로 하게 된다. 또한 냉난방설비가 다른 설비와 연계하여 통합적으로 운용되고 제어되는 첨단시스템화 되어 있어 건축설비의 범주는 일반적인 수준이 아닌 매우 전문적이고 기술적인 분야에 속하게 된다.

대규모 냉난방 설비의 경우 증기나 물, 또는 공기를 이용하여 실내 열환경을 조절함으로써 원하는 온도가 되도록 한다. 주택이 아닌 대형 사무소 건물의 경우 대부분 공기를 열매체로 사용하며 전술한 바와 같이 냉방과 난방을 동시에 필요로 하는 중간계절의 경우 외부의 신선한 공기와 냉방기에서 만들어진 차가운 공기와 난방기에서 만들어진 따뜻한 공기를 혼합하여 원하는 공급공기의 온도를 만들어 실내에 공급함으로써 냉방, 난방, 또는 환기의 기능을 수행하게 된다. 이와 같이 조절된 공기를 혼합하는 메커니즘을 이용함으로 냉난방 설비라고 칭하지 않고 공기조화설비라고 정의하고 있다. 대형 사무소 건물의 경우 난방보다는 냉방이 더욱 중요시되면서 '공기조화' 란 말은 오랫동안 냉방이란 말과 연관되어 사용되어 왔으나 현재에 이르러 '공기조화' 의 정의는 HVAC (Heating, Ventilating and Air Conditioning)의 모든 것을 의미하는 것으로 확대되었다. 즉 난방, 환기 그리고 냉방으로 의미가 포괄화되어 공기조화는 온도, 습도, 청정도, 공기의 질, 거주자나 사물들에 의해 요구되는 공기의 환기 등의 제어를 총괄적으로 의미한다.

공기조화의 7가지 중요한 프로세스는 그림 6.1과 같이 난방, 냉방, 가습, 감습, 청정, 환기, 그리고 기류이다. 난방은 공기의 온도를 올리거나 유지할 목적으로 실내공간에

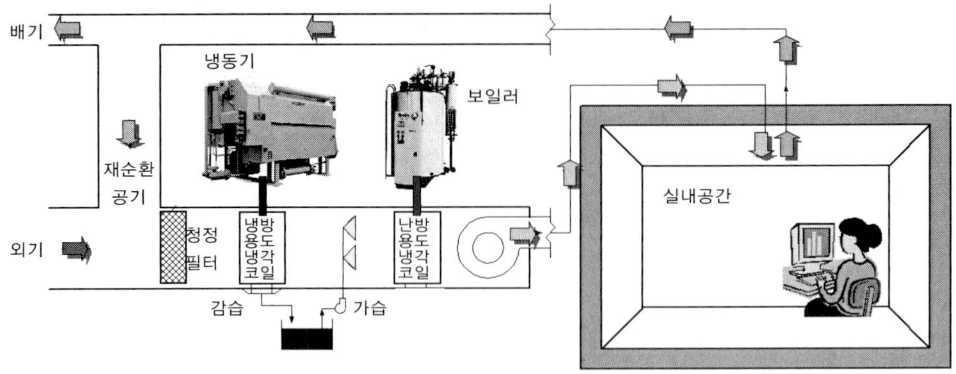

그림 6.1 공기조화 프로세스

열을 공급하는 과정이고, 반대로 냉방은 공기의 온도를 내리기 위해 실내공간의 공기로부터 열을 제거하는 과정이다. 가습은 공기의 습도를 올리거나 유지하기 위해 공간의 공기에 수증기를 추가하는 과정이며, 감습은 공기의 습도를 내리거나 유지하기 위해 실내공간의 공기로부터 수증기를 제거하는 과정이다. 청정은 공기의 질을 향상시킬 목적으로 공간의 공기로부터 먼지나 생물학적 물질을 제거하는 과정이며, 환기는 공기에서 가스 성분의 함유물을 희석시키거나 공기의 질을 향상시키고 구성성분이나 신선도를 유지하기 위해 실내공기를 신선한 공기와 교환하는 과정이다. 기류는 적절한 환기를 하고, 열전달이나 가습 또는 감습, 그리고 위에서 언급한 청정과정을 용이하게 하기 위해 건물의 실내공간에서 공기를 순환시키고 혼합하는 과정을 말한다.

6.2.2 난방설비

난방방식에는 개별식 난방과 중앙식 난방이 있다. 화로나 스토브 등과 같이 난방하는 실에서 직접 불을 사용하는 것을 개별난방이라 하며 보일러, 온풍도 등을 기계실에 설치하고 여기에서 발생하는 증기, 온수, 온풍 등을 여러 실에 공급이나 배분하는 것을 중앙난방이라 한다. 열원기기에서 가열된 증기, 온수 등의 열매를 직접 실내의 방열장치에 공급하여 난방하는 방식을 직접난방이라 하고 열원장치에서 가열된 열매가 공기조화기, 배관, 덕트 등을 지나서 실내로 공급되어 난방하는 방식을 간접난방이라고 한다. 직접난방은 간접난방에 비해 설비가 비교적 간단하고 취급이나 유지관리가 용이하지만, 일반적으로 실내 습도의 조절이나 공기의 청정도 유지가 곤란하다. 중앙난방을 분류하면 증기난방, 온수난방, 복사난방, 온풍난방 등이 있는데, 특히 중앙난방의 대규모 방식으로는 도시의 일정 구역의 다수 건물에 대한 1개소의 보일러로부터 고압증기 또는 고온수를 공급하는 방식의 지역난방이 있다. 급탕설비, 난방설비 등에 사용되는 보일러는 그 용도에 따라 온수보일러, 증기보일러로 구별되며 다음의 표와 같이 다양한 종류가 있다.

표 6.1 보일러의 종류

보일러의 종류		열매	주요 용도
주철제 보일러		증기	중·소 건물의 급탕 및 난방용
		온수	
노통연관보일러		증기	대규모 건물의 고압증기 보일러와 지역난방의 고온수 보일러로 쓰임.
		고온수	
수관보일러		증기	대규모 병원·호텔의 고압증기를 필요로 하는 곳의 급탕 및 난방용
관류 보일러	소형	증기	난방용
	대형	증기	발전용
		고온수	지역난방용
입형 보일러		증기	주택의 난방·급탕용
전기보일러		온수	전 전기식 공조 보조열원용
주택형 소형 보일러		온수	급탕·난방용

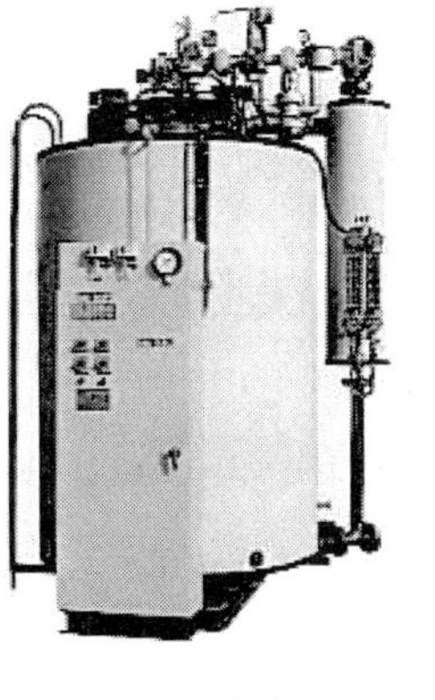

그림 6.2 주철제 보일러와 관류 보일러의 일례

6.2.3 냉방설비

냉동기는 일반적으로 증발하기 쉬운 액체를 증발시켜 그 잠열을 이용하여 냉각시키는 방법을 이용하는데, 잠열을 이용함으로써 물체의 상태가 바뀌면서 더 많은 열의 이동이 이루어지기 때문이다. 또한 냉동기는 연속적으로 이루어질 수 있어야 한다. 냉동기를 순환하며 냉동시키는 매체를 냉매(refrigerant)라고 하며, 그 냉매를 순환시키는 방법에 따라 압축식 냉동기와 흡수식 냉동기로 크게 나눌 수 있다.

그림 6.3 터보냉동기와 흡수식 냉동기

냉각탑은 냉·온 열원장치를 구성하는 기기의 하나이나 주로 수냉식 냉동기에 필요한 냉각수를 순환시켜 이용하기 위한 장치이다. 필요한 순환 냉각수는 냉각탑에서 물과 공기의 접촉에 의해 냉각시킨다. 냉각탑 출구 수온과 냉각탑 입구 공기의 습구온도의 차는 보통 4~5℃이다. 냉각탑에는 자연통풍식과 강제 통풍식이 있는데, 공조용에는 거의 강제 통풍식이 사용된다.

그림 6.4 냉각탑

6.3 급배수 위생설비

인류 문명사를 볼 때 인간의 삶과 물은 지극히 필수불가결한 관계이나 건물과 물의 관계는 매우 다양하다. 건물의 수명을 연장시키고 노후화를 방지시키기 위해 건물 자체와 물은 가능한 분리되어야 하며, 인간의 삶을 위해 깨끗한 물은 항상 건물 내부에 대기하고 있어야 하며, 사용하고 난 오염된 물은 위생을 위하여 가능한 짧은 경로로 신속하게 건물 외부로 배출되어야 한다. 건물 내에 물을 사용하는 위생설비는 그 종류가 한정적이나 매우 파상적으로 넓게 배치되어 있으며 위생기기와 제어의 수준에 따라 건물 전체의 환경적 질이 결정되기도 한다. 예를 들어, 건물의 상층부는 수압이 부족하여 물이 잘 나오지 않는다든지 하수구의 위치가 적절치 못하여 오수의 불쾌한 냄새가 건물 전체에 퍼져있다든지 하는 것은 건축행위 과정 중 매우 사소한 문제라고 인식될 수 있으나 실제 생활에서의 괴로움은 매우 심각하다.

6.3.1 급수설비

건물에 물을 공급하는 방법은 수도직결방식, 고가수조방식, 압력수조방식, 부스터방식의 4종류로 대별된다.

① 수도직결방식

도로에 매설되어 있는 수도관에서 직접 인입관을 연결하여 건물 내부에 수도 본관의 압력만으로 직접 급수하는 방식으로, 주택과 같은 1~2층 정도의 소규모 건물에 이용되며 단수시 즉시 급수가 중단되고 대지위치에 따라 수도 본관의 압력차가 크므로 사전에 면밀한 조사가 필요하다.

② 고가수조방식

고층건물에 적합한 급수방식으로, 이 방식은 상수도로부터 직접 물을 받아 이 물을 양수펌프로 건물의 가장 높은 곳에 설치한 고가수조에 양수시켜 저장한 물을 건물 내부에 중력식으로 하향수하하는 방식이다.

③ 압력수조방식

압력탱크에 물을 공급한 후 압축공기로 물에 압력을 가해 급수하는 방식이다. 이 방식은 펌프, 압력수조, 컴프레서, 저수조 등이 필요하고 압력수조의 주위에는 각종 부속기구가 부착되고 컴프레서는 압력 스위치에 의해 압력수조 내에 압축공기를 공급한다.

④ 부스터 방식

수도관에서 일단 저수탱크에 저수한 후 펌프만 사용하여 건물 내부로 급수하는 방식이다. 이 방식에는 여러 대의 펌프를 병렬로 설치하여 급수하는 정속방식과 변속전동기나 변속장치에 의해 펌프의 회전수를 변화시켜 양수량을 조절하는 변속방식의 2가지가 있다.

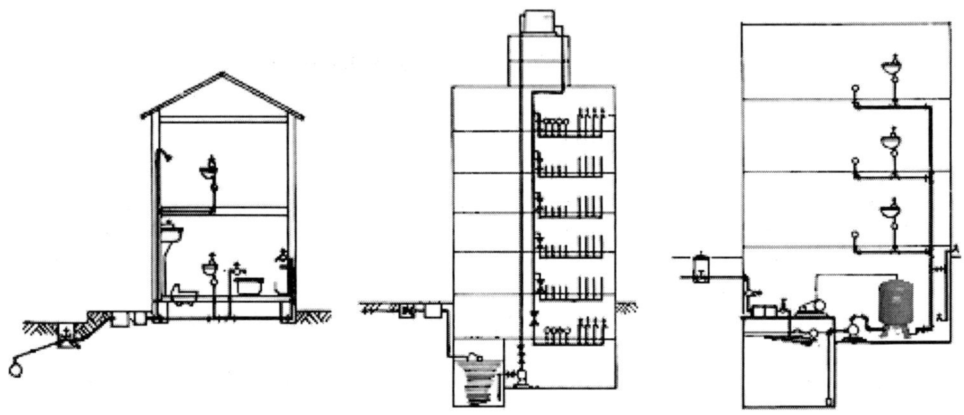

(a) 수도직결방식 (b) 고가수조방식 (c) 압력수조방식

그림 6.5 급수설비의 종류

6.3.2 급탕설비

급탕설비는 물의 가열공급장치를 설치하여 깨끗한 더운물을 필요로 하는 장소에 공급하는 설비를 말한다. 온수의 온도는 세탁용을 겸하면 70~80℃로 하여 사용할 때마다 적당량의 냉수를 혼합해서 개개의 용도에 알맞은 온도로 조절하는 것이 좋다. 그 외는 60℃ 정도 급탕하고, 특히 물을 가열함으로써 발생되는 물의 팽창, 압력상승, 온도변화 등에 의한 배관계통의 신축을 고려하며 수질변화 등에도 유의해야 한다.

① 개별식 급탕방식

개별식은 일반적으로 소규모 건물에서 주방, 욕실, 세면기 등 급탕을 필요로 하는 기구 근처에 소형 탕비기를 설치하고 짧은 배관으로 급탕개소에 급탕하는 방법이다. 배관길이가 짧아 배관 내의 열손실이 적으며 시설비가 저렴하므로 중 · 소 주택 등 소규모 급탕배관에 쓰인다.

② 중앙급탕방식

일정한 장소(지하실 등)에 급탕설비를 갖추고 급탕배관으로 각 사용개소에 온수를 공급하며 열원으로서는 가격이 저렴한 중유 등을 사용하였지만, 최근 대기의 오염 때문에 가스연료의 사용이 일반화되고 있다. 중앙식은 호텔, 병원, 사무소 등 급탕개소가 많고 소요 급탕량도 많이 필요한 대규모 건축물에 사용된다. 급탕설비가 대규모이므로 열효율이 좋으며 급탕설비의 기계류가 동일 장소에 설치되어 관리상 유리하다. 그러나 급탕 공급관에서 열손실이 많고 일정 시간대에만 급탕을 하므로 예열부하가 크고 순환펌프를 사용해야 한다. 대형 건물에 주로 사용되므로 온수보일러에서 온수 사용 기구까지 거리가 멀어 배관 내에서 물이 식어 순간적으로 찬물이 공급되는 것을 방지하기 위하여 배관을 순환식으로 설치하여 온수가 계속 순환되어 항상 온수가 나오도록 해야 한다.

6.3.3 배수설비

건물 내에서 사용한 물을 공공하수도로 흘러 보내기 위한 배수계통 일체에 해당하는 트랩, 통기관, 배수관, 배수펌프시설 등을 배수설비라 한다.

① 트랩

건물 내에서 사용된 물을 배수하기 위해 설치된 관을 통해 하수 본관 및 옥내 배수관 내에서 발생한 하수를 배수할 때 유해가스나 벌레가 위생기구를 통하여 실내로 침입하는 것을 방지하기 위해 설치하는 것을 트랩이라 한다. 트랩은 단면의 구조상 최근에 사용한 상대적으로 깨끗한 하수가 하단 굴곡부에 고여 있어 하수 본관으로부터의 각종 부정적 요인의 침입을 방지하게 된다. 이를 봉수라 하며, 배수계통에는 모든 부분에 트랩을 부착하여 배수를 원만하게 하며 외부로부터의 역 침입을 차단해야 한다.

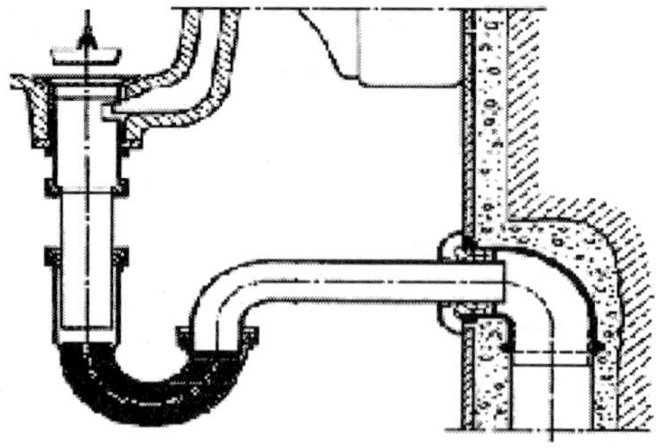

그림 6.6 트랩의 구조

② 통기관

통기관의 설치목적은 배수용 트랩의 봉수를 보호하고 배수의 흐름을 원활하게 하며 배관 내를 청결하게 유지시키는 역할을 한다. 통기관의 배관방법은 배수관과 통기관을 병행해서 설치하는 2관식과 최고층의 기구 배수관의 접속점에서 상방향 수직관을 세워서 통기관으로 하는 1관식 배관법의 2가지가 있다. 2관식은 대규모 고층건물에 널리 채용되며 트랩의 봉수파괴가 적고, 1관식은 기구의 수가 적은 2~3층 정도의 소규모 건물에 사용되는 방식이다.

③ 배수관

배수관 중 오수관에는 많은 유기물이 포함되어 배수되므로 유체의 흐름이 느리게 된다. 따라서 배수 수평관의 기울기에 유의하여 정화조에서 정화처리한 후 공공하수로 보내고, 배수관 내에는 배수가 충만하여 하중이 커지므로 모든 배관의 지지를 충분히 해야 한다. 배수관의 구배는 급구배로 하면 관에 유수가 너무 빨리 흘러 고형물이 남게 되고, 구배를 너무 완만하게 하면 유속이 저하되어 고형물을 밀어내는 힘이 약해진다. 또한 관경도 너무 크면 얕은 흐름이 되고 유속도 느려지며, 반대로 관경이 너무 작으면 관내에 오수가 꽉 차서 흐르게 되어 통기가 안 되므로 배수의 흐름이 원활하지 못하게 된다. 따라서 배수관은 관경과 구배가 적절하게 되어야 한다.

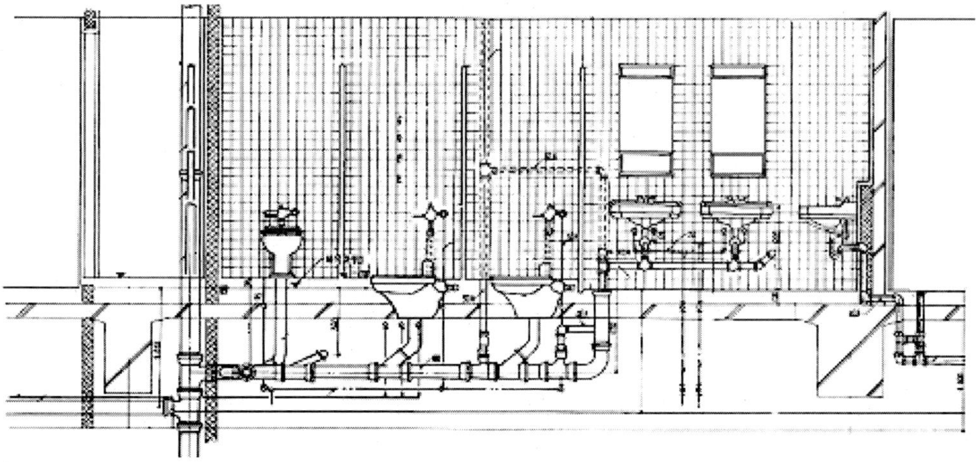

그림 6.7 배수설비의 설계 일례

배수나 통기용 배관에는 합성수지관, 배수용 주철관, 아연도금 강관, 연관 등을 사용한다. 주철관은 가격도 싸고 내구성, 내식성도 풍부하여 널리 쓰이며 최근에는 경량화와 작은 마찰저항, 풍부한 내구성, 시공의 간편성, 경제성 등의 이유로 합성수지관의 사용이 증가하고 있다.

6.3.4 위생기구

건축물의 급수, 급탕, 배수 등을 필요로 하는 장소에 설치하는 기구들을 말하며 급수를 위한 기기, 용기 등과 이에 부수되는 제반 부속기구가 여기에 포함된다. 위생기구의 종류에는 세면기, 대변기, 소변기, 욕조, 정화조 및 밸브류 등이 있으며, 그 용도와 건물의 수준에 따라 다양한 종류가 있다. 건축물의 용도 및 위생기구의 사용상태에 따라 적당한 수의 위생기구를 설치해야 한다. 위생기구는 건물 내의 상주 인원수, 외래 방문자수, 건물의 사용기간 등에 따라 결정된다. 위생기구가 갖추어야 할 조건으로는 내흡수성, 청결성, 내식성, 내마모성, 제작의 용이 등을 들 수 있으며 대표적인 재료로는 도기를 많이 사용하고 있으나 점차 합성수지의 사용이 증가하고 있다.

6.4 조명설비

인간의 환경은 기본적으로 눈에 보이는 세상이며, 따라서 빛은 세상 속에서 우리의 삶 그 자체이다. 빛은 건물 내 · 외를 포함한 모든 시각적인 경험의 매체로서 단순히 일상활동과 업무에 필요한 환경요소일 뿐 아니라 건물과 공간의 질적 수준, 분위기 및 특성을 결정하는 건축요소이다. 인간을 위한 인공환경의 창조에 있어 자연은 가장 이상적인 모델이 되어 왔다. 건물 내에 존재하는 자연의 빛은 온화함, 외부와의 연계성, 시간과 날씨 변화의 감지, 대형 공간 내의 방향성 부여 등의 장점을 수반하여 조명환경의 질을 향상시키는 대표적인 자연매체이다.

첨단 건축기술이 적용되어 대형으로 계획되는 현대 건축물 내에서는 심도가 깊어 외부와 물리적으로 격리되는 폐쇄적인 내부공간의 존재를 피할 수 없어 전체 건물의 환경의 질을 저하시키는 결과를 초래할 수 있다. 이와 같이 지극히 인공적인 환경 내에서 발생되는 거주자의 환경 · 심리 · 생리적 문제 제기에 대한 자연적 해법으로서 자연채광 및 적절한 인공조명의 역할의 중요성이 점차 증대되고 있다.

자연광의 적극적 도입 및 조망을 통한 시각적, 심리적인 외부와의 연계성의 확보와 더불어 자연광의 특성을 재현하는 인공조명환경의 설계기술은 새로운 건축의 조명설비의 개발 경향에도 많은 영향을 끼치고 있다. 전기조명의 필요성을 상쇄하는 자연광 도입을 위한 광학설비의 개발, 자연광의 광학적 특성을 재현하는 광원의 개발, 환경보존이라는 기본적인 목적에 부합하는 에너지 절약형 조명설비의 개발 및 건축공간 내에 자연의 환경조건을 재현하는 조명설계기법의 정립 등이 현실화되고 있다.

6.4.1 자연채광설비

건축적인 방법으로는 실내에 자연광의 유입이 불가능한 대형 건물의 중앙부나 지하 공간에 자연의 빛을 집광, 전달, 조광하여 보다 질 높고 건강한 자연친화적 조명환경을 조성하기 위해 개발된 광학장치를 자연채광설비라 한다. 건물의 향이나 대지조건에 관계없이 비교적 건물 외부에 자유롭게 설치할 수 있어 보수, 유지도 용이하고 손상되는 것도 피할 수 있으며 광원으로부터 발생되는 열이 실내온도를 높이는 것을 방지할 수 있고 자외선이 배제되는 장점이 있다.

집광설비는 태양광을 추적 · 집광하는 장치로서 태양의 움직임을 광감지 센서나 기하학적 분석을 통하여 추적 · 제어하며 집광한다. 채광방식은 반사거울방식, 파라볼릭

곡면경방식, 프리즘 굴절방식 및 렌즈집광방식 등이 있다. 박막형 유리거울이나 은도금 처리된 필름으로 마감된 접시형태가 일반적이다. 전송장치는 빛의 전달방식에 따라 광섬유방식, 광튜브방식, 공중전송방식, 및 광덕트방식으로 구분된다. 광섬유방식은 집광된 자연광을 광섬유 케이블을 전송매체로 전달하며 자외선과 적외선 등의 유해성분을 제거하고 인체나 식물에 유익한 가시광만을 전송하는 방식으로 실용화된 장치 중 가장 우수하지만 가격이 높은 단점이 있다. 공중전송방식은 다량의 고반사 거울을 이용하여 일정한 방향으로 빛을 전송하는 장치로서 시공이 용이하고 가격이 저렴하며 비교적 효율이 높다. 광덕트방식은 집광된 태양광을 내부 반사율이 높은 거울을 이용한 튜브나 금속제 사각형 덕트를 통하여 원하는 장소까지 전송하는 방식으로 건물과 일체화하는 경우 지하공간에 적합하다.

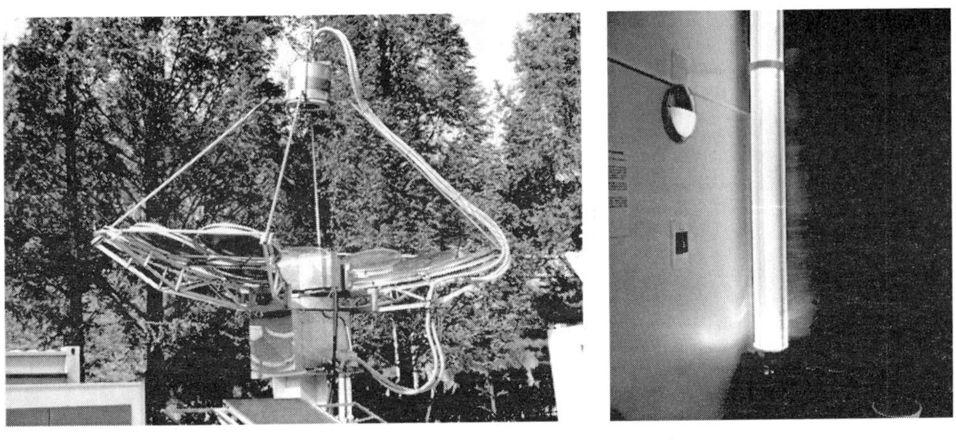

그림 6.8 태양광 추적 집광장치의 광 전송장치

6.4.2 인공조명설비

근래에 들어 철골조 고층 공동주택 건설 등 고급형 주거공간의 보급을 통한 고부가가치형 공간 창출에 있어 조명과 인테리어의 역할이 중요시되고 있다. 또한 관련기술의 발전에 따른 저에너지 소비형, 양질의 조명설비의 개발은 다운 라이트, 사각 그리드형 조명기구, 그리고 벽면 국부조명 등의 인테리어 디자인의 다양성 제고에 기여하고 있다. 조명과 인테리어에 이용되는 일반적인 인공광원의 종류 및 특성은 다음과 같다.

① 형광등

형광등은 내부에 형광물질을 바르고 아르곤 가스와 수은을 넣은 뒤 전압을 가해 빛을 얻는 인공광원으로 높은 열이 발생하지 않고 조명효율이 좋아 전체 조명기구의 70%에 사용된다. 같은 밝기 내에서 백열등보다도 1/5~1/3 정도의 전기를 사용하며 10~20배 정도 수명이 길어 보통 20,000시간 정도를 사용할 수 있다. 그러나 상대적으로 형광등용 조명기구는 그 외형이 커서 실내 미관에 부정적이며 중량이 무겁고 일반적인 사용범위는 5~35℃인데, 0℃ 이하에서는 시동 보조용 예열원을 내장해야 하며 주위온도에 대한 고려가 필요하다는 것이 단점이다.

② 콤팩트 형광등

일반 형광등의 단점을 보완하고 백열등의 장점을 취합하여 개발한 것으로 기존의 조명환경 수준을 향상시킬 수 있는 우수한 광원이다. 작은 크기로 취급이 간편하고 순간 점등이 가능하며 청 · 녹 · 적색의 삼파장 형광물질을 사용하여 시대상 물체 본래의 색상을 재연하는 연색성이 뛰어나며 열 발생량도 적다.

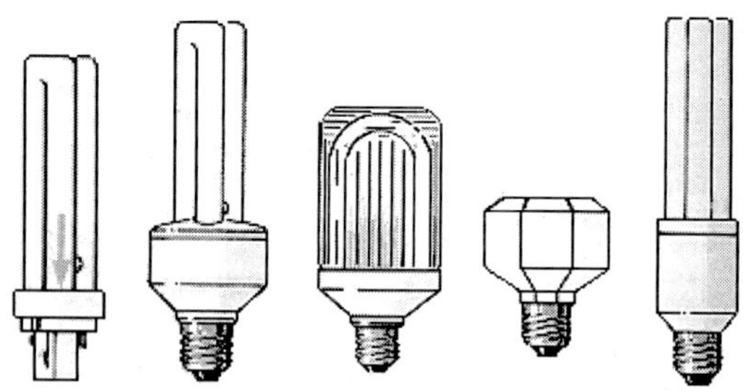

그림 6.9 콤팩트 형광등

③ 백열등

백열등은 텅스텐 필라멘트에 전류를 흘려보내 빛을 발광시키게 한 것으로 색온도가 3,000° K에 이르며 광색은 붉은 색을 띤다. 작고 가벼우며 비교적 점광원에 가까우므로 배광이 용이하며 별도의 점등장치가 필요하지 않고 주위온도의 영향을 비교적 덜 받는 장점으로 말미암아 거의 모든 조명의 분야에서 보편적으로 이용되며 국부조명으로 폭넓게 사용되고 있다.

④ 할로겐등

고압 텅스텐 할로겐등은 점등속도가 빠르고 광속 지속성 및 연색성이 뛰어나며 일상적인 전압에서 사용이 가능하다. 인테리어 조명용으로 다운라이트, 업라이트, 벽면

투광용으로 사용되며 옥외 투광조명원으로 사용 가능하다. 저전압 텅스텐 할로겐등도 초기광속을 지속적으로 유지하며 밝기조절이 가능하여 하이라이트와 전반조명에 사용된다.

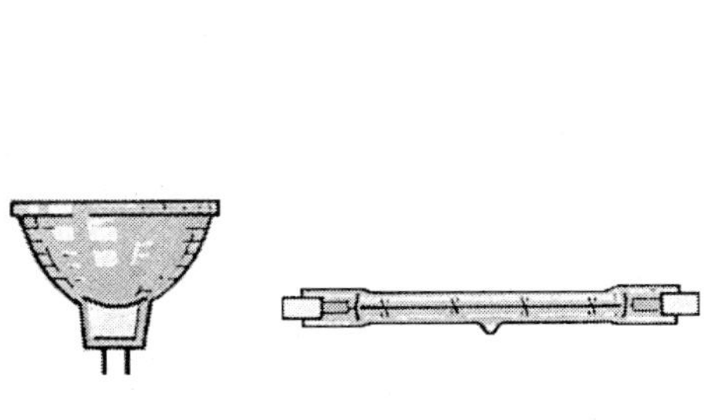

그림 6. 10 텅스텐 할로겐등

⑤ 수은등

수은등은 관내에 봉압한 고압의 수은증기의 방전에 의해 발생하는 빛을 이용한 광원으로, 고압 수은증기의 경우에는 가시광선이 발생하여 높은 빛을 내는 원리를 이용한다. 백열등에 비해 큰 편이지만 어느 정도 집광시킬 수 있으며 수명이 길다. 휘도가 높고 자외선을 다량으로 발생하므로 다른 광원보다 효율이 높아 스포츠시설, 강당, 공장, 전시장 등과 같이 천장이 높은 장소에 적합하다.

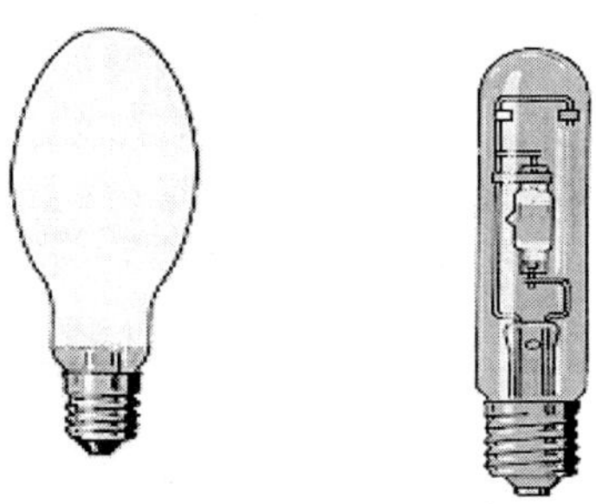

그림 6.11 고압 수은등

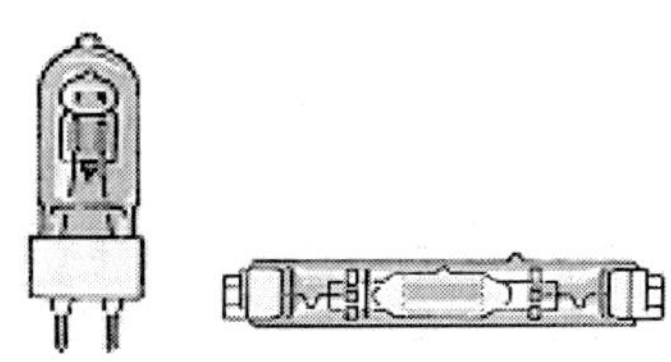

그림 6.12 메탈 할로이드등

⑥ 메탈 할로이드등

방전등으로는 크게 수은등, 나트륨등, 메탈 할로이드등이 있으며, 메탈 할로이드등은 고압 수은등의 효율과 연색성을 한층 개선하기 위해 수은 이외에 메탈 펄라이트를 첨가시킨 수은등의 일종이다. 재래식 등과 비교하여 높은 에너지 효율을 가지고 있어 상대적으로 전력을 절감할 수 있다. 특히 발열량이 적어 냉방비용 절감에도 많은 도움을 주고 있다. 수은등과 같이 주로 천장이 높은 장소에 사용되며 와트수가 낮은 것은 미술관, 상점, 잠실 종합운동장과 같은 스포츠시설 등에 국부조명으로 사용되기도 한다.

⑦ 나트륨등

나트륨등은 저압 나트륨등과 고압 나트륨등으로 구분되나 보통 저압 나트륨등을 의미한다. 나트륨등은 다른 등에 비해 발광효율이 매우 높으며 수명도 비교적 긴 장점이 있어 체육관, 도로, 광장 조명 등에 주로 사용되나 단색광이라 연색성이 떨어진다.

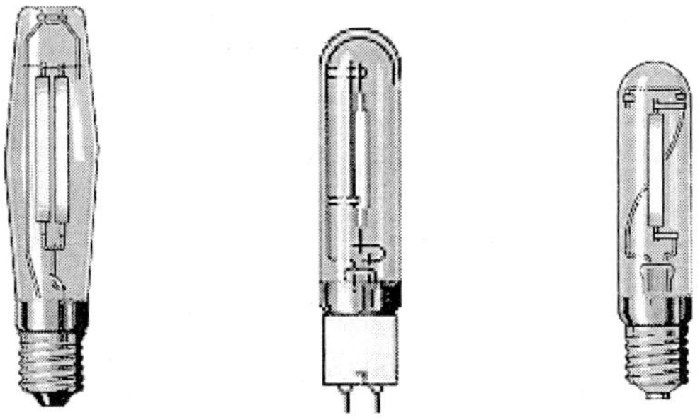

그림 6.13 고압 나트륨등

6.4.3 조명기구

광원의 특성을 고려하여 발산되는 빛을 배광하고 제어하는 역할을 하는 조명기구는 조명환경의 질을 결정짓는 중요한 요소이기 때문에 조명기구에 대한 미학적·광학적 이해는 필수적이다. 배광, 차광각, 기구효율, 상향광속, 하향광속, 기구간격 최대치, 휘도, 조명률 등 조명기구의 여러 광학적 특성 중 가장 기본적인 것은 배광이다. 배광이란 조명기구에서 발산되는 빛이 어느 방향으로 어느 정도로 비추어지는가를 나타내는 것으로 각 방향으로 나가는 광도를 도표로 나타내고 있다. 조명효과로 연출되는 공간감을 적절히 조성하기 위하여 광원으로부터 발산되는 빛을 유용하게 계획된 방향으로 확산시켜야 하는 조명기구의 선정이 중요하다. 배광분류법은 상향 광속과 하향 광속으로 나누어 분류하는 국제 분류법이 가장 일반적이다.

표 6.2 조명기구 배광특성의 분류

기 호	국제 분류	상향 광속	하향 광속	역 할
	직접 조명형	0~10(%)	100~90(%)	반사판에 의해 한 방향으로 향하게 되어 시대상 물체의 형태와 구조, 색을 강조하며 밝은 주위환경 속에서도 의도한 세부조명을 행한다. 반사된 빛은 공간의 전반조명에 기여한다.
	반직접 조명형	10~40(%)	90~60(%)	빛을 주로 아래방향으로 보내며 적은 양의 빛은 효과적으로 산란된다. 움직임이 많은 장소에 기본적인 밝기를 제공하는 데 쓰이며 벽면이나 천장 면을 비추게 하는 것이 바람직하다.
	전반확산 조명형	40~60(%)	60~40(%)	공 모양의 유리구에서 나오는 빛과 같이 모든 방향으로 동일한 양의 빛이 분산된다. 실내의 조명강도가 일정하게 유지되나 공간 분위기 연출에 있어 특별한 시각적 강조점들이 부족하다.
	반간접 조명형	60~90(%)	40~10(%)	주로 위 방향으로 배광되는 방식으로 고출력의 전구를 이용하여 벽면이나 천장면을 향하게 한다. 큰 영역이 일정하게 밝혀지게 되고 상대적으로 작은 그림자를 만들어낸다.
	간접 조명형	90~100(%)	0~10(%)	전적으로 천장과 벽면을 향한 방식으로 업라이트 조명에 사용되며, 광원이 낮은 높이에 위치하는 경우 눈부심 방지를 위해 유백색 가리개 등을 부착한다. 반사된 빛은 전반조명에 기여한다.

6.4.4 조명방식과 배치

조명방식에는 실 전체를 한 가지 방식으로 조명하여 실내의 용도변경에 따른 재배치에 대한 융통성이 많은 전반조명방식과 각각의 작업대상에 대하여 좁은 범위에 개별적으로 조명하며 필요한 대상에 대해 원하는 조건에 따라 조명하고 점등도 용이한 국부조명방식이 있다. 부가적으로 시작업 대상이나 작업장소에 관계되는 조명기구를 기능적으로 배치하고 이들 조명기구가 실내 전체의 조명도 겸하도록 계획하는 국부적

전반조명방식과 국부조명과 전반조명을 기능적으로 구분하여 천장으로 균일하게 배분한 조명기구에 의해 작업에 필요한 빛의 조도를 확보하게 하고, 그것에 의해 얻어지는 빛으로 전반조명의 일부를 겸하는 역할을 하도록 계획하는 태스크 앰비엔트 조명방식 등이 사무환경뿐 아니라 여러 분야에서 폭넓게 활용되고 있다.

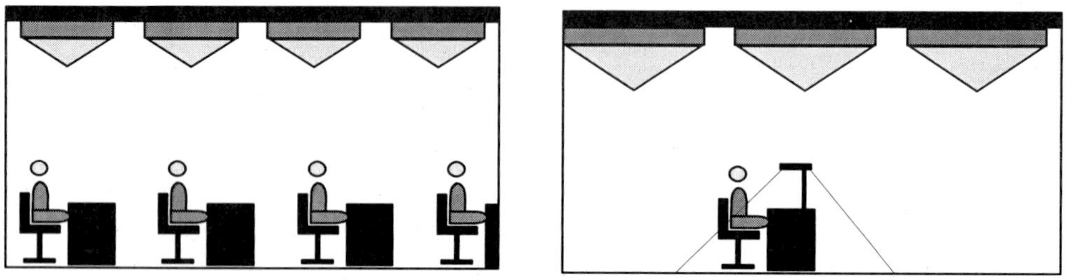

(a) 일반 조명방식　　(b) 태스크 앰비엔트 조명방식

그림 6.14 태스크 앰비엔트 조명

조명기구는 건축 그리드 계획에 기초하여 배치하거나 실내용도에 따라 내부 형상의 변화 경우에도 조도가 균일해지도록 균등하게 배치한 전반조명방식이 일반적이다. 배치간격은 적정 수준의 수평면 조도 확보와 전체 실내 분위기가 부정적으로 인식되는 것을 방지하기 위해 천장의 높이와 조명기구의 취광각을 고려하여 조명기구의 배치 레이아웃을 결정한다.

일반적인 조명기구의 배치방법은 매입형이나 필요한 위치에 직부형 또는 매입형을 설치하는 기존 방법을 포함하여 건축화 조명과 모듈천장을 이용한 일체형 조명기법이 있다. 천장조명을 사용할 경우 설계조도는 500Lux 이상이어야 하며, 이보다 낮으면 광원의 수가 적어져 천장면에 바둑무늬 같이 어른거리는 빛과 그림자 형태가 조성된다. 보다 낮은 조도를 계획할 때 천장에 광원을 선형으로 배치한 라인 라이트 조명기법이 적용되며 형광등 조명은 가장 높은 조도를 얻을 수 있는 조명방법으로 선의 배열에 따라 여러 분위기의 연출이 가능하다.

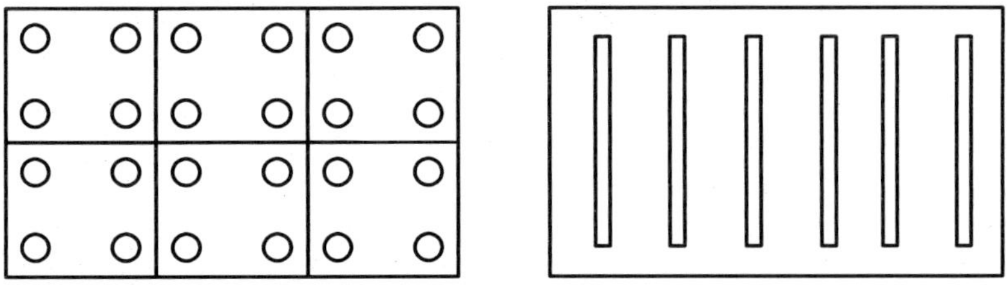

(a) 일반적인 배치

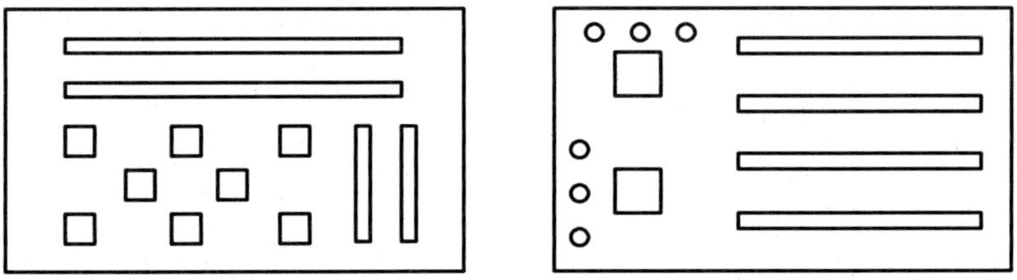

(b) 느낌을 강하게 할 때의 배치(선, 면 및 점 조명 혼합)

그림 6.15 조명기구 배치 일례

6.4.5 야간경관조명

건축조명은 주로 내부공간을 밝히고 실내 분위기를 연출하는 기능을 담당해 왔으나, 최근 들어 야간에 새롭고 창조적인 거리와 도시 이미지를 부여하는 부가적인 역할이 요구되고 있다. 공공시설물이나 인지도가 높은 건축물의 옥외에 인공조명설비를 계획하고 효과적으로 운용함으로써 야간환경 개선이라는 공공의 이익과 도시건축의 국부적 이미지 연출에 기여해야 하는 일은 오늘날 지자체 정부나 건축주가 당연히 해야 할 특별한 의무가 되고 있다. 도시의 야간경관 요소에는 구체적으로 가로, 공원, 건축물, 교량 그리고 랜드마크 등을 들 수 있다.

그림 6.16 야경연출을 이용한 도시 이미지 개선 (미국 시카고 도시야경)

그림 6.17 경관조명을 통한 청계천 야간이미지 구축기법의 예

6.5 기타 건축설비시스템

6.5.1 소화설비

화재가 발생하려면 가연물, 열, 공기 등의 연소의 3요소를 필요로 하며 이 중에서 어느 하나만 없어도 화재가 성립되지 않으므로 소화설비는 바로 이 연소의 3요소 중 한 개의 요소를 제거하여 그 효과를 얻도록 되어 있다. 따라서 소화설비는 가연물의 제거효과, 질식효과, 냉각효과 중 어느 한 개를 제거하거나 혹은 여러 요소를 동시에 제거하여 그 목적을 달성하도록 되어 있으며, 일반적으로 물 또는 소화재를 사용하여 소화작업을 하는 소화설비를 말한다.

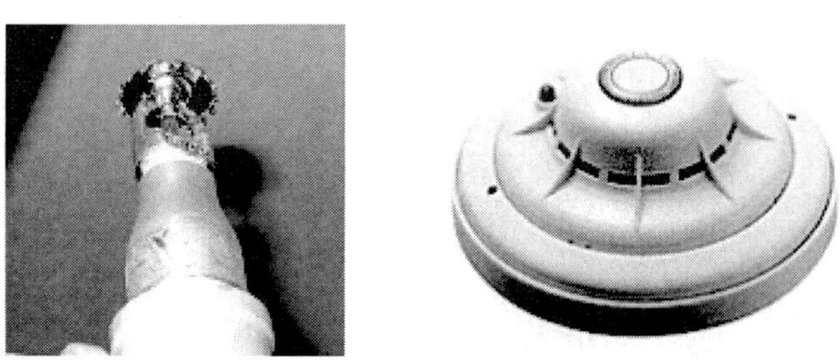

그림 6.18 스프링클러 헤드와 화재 감지기

6.5.2 가스설비

액화 석유가스 등 기체연료(가스)와 관계되는 설비를 총칭하여 가스설비라 한다. 도시가스설비란 가스(도시가스)를 제조하는 제조설비, 소비자에게 공급하는 데 필요한 가스도관(導管), 가스미터, 가스밸브, 가버너 등의 공급설비, 가정이나 건물에서 사용하는 가스 소비기기, 급배기설비 등의 소비설비 전체를 통틀어서 말한다.

6.5.3 수송설비

엘리베이터나 에스컬레이터와 같은 이동 및 수송의 목적을 가진 건축설비를 수송설비라 통칭한다. 건물 안의 수송시스템은 건물의 사용목적, 내부동선계획 및 교통량에

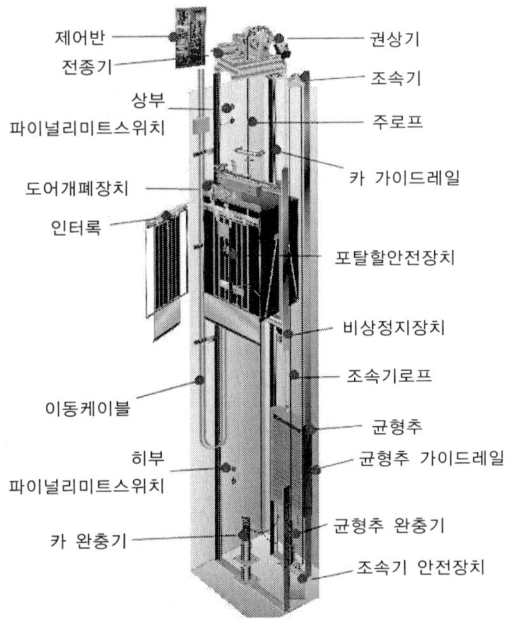

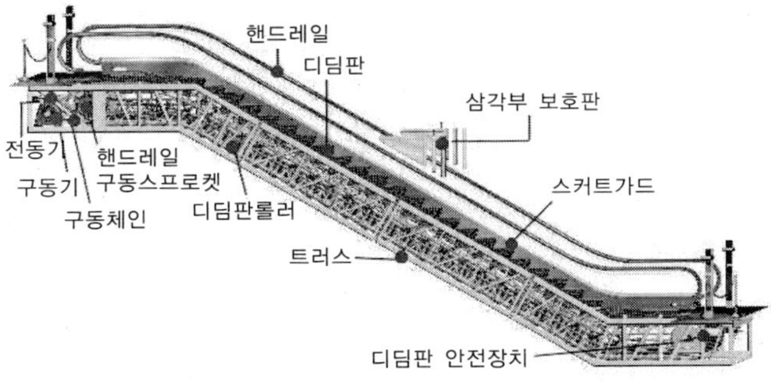

그림 6.19 엘리베이터와 에스컬레이터의 구조

대응하여 그 배치와 수송능력이 결정된다. 사람의 수송시스템은 승강 시에 수송기가 정지하고 있는 시스템과 움직이는 시스템의 2가지로 분류한다. 노인과 신체장애인의 이용이 예상되는 경우에는 정지하고 있는 시스템이 좋다.

6.5.4 정보통신설비

정보통신 분야의 획기적인 발전과 동반하여 건물의 정보통신서비스 및 관련 설비의 발전 또한 눈부시다. 정보화등급제 등 관련 인증제도를 마련하여 건물의 정보통신화를 장려하고 있어 건물이 최대한의 부가가치를 창출하고 경쟁력이 있기 위해서 필수불가결한 설비의 영역이 되었다. 과거 건축물 내의 흐름이 물과 에너지와 같은 재래식 매체로 이루어졌다면 오늘날의 현대 건축물은 정보와 통신신호의 흐름으로서 더 중요하다고 말할 수 있다. 단순한 전화설비에서 LAN과 무선 초고속 인터넷설비, 화상 전송 시스템을 비롯하여 첨단 보안 기능과 방재기능까지 포괄적으로 갖춘 통합 미디어형 인텔리전트 시스템이 등장하였고 이를 효율적으로 제어하기 위한 다양한 시스템들이 개발되어 이미 사용되고 있다.

07 친환경 건축

7.1 건축과 공학

사람은 선천적으로 많은 것을 타고나기도 하지만 후천적으로 환경의 영향을 받는 부분의 비중이 더 크다. 오늘날과 같이 환경에 대한 의존도가 큰 문명적 · 문화적 시대도 없었다. 그만큼 우리들이 거주하고 근무하고 생활하는 환경은 중요하다. 따라서 사람의 생활을 담는 환경을 만드는 건축가로서의 우리의 몫과 할 일은 매우 중요하다. 건축가의 철학이 다르듯이 건축물의 형태와 성향도 여러 가지가 있겠지만, 실존적 건축물로 만들어지는 과정에서, 혹은 만들어진 이후에 환경에 유해함을 주는 건물을 생성하는 것은 올바른 건축가의 자세가 아니다. 우리가 태초에 자연에서 만들어지고 마지막에 자연으로 돌아가는 이치처럼 건축도 자연에서 나서 다시 자연에 돌려보내야 한다. 이제는 자연에 대하여 우리가 그동안 토해낸 공해와 공해적 산물에 대한 미안함을 표시할 때이다.

최근 들어 인류가 만들어낸 환경의 생태적 숨고르기를 통하여 자연과의 화해를 시도하고 있다. 건물 종류의 다양함과 관계없이 모든 디자인 프로젝트에서 일관되게 공유할 수 있는 건축적 철학과 가치관으로 환경친화라는 명제가 보편화된 이후 적잖은 시간이 흘렀다. 우리가 환경이라는 패러다임으로 시작한 새로운 21세기에 적립된 적지 않은 시간 동안의 건축적 의미는 간단치만은 않다. 문의 개폐방향과 같이 작은 것부터 시작하여 수만호의 주택이 집적된 대규모 마스터플랜에 이르기까지 그 일련의 건축설계 과정 속에 자연환경과 후손에 대한 사회적 책임이 더해졌다는 것은 우리 사회와 건축계의 성숙함을 보여주는 것이다. 건축을 위해 우리가 현재 지불해야 할 비용과 건물의 이용에 사용되어야 할 긴 시간 동안의 우리의 후손들이 지불해야 할 비용에 대한 고려 또한 돌이켜보면 당연한 의무에 속하는 것이었다.

이론적으로 친환경 생태건축이란 환경문제가 인류의 생존과 직결된 최대의 현안으로 부각되면서 생태계 파과와 관련된 기존의 건축이 안고 있는 문제를 해결하기 위해 새롭게 대두된 대안적 건축의 한 형태로서 건축물의 계획, 설계, 생산, 유지관리 및 폐기에 이르는 건물의 전 생애과정에 걸쳐 총체적으로 에너지 및 자원을 절약하고 자연경관과의 유기적 연계를 도모하며, 자연환경을 보전하여 인간의 건강과 쾌적성 향상을 가능하게 하는 건축을 말한다. 아직까지는 적용성에 미흡함이 적잖이 있는 것도 사실이지만 건축과 건설 분야에서의 친환경에 대한 인식은 많은 당위성을 가지고 안정화 단계로 접어들어 정착되고 있다.

건축 주체에 대한 막무가내식의 요구가 아니라 친환경 건축을 소유하기 위해서 건축 소비자들도 비용적 부담을 감당할 공감대가 형성되고 있으며, 제도적인 규제와 아울러 정책적인 지원의 틀도 만들어지고 있다. 건축행위자들에게도 제도나 타의에 의한 수동적 추종이 아니라 상품으로서의 건축이 경쟁력을 가지기 위해 친환경적인 우위성을 확보하고자 하는 능동적인 움직임이 주거건물을 다루는 건설사를 중심으로 붐을 이루고 있다. 자의든 타의든 동력 주체의 여타와 상관없이 이제는 건축에 관한 사회적 합의가 친환경적 생태건축으로 일반화되고 있다. 친환경 건축을 위해 추가적 비용을 기꺼이 지불하고자 하는 건축 소비자의 소중하고 건강한 마음자세는 앞으로 건축가가 얼마나 더 현명해야 하고, 더 부지런해야 하며, 더 정직해야 하는 지를 나타내는 시대적 바로미터이다.

이제는 단지나 도시단위에서 순환성을 고려하고 친환경적 요소를 도입하고자 하는 노력들은 당연한 것이며 건물의 내·외부공간 및 단면계획에서 환경적으로 유리한 건축은 요즈음의 건축가들의 설계철학으로 자리 잡고 있으며 에너지 절약형, 고효율, 저에너지 소비형 건축설비시스템의 도입은 경제성 관점에서 적극적으로 검토되고 있다.

그러나 건축은 건축이고 어차피 인위적이고 현실적인 면이 있다. 건축이란 근본적으로 인간을 위한 자연개발행위이므로 인간에게 불편하고 자연에게만 이로운 공간의

그림 7.1 도심내의 생태숲 조성

창출은 건축적으로 이미 의미가 없는 행위이기 때문이다. 절대적으로 에너지를 사용하지 않는 건물의 계획이 반드시 목적이 될 수는 없다. 따라서 선별적인 경우에는 최소의 에너지를 사용하면서 동시에 최대의 건물성능을 발휘케 하는 효율성의 개념도 포함되어야 한다. 결국 건물의 용도와 특성에 따라 친환경 건축을 위한 방법과 수준도 차별적으로 적용되어야 한다. 그러나 가치가 아닌 가격의 개념으로, 상업적 목적으로 건축행위를 할 때 건축의 친환경성은 설 곳이 없다. 우리의 후손을 위할 뿐 아니라 우리가 당장 누릴 수 있는 환경에 대한 투자와 희생은 소모적이거나 사치스러운 것이 아니다.

7.2 환경친화 건축계획

정도의 차이는 있지만 건축이란 작업 자체가 환경을 파괴하는 방향으로 개발하는 행위이므로 환경친화적 건축계획이라는 것은 매우 이율배반적인 표현이다. 다만, 해당 건물을 구성하고 있는 요소들 중에서 자연의 요소와 인간의 요소들, 그리고 건물이라는 매개체를 경계에 얼마나 친화적으로 연계시키는 건축으로 하는가 하는 점에 그 친환경성의 관건이 있다. 친환경적 도시의 한 구성요소로서 단지를 개발하고 친환경적 단지의 한 구성요소로서 건물을 계획하여 친환경성의 적용대상의 규모가 변화함에 따라, 건축행위로 인해 마련된 친환경적 구성요소들이 연결되고 확대되는 순환과 연계의 개념이 과거보다 더욱 적극적이고 대담하게 필요하다. 이러한 친환경 건축계획의 기법들은 질적 · 양적으로 매우 다양하나 그 적용 규모에 따라서 (1) 도시나 단지규모 (2) 건물 계획 (3) 건축설비의 세 가지로 구분할 수 있다.

도시나 단지규모의 계획에서는 기본적으로 지형에 순응하며 자연녹지가 보존되거나 새로이 마련되어야 하며 토종 수목을 식재하여 생태성을 유지하며 비오톱 개념을 도입하여 모든 녹지들이 단절됨 없이 연결되어 생물의 서식공간의 기본단위를 가능한 확대해주는 조경이 필요하다. 도시나 단지 내의 물과 바람의 흐름을 긍정적으로 이용하여 바람길을 만드는 스카이라인의 형성을 통하여 도심 상부의 오염된 공기를 순환시키거나, 단지 내에 건물배치를 적절히 하여 바람의 흐름을 유도한 맞통풍으로 자연냉방이 이루어지도록 해야 한다. 또한 청계천이나 양재천과 같이 복원된 자연하천은 Blue-networking을 형성하여 도심 내의 기온을 낮추어주며 도심 소음을 가려주는 마스킹 효과도 누릴 수 있고, 무엇보다도 생태적 체험을 할 수 있는 좋은 수공간의 역할을 하게 된다.

환경을 보존하기 위한 다양한 건축적 개념의 적용 가운데 가장 현실적이고 직접적인 방법은 저 에너지 소비형 건물을 계획하는 것이다. 이는 시각적으로 녹색의 단지를 만드는 가시적 방법보다 매우 의미 있는 친환경 건축의 지름길이다. 지속적인 고유가 시대에 많은 에너지를 사용하는 건물을 설계한 후에 녹색의 식물을 통하여 친환경을 추구하는 것은 정직하지 못한 것이다. 따라서 건물의 계획에 있어 미적으로 부정적 영향을 미치지 않는 범위 내에서 환경적 · 친화적 역할을 할 수 있는 건물요소의 생태적 고려가 필요하다. 건물의 남향배치와 표면적인 작은 형태의 계획에서부터 단열을 강화하여 보온성을 높이고 과다하게 유리를 많이 사용하여 냉방과 난방에 엄청난 에너지를 사용하는 경우 등은 제고되어야 한다.

그림 7.2 입면녹화가 반영된 건축계획안

건축설비 역시 가능한 에너지 절약형 기기를 도입하고 오염물질의 배출이 적은 것을 사용해야 하며 지능형 제어 및 관리기법을 적용하여 가능한 운영비용이 절감되도록 해야 한다. 특히 자연에너지나 대체 에너지를 사용하는 설비를 도입하여 석유와 같은 화석연료의 소비 비중을 낮추는 것도 중요하다.

7.3 실내건축과 새집증후군

모든 건축물에는 수명주기비용이 존재한다. 수명주기비용 Life Cycle Cost(LCC)는 모든 시설물의 기획, 설계 및 건설공사로 구분되는 초기 투자단계를 지나 운용·관리 단계 및 폐·처분 단계로 이어지는 일련의 과정 동안 시설물에 투입되는 비용합계를 말한다. LCC중 건설사업비의 비용은 14~25% 정도 미만이며, 전체 비용의 80% 이상이 운용·관리 단계 및 폐기·처분단계에서 발생한다고 한다. 따라서 건물을 처음 기획, 설계할 때부터 LCC의 대부분을 차지하는 유지관리비용을 최소화시키려는 노력이 필요하다. 그러나 운용·관리 단계는 주로 건물의 설비를 운용하거나 보수하는 것에 사용되는 비용을 주로 의미하는 것으로, 미적인 의미나 새로운 공간 용도의 전환을 한 부가적 실내건축 작업비용은 포함되어 있지 않다. 즉 건축가가 건축도면을 건물로 현실화하는 단계에서 적용되었던 친환경적 고려들은 상대적인 비중의 관점에서 매우 기본적인 것이거나 덜 중요한 것으로 폄하될 수밖에 없다.

그림 7.3 물량적으로 막대한 인테리어공사

새집증후군으로 통칭되는 건축내장재로부터 발생되는 유해한 화학물질들로 인해 야기되는 실내공기의 오염은 사회적인 문제가 되고 있다. 새집증후군의 주된 원인인 포름알데히드나 휘발성 유기화합물, 자이렌과 라돈 등은 이제 건축가가 알아야 할 상식이 되고 있다. 건축내장재는 가격의 높고 낮음을 떠나 환경적으로 저급한 경우가 대부분이다. 페인트와 합판 및 보드 등 성분적으로 석유 화합물과 관련이 깊어 장기적인 일정 기간 인체에 유해하며, 폐기할 경우 환경적으로 충격이 클 수밖에 없다. 최근에는 정부의 각 부처에서 건축자재의 친환경성에 대한 기준을 정립하고 제도를 강화함으로써 실내 내장재의 친환경적 수준이 향상되고 있으나, 이는 인체를 기준으로 한 것으로 지구 전체의 환경문제의 대안으로 적합하지 않은 경우도 발생한다. 천연재료가 또 다른 대안으로 등장하고 있으나 가격이 높고 시공방법이 까다로우며 많은 시공시간을 필요로 하는 어려움이 동반된다. 또한 현재의 공간을 다른 용도로 전환하고자 실내건축 작업을 할 경우 그전의 실내 건축자재를 재활용하여 사용할 수 있는 것은 지극히 적은 양의 소품류밖에 없다. 실내건축의 사용연한을 장기간으로 설정하지 않고 저급한 방법으로 값싼 자재를 사용하기 때문에 재활용할 방법도 가치도 없는 것이다.

그림 7.4 건물내부 철거 시 발생되는 엄청난 반 환경적 폐기물들

공동주택의 한정된 공간을 효율적으로 쓸 수 있는 가장 기본적인 방법 중 하나가 수납공간의 압축적 확충이다. 건설회사는 옵션이라는 형태로 2차적인 부가가치를 창출하기 위하여 빌트인 가구를 대량으로 보급하고 있다. 결과적으로 붙박이 장이라고 통칭되는 가구류의 설치가 급속도로 늘고 있다. 최근 들어 국립 연구소에서 신축공동주택의 친환경성의 평가인자 중 세간에 가장 많은 관심을 끌고 있는 새집증후군의 실내공기 질과 관련한 실험과 측정에서 밝혀진 바에 의하면, 새집증후군은 대부분 주된 건축재료가 아닌 실내 내장재와 가구류에 그 원인이 있다. 즉 석유화학물질에 재료를 둔 바닥재, 바닥재를 시공하기 위해 다량으로 사용되는 접착제, 압축으로 만든 조립식 가구에서 주로 유해성분이 발생된다는 것이다. 또한 이와 같은 종류의 자재들은 재활용이 불가능하고 폐기 및 처분 또한 용이하지 않아 이중 삼중으로 환경에 악영향을 미치고 있다.

실제로 현재의 인테리어공사의 반환경성은 재료뿐만 아니라 해당 재료의 시공방법에 주로 기인한다. L화학 회사는 30평형대 아파트 인테리어공사의 경우 무려 30킬로그램의 접착제가 들어간다며, 유독물질을 배출하는 유성접착제 대신 수성접착제를 채택하여 독성을 제거해야 한다고 주장한 바 있다. 시공하는 과정에서 작업의 용이성과 인건비의 부담을 경감할 수 있는 접착방법과 저급 자재와의 만남은 필연적인 것일 수밖에 없다.

그림 7.5 원천적으로 재생이 불가능한 재료와 시공법

그림 7.6 과다하게 사용되는 접착제

재생과 재활용의 개념은 친환경 재료의 선정 여부에서도 적극적으로 적용되어야 한다. 친환경 건축에서 요구되는 재료의 조건이 재료의 내구성과 재활용 가능성 여부에 대한 것이기 때문이다. 수명주기 비용에서 건축물의 폐기·처분에 들어가는 비용 역시 만만치 않으므로 재생에 대한 개념은 꼭 필요하다. 따라서 현행 제도에 기준하여 자재의 작은 편린만을 적출하고 그 성분검사를 실시하고 유해물질의 방출량을 규제함과 동시에 해당 자재들을 현행 건축모듈에 맞게 제작하여 시공과정에서의 폐기량을 줄이고 가능한 조립식으로 제작하여 해체 후에도 재활용할 수 있도록 하며, 조립식 시공과정을 통하여 화학성분의 접착제의 사용을 줄이는 일석이조의 효과를 도모해야 한다. 또한 실내 미장마감의 정밀도가 떨어져 벽이나 바닥면이 평평하지 못하게 되는 경우가 자주 발생한다. 바닥의 평활도에 있어 조금의 오차도 허용하지 않는 엄격한 우리의 좌식생활 문화 속에 다량의 접착제를 사용함으로써 평활도의 시공오차를 메우는 것은 당연한 방법인가를 우리 스스로에게 자문해야 할 시점에 이르렀다.

최근 인테리어 경향은 과감한 색상의 적용, 전원적이면서 현대적인 이미지의 재해석, 고딕과 네오 클래식 스타일이 어우러짐, 여성 고유의 우아하고 고급스러운 스타일 등 다양한 스타일을 선보이고 있으나 전체적으로는 '웰빙' 이라는 소비자 요구를 반영하여 친환경성을 추구하고 있다. 그러나 이는 주로 친환경 자재의 적용을 주로 의미하며 보타니컬 스타일이라 통칭되는 식물과 같은 자연적인 소품의 대량 도입을 주로 의미한다. 친환경 자재는 천연 페인트, 천연 벽지, 수성 접착제, 친환경 콘크리트 적용 등 주로 새집증후군의 원인이 되는 유해 화학물질의 방출이 원천적으로 방지되는 소재들을 사용한 것들이다. 그러나 공법의 친환경성을 통한 실내 자재의 재활용이라는 측면에서의 노력은 여전히 미흡하다. 즉 사용자에게는 친환경적이나 거시적 관점에서의 생태적 순환성은 단절되어 있고 폐기 시에 엄청난 오염물질이 될 것은 여전히 별 차이가 없다.

그림 7.7 친환경 소재의 마감재와 소품의 적용을 통한 실내

미적인 사항과 거리가 먼 실내건축의 성능과 품질에 관련된 요소들은 철저하게 규격화, 표준화 부품화 하여 내구성을 증진시키고 가능한 조립식 방법으로 시공되어 관리가 용이하고 장수명 공간이 될 수 있어야 하며 해체공사 시 분진과 폐기물의 발생량을 감소시키고 재활용의 비율을 늘려야 한다. 제도적 지원과 규제도 실내 건축자재의 인체유해 여부를 포함하여 재활용 측면에서 다루어져야 한다. 단지, 화초와 같은 소품을 다량으로 배치하여 시각적으로 녹색을 추구하는 피상적인 단계를 넘어 재료와 공법에 대한 실질적인 친환경성을 추구해야 진정한 건축의 친환경성을 이룰 수 있다.

7.4 신재생 대체 · 자연 에너지

산업혁명 이후 인류의 문명은 급격히 발전되어 왔고, 이는 주로 화석연료를 에너지원으로 한다. 그러나 석유 같은 '갱신할 수 없는' 지구의 자원은 '종형 곡선' 으로 공급된다. 즉 땅속에 있는 석유 양의 절반을 뽑아낸 후에는 쉽게 얻어낼 수 있는 석유가

고갈되어 그만큼 공급은 가파르게 줄어든다는 것이다. 원유에 관한 한 공급은 떨어지는 반면 수요는 급격히 오르고 있다. 미국, 유럽, 일본과 같은 선진국에서 석유 소비뿐만 아니라 지구 인구의 3분의 1이나 되는 중국과 인도에서도 석유 소비량은 지속적으로 늘어나고 있다. 한국에서도 경제 발전이라는 이유로 '석유에 대한 탐닉' 을 키워가고 있다. 세계적으로 자원민족주의가 고개를 들고 있는 이 시점에서 우리는 자원의 부족함으로부터 오는 정치적 영향력의 감소를 극복하기 위해서 뿐만 아니라, 화석에너지의 유한성과 환경오염이라는 두 가지 측면에 있어서 인류가 생존하기 위해서는 전자의 두 가지 측면을 극복하고 화석에너지를 대체할 수 있는 신재생 자연 에너지를 개발하고 발전시켜야 하는 것이 당면과제인 것이다. 정부에서는 신재생에너지의 보급 확장과 대국민 인식 확산을 위하여 신재생에너지 공공시설 의무화, 보급사업을 통한 태양광 주택 10만호 건설, 신재생에너지 차액보전제도 등 다양한 형태의 지원제도를 마련하고 있다. 이 중 신재생에너지 공공시설 의무화는 신재생에너지 개발 및 이용 · 보급촉진법에 따라 공공기관의 신축 건물에 대해 신재생에너지 이용을 의무화함으로써 지난해 말 1차 에너지의 1.4%에 불과한 신재생에너지 공급비중을 2006년 3%, 2011년 5%로 확대하기 위한 것을 목표로 하고 있다.

신재생에너지는 크게 자연에너지, 신에너지, 재활용에너지로 분류된다. 이 중에서 현재 개발이 활발히 진행 중이며 주목을 받는 에너지는 자연에너지로서 태양에너지, 지열에너지, 풍력, 해양에너지, 바이오매스 에너지, 소수력 에너지로 분류된다. 현재 기술수준이 실용화 단계에 이른 자연에너지로는 풍력과 지열, 그리고 태양에너지가 대표적이다. 그러나 풍력은 자연환경에 크게 영향을 받는 단점이 있어, 태양에너지가 가장 유력한 대체에너지로 꼽히고 있다. 태양에너지는 열적인 응용과 아울러 최근에는 전력생산을 위한 태양광 발전판(BIPV: Building Integrated Photovoltaic)이 개발되어 다양한 건축적 적용기법이 시도되고 있다. 국내 BIPV 기술개발 수준은 2000년대 초에 이르러 기초연구를 착수한 도입 초기 수준이나 향후 많은 발전의 잠재력을 가지고 있다. 태양광 발전시스템을 건축물에 부착하는 방식은 기존 벽면에 수직으로 설치하는 방식과 태양에너지를 최대한 받기 위해 경사형 또는 차양형으로 설치하는 방법으로 분류할 수 있다. 건물의 외벽에 설치되는 태양광 발전 시스템은 건물의 외관 디자인 측면에서는 큰 영향을 미치면 변환효율을 극대화시키기 위해 음영에 관하여 고려해야

그림 7.8 벽면과 차양에 설치한 BIPV

한다.

아울러 수자원의 절약과 안정적 확보를 위하여 우수의 사용기술과 중수의 재활용방법들이 개발되고 있다. 대형건물에서 60%에 달하는 잡용수의 사용을 상수도가 아닌 재활용 중수를 이용하는 것으로 현재 많은 건물에서 실제 적용되고 있는 것을 알 수 있다. 또한 도시나 단지 내에 친수공간을 조성하거나 조경수로서의 활용이 점차 증대되고 있다.

그림 7.9 우수의 재활용을 통한 친수공간의 조성

7.5 친환경 인증등급제도

건축분야에서 친환경의 정착을 통하여 국가차원에서의 생태성을 복원하고 에너지의 과다한 사용을 줄이는 목적으로 정부는 다양한 제도적 규제와 아울러 지원책을 마련하고 있다. 다양한 평가 기준에 의하여 앞으로 지어지는 건물은 친환경 등급을 부여받게 되며, 우수한 등급을 받는 경우 많은 제도적 지원책과 아울러 건설사의 이미지 향상과 건물의 경쟁력이 동반하여 상승하게 될 것이다. 우리나라에서는 건설교통부에서 1996년에 대한주택공사 주택도시연구원에 의뢰하여 친환경인증제도의 시행방안과 인증지표 등을 마련하여 2000년부터 주거환경 우수주택 인증제도를 시행하였으며, 환경부에서도 한국능률협회인증원에 의뢰하여 '그린빌딩 인증제도' 를 각각 시행하였으나 2001년 12월에 양 제도를 통합하여『친환경 건축물(Green Building) 인증제도』가 마련되었다고 한다. 현재 인증대상 건물은 공동주택, 업무용 건축물, 주거복합건축물, 학교건축물 등이며, 2006년도에는 판매시설과 숙박시설도 인증대상에 포함할 예정이며 향후 모든 건축물로 확대해 나갈 계획이다. 건축물의 친환경성 여부를 파악하게 하는 평가분야는 토지이용 및 교통, 에너지·자원 및 환경부하, 생태환경, 실내환경 등 4개 분야로 나누어서 실행되는데 각각은 범주와 평가항목, 세부평가기준으로 세분화되고 그 중요도에 따라 배점기준도 다르게 구성되어져 있다

그림 7.10 친환경 인증 건축사례
(I'Park 삼성동)

표 7.1 친환경 인증의 주요지표 적용사항

내 용	주 요 지 표　　적 용 사 항
토지 이용 및 교통	· 도시 중심(COEX블록)까지의 접근성 양호 · 자전거도로 및 자전거 보관소 설치 · 보행자 전용도로 계획 · 지하철과 버스 등 대중교통으로의 접근성 양호 · 커뮤니티센터 설치
에너지자원 및 환경부하	· 라이프 사이클을 고려한 가변형 평면계획 · 음식물 쓰레기 탈수기 및 생활폐기물보관시설 설치 · 초고속 정보통신 1등급 및 인터넷 생활 컨텐츠 제공 · 생활용 상수 절감(절수형 양변기) 및 투수성 포장 · 친환경 자재의 사용(환경마크, GR마크획득 제품) · 건설신기술 및 공업화 공법 적용 · 중수도 설치(실개천 용수로 활용)
생 태 환 경	· 수생 비오톱(실개천, 연못) 및 육생 비오톱 조성 · 50%의 높은 녹지공간율 · 단지 내부의 연속된 녹지축 조성 · 생태환경을 고려한 인공녹화 : 옹벽, 벽면, 담장녹화
실 내 환 경	· 휘발성 유기물질 저방출 자재의 사용 · 실별 온도조절장치 전 세대 설치 · 세대간 경계벽 차음성능 양호 · 세대내 일조확보율 양호

7.6 전통건축과 친환경

자연환경이란 모든 문화와 문명의 시발점이며 문화와 문명은 그 지역의 자연환경 조건을 중심으로 그 발전의 정도와 방향이 설정된다. 건축 역시 문명뿐 아니라 문화의 한 요소라고 전제할 때, 자연환경을 중심으로 이해되어야 한다. 특히 건물이란 외부환경이나 부정적 자연요소로부터 인간을 보호하려는 반자연적인 기본 목적이 있는 바, 우리나라는 사계절이 뚜렷하고 산이 많아 자연에 대한 사랑이나 외경이 건축문화에 순화적으로 반영되어 있다. 따라서 우리의 전통 건축물은 자연과 분리하고 대응하기 보다는 순응하고 포용하는 결과물로 인식되고 있다.

그림 7.11 자연을 가지고 있는 도산서원 전경

우리의 전통건축이 가지고 있는 자연과의 조화를 중심으로 한 생태적 친화성은 이미 과학적·인문학적·사회환경학적으로 많은 인정을 받고 있다. 이는 무엇보다도 먼저 우리의 전통적인 건축개념은 단일 건물을 하나의 완성된 단위로 보는 것이 아니라 환경을 이루는 하나의 요소로 본다는 점에 기인한다. 건축물을 구성하는 모든 생태요소를 자연 본연의 질서에 의해 조화시켜 지속적인 생명력을 갖추게 하려는 것은 겸양적인 사고와 본능적인 자연성에 충실하는 순리적인 방법론이 근간인 것이다. 한국의 전통건축은 위치의 선택에서부터 자연을 존중하며 지세에 적응, 조화하도록 많은 배려를 하며 자연의 세를 제압하고 그 흐름을 단절시키고 자연과 대항하여 경쟁하는 방향으로 건축행위가 시도된 예는 거의 찾아볼 수가 없다. 일례로 풍수지리의 형국론에 따르면, 지세의 형상에 따라 건물의 터를 결정하고자 하는 절대성을 볼 수 있다. 건물을 짓기 위하여 터를 파헤치든지 지형을 거스르지 않고 오히려 돋우어서 사용하든지 최소한의 손질만으로 건물을 짓는다. 전통적으로 농업을 기반으로 삶을 영위하는 우리 민족에게 땅은 생명의 근원이었고 생명이 다한 후에 돌아가야 할 대상이었으므로, 자연환경의 근간인 땅이 가진 본연의 생태성을 훼손한다는 것은 생각할 수 없었던 것이다.

그림 7.12 전통주택 기와지붕의 생태성

건축계획 면에 있어서는 인위적인 기교를 많이 쓰지 않았으며 시공방법에 있어서도 기교가 적은 자연미를 나타내도록 하였다. 재료 사용에 있어서도 흙, 목재, 주춧돌, 자연 도료 등 자연에서 온 생태적 재료들을 주로 사용하였다. 큰 규모에 정교하고 권위가 있는 건물임에도 목재 기둥의 경우 선형 부재를 만들기 위해 인위적으로 다듬지 않고 자연에서 가지고 있던 원래의 형상을 그대로 유지하여 사용된 예가 많다. 이와 같은 무작위한 기법의 요소가 한국 건축에 있어서 자연과 조화하는 특성을 더욱 잘 나타나게 만들었다. 건축이란 시대와 환경 및 풍습 등 여러 가지 요소가 종합되어 표현되는 결과물인 바, 한국 전통건축은 형식에 얽매이거나 개인의 역량에 의존한 작위가 적고 인간적 이지와 기교가 크게 작용한 것이 아니어서, 무기교의 자연미를 나타내게 되었으며 자연적 생태성이 그대로 유지될 수 있었다.

우리는 언제부터인가 우리의 모습을 잃고 살아왔다고 쉽게 이야기하게 되었고, 또 그것을 특별한 거부감 없이 받아들이고 있다. 한 전통문화가의 말에 의하면 우리는 전통감각을 100년 동안 잊고 살았다고 한다. 경제적 논리와 서구화된 생활양식으로 전통과의 단절은 건축분야에서도 예외가 아니다.

그림 7.13 경북 고산정 전경

이는 전통과의 단절이라는 정서적이며 인문학적 문제에 국한되는 것이 아니라 전통건축이 가지고 있는 자연친화적·환경친화적·생태적 요소와의 단절로 말미암아 오늘날의 현대 건축물이 우리의 생태계의 한 구성원으로서의 순기능을 상실했다는 점이다. 이 과정에서 우리의 전통건축의 생태적 우수성을 과학적으로 규명하거나 현대 건축에 적용시켜보려는 노력이 부족했던 것은 우리 모두의 아쉬움으로 계속 남아 있을 것이다.

오늘날 주거단지의 계획은 입지 선정에서부터 개별 건물의 배치 및 설비시스템의 선정에 이르기까지 자연환경의 제반조건에 따라 물리적인 구조원리 및 생태적 자연흐름이 건축의 형태로 재현되고 있지 않다. 지나친 경제논리의 우선으로 건물완공 초기의 사업성만이 중요시될 뿐 건물과 단지가 자연의 일부분으로서 담당해야 할 순환체계의 구성원적 역할은 차제하고라도 운용 시에 발생되는 에너지 소비와 폐기량에 대한 전반적인 고려는 기대할 수 없는 현실이다. 자본주의적 논리에 의하여 인간 척도를 초월하는 초고층 주거단지의 건설이나 필요 이상의 설비계획으로 거주자와 아울러 자연이 감당해야 할 생태적·환경적 부담은 개발업자나 거주자만이 아닌 현재와 미래의 우리 모두가 공동으로 감내해야 할 생존의 문제가 되고 있다.

우리의 전통건축 이론에는 현대건축에도 적용되고 지켜져야 할 시간의 고금을 넘어서는 원칙이 있다. 건축행위를 위해 자연을 사용한 만큼 최대한 자연을 자연 본연으로 되돌려 주려는 생태적 노력들이 그것이다. 최소한의 공간으로 자족하고자 했던 전통건물의 자연에 대한 겸양적 건축문화와 공간의 융통성을 확보하여 장수명 건물을 도모한 예는 시사하는 바가 많다. 현대 건설기술로 지어진 지 20년밖에 지나지 않은 건물을 재건축해야 한다고 당연시 여기는 개발주체들의 눈에 생태적 건축재료로 자연과 세월의 유기체로서 자연에 부담을 주지 않는 방식으로 수백 년 동안 사용되다가 자연으로 돌아가는 많은고 건축물들이 보여져야 한다.

20년 된 현대 건축물이 구조적인 문제가 아니라 설비가 노후해서 건물로서의 가치가 없다고 말하는 사람들은 가능한 자연적 환경조절기법을 도입한 전통건물이 오히려 과학적이며 친생태적이었다는 사실을 인정해야 한다. 대지를 사용함에 있어 지형이 갖는 변화에 따른 공간감의 조성 외에도 배수, 하수, 그리고 자연의 생태적 요소가 자리 잡을 수 있는 여백공간의 확보가 고려되는 공간처리방법 등도 한 예이다. 오늘날

분양가가 높거나 잘된다는 경제논리에 의하여 조망권이 일조권에 우선시 되는 경우가 빈번하여 북향까지도 선정되고 있다. 전통적인 건물의 배치기법은 지형의 경사도에 따라 물, 바람이 일으키는 미기후적인 요소에 의하여 자리를 달리하며 건물의 향은 자연을 바라보며 태양에너지를 이용하기 위한 남향, 동향을 당연시하였다. 이는 생태적·환경적 관점에서 단순한 과거의 일부로 치부할 수 없는 건축행위의 원칙이며 대전제이다. 또한 이와 같은 대전제적 건축원칙들은 현대건축에 적용하기 위한 기술적인 한계나 실용성의 유무의 문제가 아닌 우리 모두의 인식의 문제이며 실천의 명제이다. 과거나 지금이나 또는 미래에도 사람과 건축물은 생태계, 곧 자연의 일부이기 때문이다.

그림 7.14 전통과 생태가 어우러진 공동주택 단지조경 일례

PART III

건축시공

건축시공기술

건축가는 미적인 창작능력을 발휘하여 사용자가 요구하는 기능을 만족하는 건축물을 머릿속에 구상하고 이를 2차원 설계도면으로 구체화한다. 건축시공은 설계자가 작성한 설계도면과 시방서, 내역서 등의 설계도서를 바탕으로 각종 건설재료 및 부품, 장비, 노무인력 및 사업관리기법 등을 사용하여 건축시설물을 구현하는 건축기술 행위이다. 즉 설계자가 작성한 실시설계도서를 바탕으로 설계자의 의도를 충실히 실현하기 위한 과정으로 시공자가 담당한다.

건축시공기술은 건축물을 만들어내는 구체적인 기술과 관련된 공학적인 기술(Engineering techonology)과 관리적인 기술(Management technology)로 나눌 수 있다. 공학적인 기술은 건축물 구현에 필요한 토공사, 지하공사, 골조공사 등에 사용하는 구체적인 기술 및 공법을 지칭하는 것이다. 즉 건설공사에 투입할 수 있는 사람, 자재, 장비와 같은 유형적인 요소를 이용하여 이들을 조립하는 과정이나 방법을 말하는 것으로 흔히 말하는 '공법' 이라고 볼 수 있다.
최근의 건축시공기술은 건축시공의 기계화 및 자동화, 자재 및 부재의 공장생산화가 진행되고 있다. 1970년대를 전후로 타워크레인, 레디믹스트 콘크리트, 콘크리트 펌프카 등이 도입되면서 국내 건축현장의 생산성은 과거 순수 노동력에 의존할 때에 비해 급격한 속도로 발전을 보였다. 그러나 건설장비의 기술개발 속도가 저하되고 3D업종인 건축산업은 젊은 기능인력의 기피현상으로 숙련된 기능인력 확보가 더욱 힘들어짐에 따라, 이에 대한 돌파구로 건설자동화 및 기계화 장비의 개발이 요구되고 있다. 또한 건설현장의 인력난과 협소한 작업여건으로 인하여 공장에서 생산된 우수한 품질의 공업화 자재 및 부재를 활용하기 위한 노력들이 이루어지고 있다. 이 중 가장 대표적인 것인 PC(Pre-Cast) 공법이다.
우리나라에 PC공법이 활성화되기 시작한 것은 1990년대에 주택 100만호 건설 당시에 PC 아파트가 소개되면서인데, 당시 건설현장에서의 안전사고 발생과 PC 접합부의 하자발생 등으로 인하여 PC의 사용이 급격히 감소하다가 최근 들어 복합화 공법의 형태로 활용도가 증가되고 있다. 복합화 공법이란 재래공법과 PC공법의 장점을 조합시킨 합리화 공법의 하나로서, 건물의 각 부위별로 PC와 철근콘크리트나 철골 또는 철골철근콘크리트를 적절히 조합하여 시공방법의 효율성을 최대화하여 골조를 구축하는 최적화 공법이다.

관리적인 기술은 공학적인 기술과 같이 눈에 보이는 투입자원을 직접 다루지 않고, 사업비관리 · 공정관리 · 품질관리 등과 같이 투입자원과 이를 이용한 공법 등을 통제하고 조정하며 프로젝트 초기에 설정한 목표를 달성하게 하는 기술이다. 건축시설물을 시공함에 있어 건축재료나 시공방법 등과 관련된 공학적 기술이 전통적으로 중요시 되어 왔다. 그러나 최근에는 공사규모가 대형화 · 복합화 되면서 공사관리가 복잡해짐에 따라 관리적인 기술로서 "사업관리" 에 대한 중요성을 인식하게 되었다. 전통적인 건축생산 과정은 건축주(발주자)와 설계자, 시공자를 3대 참여자로 하여 설계와 시공을 분리 발주하는 방식으로 이루어진다. 여기서 시공자는 공사 전체의 종합적인 계획 · 관리 및 조정 하에 시설물을 시공하는 시공자(일반건설업)와 시설물의 일부 또는 토공사, 철근콘크리트공사, 철골공사 등 전문분야에 관한 공사를 시공하는 시공자(전문건설업)가 있다. 전문건설업자는 통상적으로 일반건설업자와 장기 계속적으로 협력관계를 유지하는 것이 보통이다.

전통적인 건축생산체계에서는 발주자와 일반건설업 면허를 가진 원수급인이 공사계약에 대한 직접적인 계약을 체결하고, 원수급인은 전문건설업 면허를 가진 하수급인과 공사계약을 다시 체결하여 발주자와 전문건설업자는 간접적인 계약관계를 갖는 것이 보통이다. 그러나 최근에는 건축시설물이 점차 대형화 · 복합화 되면서 공사관리가 복잡해지고, 전통적인 생산방식으로는 발주자와 설계자간, 발주자와 시공자간, 설계자와 시공자간 등 복잡한 참여주체를 관리하기 어렵기 때문에, 발주자의 입장에 서서 프로젝트 전체를 관리할 수 있는 건설사업관리(CM: Construction Management)방식이 도입되고 있다. 우리나라에서는 인천국제공항 건설사업과 경부고속철도 건설사업, 그리고 서울 상암동 월드컵경기장 건설사업 등에 건설사업관리를 도입하여 비교적 긍정적인 평가를 받고 있다.

건축시공 편은 관리적인 기술보다는 공학적인 기술을 대상으로 관련된 내용을 쉽게 설명하여 이해시키는데 중점을 두었기 때문에 자세한 기술적인 부분에는 미흡한 부분이 많을 것으로 생각되지만, 이 책이 의도했던 원래의 목적을 달성하여 건축시공에 대한 기초적인 이해를 높이는데 기여하기를 기대한다.

08 가설공사 및 지하공사

8.1 가설공사

가설공사는 본 공사를 위하여 필요한 일시적인 설비를 하는 공사를 말하며, 본 공사에 의하여 만들어진 것은 건물이 철거될 때까지 그 자리에 남지만, 가설공사로 취급되는 것은 공사 초기에 설치되었다가 해당 가설이 필요한 해당 공종의 공사가 끝나면 해체된다.

가설공사는 공통가설공사, 직접가설공사 그리고 가설 장비로 분류할 수 있다. 공통가설공사는 특정 공종의 공사를 진행하는데 필요한 구조물이나 시설물이 아니고 각 공종의 작업에 공통적으로 적용되는 것을 말하며 가설울타리, 가설건물, 가설도로, 공사용 전력설비, 공사용수설비 등이 해당된다. 직접가설공사는 특정 공종의 공사 진행에 직접적으로 적용되는 가설로서 토공사의 흙막이, 굴착용 기계, 콘크리트 타설용 설비, 가설비계 등이 해당된다. 그리고 가설장비는 본 공사를 진행하는데 필요한 타워크레인, 호이스트, 콘크리트 배치 설비 등의 각종 장비이다.

8.1.1 대지측량과 현황측량

대지측량은 현장에서 공사를 수행하기에 앞서 공사대지에 대한 '경계복원측량'을 시행하여 대지경계를 명확히 하고, 설계도면의 배치도와 실제 대지의 일치 여부를 확인하기 위해 실시하며, 이는 공사 준공과 밀접한 관계가 있으므로 신중을 기할 필요가 있다. 측량의 신청은 관할지역 지적공사에 신청하여 실시하게 되며, 측량과정에서 인접 대지의 주인과 해당 공사의 건축주, 감독자, 감리자 등을 입회시켜 명확히 해야 한다.

현황(현상)측량은 지적공사에서 시행하는 현황측량과 다르게 측량전문용역업체에 의뢰하여 시행하는 것으로서 대지의 고저, 지상물의 현황, 그리고 인접건물과의 이격거리 등을 명확히 하여 공사계획 시에 토공량의 산출과 기준점(Bench mark) 확정 등을 위해 실시한다.

① 기준점(bench mark)

기준점은 모든 공사 높이의 기준이 되는 것으로 공사착수 전에 설정하여 공사종료 시까지 존치시켜야 하는 중요한 것이다. 기준점의 위치 기타 사항은 따로 기록하여 두고, 필요에 따라 보조 기준점을 1~2개소 설치한다. 기준점은 이동 및 변형 등이 없게 그 주위를 감싸는 등의 보호조치를 해야 한다.

② 줄쳐보기

건물의 위치를 정하기 위하여 건물의 외곽선을 따라 말뚝을 박고 줄을 띄우는 것을 줄쳐보기(줄띄우기)라 한다. 이것에 의하여 건물과 도로, 그리고 인접대지 경계선에서의 거리를 검토한다. 이는 또한 규준틀을 설치하기 위한 예비작업이기도 하다.

③ 규준틀

규준틀은 건물의 각부 위치 및 높이, 기초의 너비 또는 길이 등을 정확히 결정하기 위한 것이므로 이동이나 변형이 없게 견고하게 설치해야 한다. 수평 규준틀은 규준말뚝과 규준대(수평꿸대)로 구성되며, 규준대는 규준말뚝에 수평보기나 레벨에 의하여 수평하게 견고히 설치하고 규준대에는 벽의 중심, 벽의 폭, 기초폭 등이 표시된다.

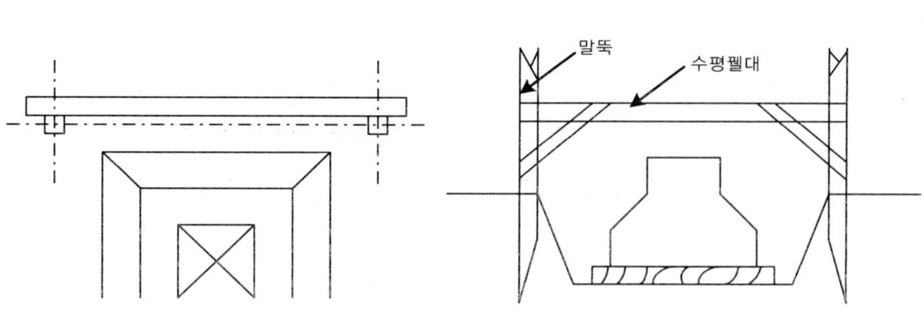

그림 8.1 수평규준틀(좌 : 평면, 우 : 입면)

④ 기준선 먹매김(먹줄치기)

먹매김은 축소된 도면에 있는 건물 각 구조부의 위치, 간벽의 분할 배치선, 수직·수평의 기준에 대하여 실제 치수에 맞게 바닥면에 그대로 표시하는 작업이다. 매 층마다 올바른 위치에 기둥과 벽 등을 표시하기 위해서는 특별한 방법이 필요하다. 통상적으로는 콘크리트에 미리 묻어둔 슬리브(sleeve) 구멍을 이용하여 아래층 기준먹의 위치(일반적으로 코너부위 4곳의 외부 모서리에서 1m 지점)를 위층으로 이동시킨다. 이때 내림추와 트랜싯 등을 사용한다. 또한 각 층 각 실 등의 기둥 또는 벽면 등에는 각 층 마감기준 상단 레벨로 부터 1m 선상에 수평 기준선을 먹매김하여 각종 창호류 및 각 부위별 마감공사 높이의 기준이 되게 한다.

그림 8.2 먹매김그림

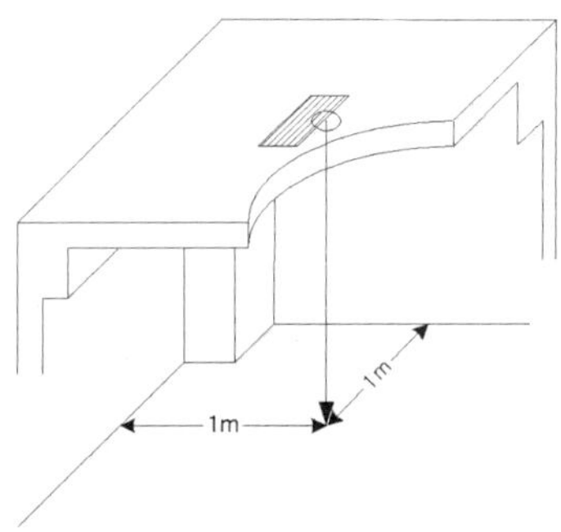

8.3 기준먹의 이동

8.1.2 가설 용수 및 가설 전기

공사용, 방화용, 식수, 위생설비, 청소를 위해서 지하수를 개발하여 사용하거나 상수도를 현장에 인입하여 공사용 용수로 사용한다. 일반적으로 현장에서 지하수 개발이 가능할 경우는 지하수를 공사용수로 사용하고 지하수 개발이 어려울 경우에는 상수도를 사용한다. 현장 내의 가설용수 인입공사가 마무리되면 공사착수와 동시에 현장내 가설 급수설비공사를 진행하며, 우선적으로 가설 사무실과 가설 화장실, 그리고 세륜세차시설의 가설 급수공사를 한다. 그 후 공사의 진행에 따라서 공사를 진행한다.

가설 전기설비는 빌딩, 공장, 아파트, 터널 등의 신설, 증·개축하는 경우 임시로 수전하여 단기간 사용하고 철거하는 전기설비를 말한다. 가설전기 인입은 현장개설과 동시에 시작하는 것이 좋다. 가설 변대의 위치는 한전주와의 거리, 부지 내 가설 전기의 동선관계, 공터, 안전성, 공사비 등을 종합적으로 고려하여 선정한다. 임시전력 총용량(kW) 산출한 후 가설 전기 인입공사 대행업체에 의뢰하여 시행한다. 가설 사무실의 가설 전기공사도 임시 전력선정업체에게 수행하도록 하여 전기인입공사의 일관성을 유지하는 것이 좋다. 가설 전기 인입공사 완료 후 전기안전관리공사와 안전관리계약을 체결하여 정기적인 안전점검을 받도록 한다.

8.1.3 가설 울타리 및 가설 출입문

가설 울타리는 현장의 주위를 둘러싸는 담장을 말하며, 공사범위를 명확히 하고 도난이나 침입의 방지, 보안, 그리고 미관상의 목적으로 설치한다. 가설 울타리용 자재로는 합판, 철판, 철망 등을 사용할 수 있으나 최근에는 EGI 자재를 가장 많이 사용한다. 가설 울타리의 높이는 1.8m 이상으로 하고, 비산먼지를 막기 위해서 울타리의 상부에 방진막을 설치하거나 주택가나 시가지에서는 소음을 막기 위해서 방음벽을 가설 울타리로 대용한다.

그림 8.4 가설 울타리(좌) 및 가설 출입문(우)

가설 출입문은 현장에 작업자와 같은 사람의 통행과 자재의 출입을 위해서 작업동선, 가설 도로, 주변도로와의 관계 등을 고려하여 수량과 위치를 결정하여 설치한다. 출입문은 접이식 문과 쪽문으로 구성되어서 차량 등이 통행할 때는 접이식 문을 열어서 사용하며, 사람만 통행할 경우는 쪽문을 활용한다. 이러한 출입문의 폭은 현장을 출입하게 될 차량의 크기와 차량의 통행에 방해가 되지 않는 넓이로 하며 대개 6m 이상의 폭으로 한다.

8.1.4 가설 건물

가설 건물에는 가설 사무실, 경비실, 실험실, 현장 내 식당, 창고 그리고 화장실 등이 해당된다. 가설 사무실에는 현장감독을 위한 감독사무실, 감리를 위한 감리사무실, 현장 시공자를 위한 시공자 현장 사무실, 그리고 협력업체 사무실 등으로 구분할 수 있으며 회의실, 휴게실 등이 부속되어 있다. 가설 건물을 현장 내 설치하고 사용하기 위해서는 신고절차를 거쳐야 한다.

가설 사무실의 위치는 가급적 현장 전체가 모두 시야에 들어오는 위치가 좋으며, 외부 방문객 등의 출입을 고려하여 출입문에서 가깝고 본 공사가 진행되는 곳을 거치지 않고 사무실까지 진입이 가능한 곳에 위치하도록 한다. 가설 건물의 축조를 위한 자재는 경량 샌드위치 패널이나 컨테이너를 사용한다. 최근에는 전용성이 높고 설치·해체가 용이한 컨테이너를 많이 사용한다.

건설현장에는 건설기술관리법에 따라 규모기준에 적합하도록 관리시험을 실시할 수 있는 실험실, 장비, 그리고 인력을 갖추어야 한다. 실험실의 규모는 공사대상을 특급, 고급, 중급, 초급으로 나누어 각각 100m^2, 50m^2, 30m^2, 초급의 경우 발주자와 계약한 면적 이상으로 규정하고 있으며, 대개 현장에서는 가설 건물의 2층을 사무실로 사용하고 1층을 실험실로 사용하는 경우와 별도의 실험실을 구축하는 경우도 있다.

8.1.5 비계 및 가설 통로

비계는 본 공사의 작업을 위한 작업발판이나 통로로 이용되는 것으로 강관 파이프 비계와 강관 틀비계가 주로 사용된다. 강관 비계의 설치에 있어서 작업자가 발판으로 사용되는 경우는 필히 쌍줄비계로 설치해야 하며, 외줄비계는 기타 방호시설의 용도로 사용되는 것이 바람직하다.

본 구조물에서 비계의 이격거리는 작업자가 비계 위에서 작업을 원활하게 수행할 수 있도록 외줄비계는 50~70cm, 쌍줄비계는 약 30~50 cm 정도 이격되게 설치하며 쌍줄비계는 안쪽 비계틀과 바깥쪽 비계틀의 간격, 즉 장선방향의 비계기둥 이격거리는 45~55cm 정도로 해야 한다. 이것은 작업발판의 최소 폭은 40 cm인 규정을 만족시키기 위해, 기성 경량 유공발판의 폭이 45 cm 제품이므로 약간의 여유를 두어서 작업하는 것이 바람직하기 때문이며, 틈새가 없도록 한다는 규정을 만족시키고 틈새로 적재한 자재나 기타 작업공구 등의 추락을 막기 위해서이다. 단관비계를 설치할 때 비계기둥을 지상에서부터 설치하지 않고 지상에서 1개 층 또는 2개 층 상부에서부터 설치하여 향후 부대토목이나 조경공사를 진행하는데 비계구조물이 지장을 초래하는 것을 방지하는 방법도 있고, 이러한 방법이 최근에는 널리 사용된다.

그림 8.5 강관비계를 이용한 겹비계(좌)와 강관틀비계(우)

틀비계는 비계기둥 역할을 하는 수직틀, 두 개의 수직틀을 잡아주는 가새, 수직틀 위에 올려놓는 수평틀, 그리고 강관비계의 부속자재인 받침대로 구성된다. 그리고 틀비계가 높은 곳의 작업을 위한 작업대로 사용할 경우에는 작업대의 이동에 쓰이는 바퀴, 작업틀의 안전한 위치 고정에 사용되는 삼각지지대, 작업자의 오르내림에 사용되는 사다리, 작업자의 추락을 방지하는 안전난간대, 그리고 작업자의 발판으로 사용되는 유공발판 등이 추가된다.

가설통로는 원활한 작업자의 이동 그리고 작업자가 안전하게 이동할 수 있도록 해야 한다. 경사지게 가설통로를 설치할 경우 경사각은 30° 이내로 하며, 미끄럼막이를 설치한다. 그리고 경사로의 최소 폭은 90cm, 발판의 폭은 최소 40cm 이상 최대 1.6m 이하, 발판 틈새는 3cm 미만, 그리고 발판을 겹쳐 이을 때는 20cm 이상 겹치도록 한다.

8.1.6 낙하물 방지망

산업안전기준에 관한 규칙 제 456조의 규정에 의거, 작업으로 인하여 물체가 낙하 또는 비래할 위험이 있는 때에는 낙하물방지망 또는 방호선반의 설치, 출입금지구역의 설정, 보호구의 착용 등 위험방지를 위하여 필요한 조치를 해야 한다. 낙하물방지망을 설치할 때에는 높이 10m 이내마다 또는 3개 층 이내마다 설치하고 내민 길이는 벽면으로부터 2미터 이상으로 하며 수평면과의 각도는 20도 내지 30도를 유지하도록 한다. 또한 외부비계와 벽체 사이에 틈새가 없도록 안전망을 설치한다.

그림 8.6 낙하물 방지망

8.1.7 양중장비

현장에서 공사를 수행하기 위해서 중량물을 상하 좌우로 운반하는데, 작업자와 자재를 건물의 상층부로 이동시키기 위해서 주로 사용하고 있는 양중장비로는 타워크레인(Tower crane)과 호이스트(Hoist) 등이 있다. 타워크레인은 인양자재나 장비의 최대 중량을 확인하여 작업구간 내에서 인양이 가능하도록 현장주변 여건을 검토한 후 타워크레인의 위치를 선정하는 것이 중요하다. 대지의 여유가 충분하여 건물 외측에 설치하는 경우에는 고정식(Stationary type)을 사용하며, 건물 내부에 설치하는 상승식(Climbing type)의 경우에는 구조체에 발생하는 하중과 응력에 대하여 본 구조체를 보강할 필요가 있다.

그림 8.7 타워크레인의 상승(마스트 인양(좌), 마스트를 상승틀에 삽입(우))

그림 8.8 작업용 호이스트

호이스트는 가이드 레일을 따라 움직이는 적재함을 사용하여 자재만을 움직이는 화물용 호이스트와 적재함 내에 조작스위치, 비상정지장치 등 조작장치가 설치되어 있는 인화물 겸용 호이스트로 나누어지며 일반적으로 인화물 겸용이 사용된다.

8.2 토공사

토공사는 건축물의 지하구조물을 만들기 위해서 이루어지는 터파기공사와 흙막이 공사 및 이에 부수되는 공사를 말한다. 구체적으로는 표토제거, 절토, 성토 등의 지반 정지공사와 터파기, 잔토처리 및 되메우기 등의 굴토공사, 흙막이벽체, 지지체, 차수벽 등의 흙막이공사 등이 토공사의 범주에 포함된다. 최근에는 건축물의 규모가 커지고 특히 도심지에서는 주차장법과 저수조·정화조 및 기계·전기실 확보 등의 필요에 따라 지하층이 늘어나고 굴착심도가 깊어지고 있다. 따라서 터파기, 흙막이공사는 굴착 지반의 붕괴뿐만 아니라 주변지반의 침하와 이동에 의해 근접하는 건축물과 가스관 · 수도관 등의 지하매설물에 대한 피해 위험성이 있기 때문에 매우 중요한 공사라고 할 수 있다.

8.2.1 지반조사

① 보링(boring)

보링은 지중을 천공하여 그 안의 토사를 채취하여 지반의 깊이에 따른 지층의 구성 상태를 파악하기 위한 지반조사의 한 방법이다. 지중의 토질분포, 토층의 구성 등을 알 수 있고 토질 주상도를 작성할 수 있으며 다른 조사방법과 병용하기도 한다.

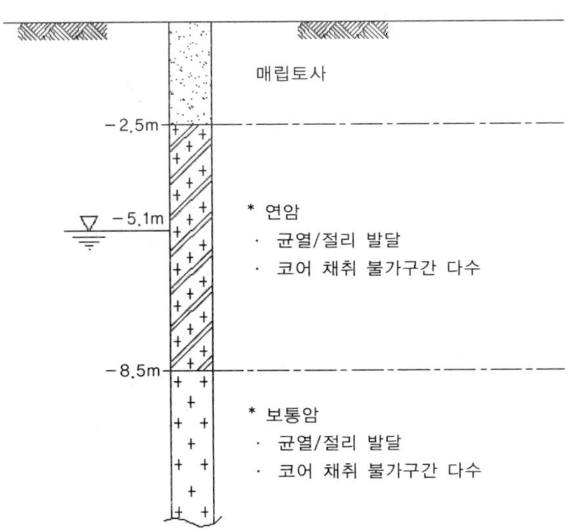

그림 8.9 주상도

② **표준관입시험**(STP : Standard Penetration Test)

사질토에서 불교란 시료를 채취(자연상태 그대로 흐트러지지 않게 채취하는 방법) 하기 곤란하므로 지반의 밀실도를 타격횟수 N값으로 판단하는 방법으로 사용된다. N값을 이용하여 사질토의 상대밀도와 점성토의 전단강도를 파악하는데 사용되며, 주로 보링과 병행하여 실시된다. 샘플러(Split spoon sampler)를 보링 로드 선단에 설치하고 보링 로드 상부에 63.5kg 해머로 76cm 높이에서 타격하여 30cm 관입할 때까지 타격횟수 N값을 구하는 것이다. N값이 클수록 흙은 매우 조밀한 상태이며, 반대로 N값이 작을수록 매우 느슨하여 철근이 쉽게 관입되는 상태를 파악할 수 있다.

③ 지내력시험

지내력시험으로 평판재하시험(Plate bearing test), 말뚝재하시험, 말뚝박기시험 등의 방법이 있으며 재하시험 (load test)이라고도 한다. 이러한 방법들 중에서 가장 많이 사용되는 평판재하시험은 기초 저면까지 파들어 간 후 그 자리에서 직접 하중을 가하여 지반의 허용지지력을 구하는 시험이다.

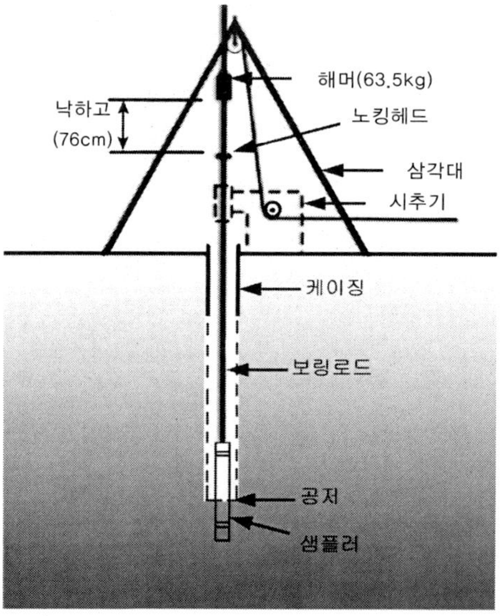

그림 8.10 표준관입시험

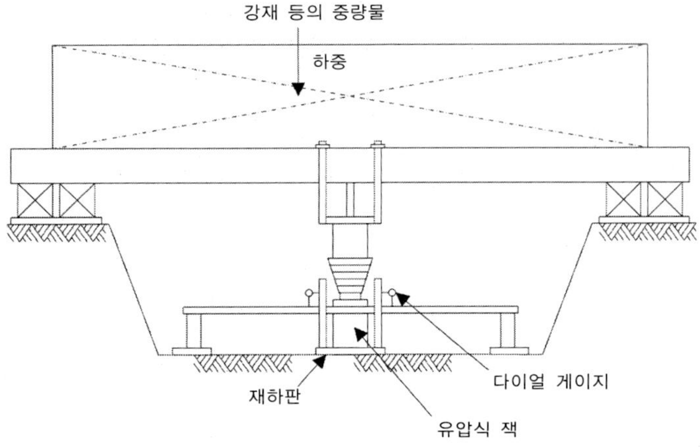

그림 8.11 평판재하시험

8.2.2 흙막이공사

흙막이는 건축물의 지하구조물을 만들기 위한 터파기공사 과정에서 지반의 붕괴나 주변의 침하 등을 방지하기 위하여 설치하는 구조물을 말한다. 이러한 흙막이는 가설 구조물로 설치되는 것이 일반적이지만 최근의 공법들은 본 구조물의 부재를 흙막이로 사용하여 경제성, 시공성, 안정성 측면에서 개선된 공법들이 개발되고 있다.

흙막이는 일반적으로 흙막이벽체, 지지체, 보강공법으로 구성되어 있다. 흙막이벽체는 흙막이 뒤쪽의 흙이공사장 안으로 무너지지 않도록 하기 위한 부분이며, 흙막이 지지체는 흙막이 벽체에 작용하는 토압에 의해 흙막이 벽체가 붕괴되지 않도록 지지해주는 역할을 한다. 차수 및 지반보강공법은 지하수의 유입을 막거나 연약지반에서 지반의 움직임으로 인한 주변부의 피해를 최소화하기 위해 지반을 보강할 목적으로 시공되는 공법이다.

그림 8.12 엄지말뚝 흙막이 버팀대(sturt)지지공법

① 흙막이벽체공법의 종류

엄지말뚝공법 H파일 + 토류판공법으로도 불리며, 국내에서는 가장 많은 시공 실적을 가지고 있다. 엄지말뚝공법은 지중에 엄지말뚝을 타입하거나 미리 천공하여 강재를 삽입한 후 굴착을 진행하면서 목재 토류판을 설치하여 흙막이벽체를 형성하는 공법이다. 엄지말뚝은 일반적으로 1.0~2.0m 간격으로 설치하고, 강재는 H-300×200×9×14, H- 300×300×10×15를 많이 사용한다.

시트파일공법(Steel sheet pile) 시트파일을 디젤 또는 바이브로 해머로 흙막이 계획선을 따라 타입하여 지수벽 및 흙막이벽을 동시에 형성하는 공법이다.

주열식 공법 제자리 콘크리트말뚝을 연속적으로 설치하여 벽체를 형성함으로써 흙막이 벽체를 구성하는 방법이다. 말뚝을 시공하는 방법은 일반적으로 보링(boring)기나 어스 오거(earth auger)를 이용하여 지반을 미리 천공한 후 그 구멍에 강재나 조립된 철근망을 삽입하고, 콘크리트나 모르타르를 부어넣어 말뚝을 형성시키는 공법이다. 주열식 공법에는 S.C.W(Soil Cement Wall)공법이나 C.I.P(Cast In Place)공법 등이 있다.

연속벽공법(Slurry wall) 연속벽공법은 지상에서 일정 두께의 폭과 길이로 대지를 굴착하고 지반 안정액으로 공벽 붕괴를 방지하면서 철근콘크리트벽을 만들어 이를 가설 흙막이벽 또는 본 구조물의 옹벽으로 사용하는 공법이다. 특히 이 공법은 주열벽의 결점인 말뚝간의 누수문제를 해결하고 저진동, 저소음의 기계화 시공으로 건설공해 대책으로서 유효한 공법이며, 완벽한 차수효과를 기대할 수 있어 지하수

그림 8.13 흙막이벽체(좌 : 슬러리월, 우 : CIP공법)

변동 등으로 인한 인접 구조물의 피해를 방지할 수 있다.

② 흙막이지지공법

버팀대(strut)공법　버팀대공법은 굴착하고자 하는 부지의 외곽에 흙막이벽을 설치하고 양측 토압의 균형을 이용하여 수평버팀대, 띠장 등의 강재를 지지체로 흙막이벽을 지지하는 공법이다.

어스앵커(earth anchor)공법　버팀대 대신으로 굴착 주변지반 층에 앵커체를 형성하여 흙막이벽에 작용하는 측압을 앵커체의 인장력으로 부담하게 한 공법이다.

소일네일링(soil nailing)공법　어스앵커공법과 유사하나 원지반에 보강재(nail)를 프리스트레싱 없이 비교적 촘촘한 간격(1~1.5m)으로 삽입하고 전면을 숏크리트 처리하여 보강된 토체를 일체화하여 보강되지 않은 뒤쪽의 원지반의 토압을 지지하는 중력식 옹벽과 같은 기능을 갖게 하는 공법이다.

그림 8.14 흙막이지지공법(좌: 어스앵커공법, 우: 소일네일링공법)

8.3 기초 및 지정공사

8.3.1 기초

기초는 기둥, 벽 등의 상부구조물로부터 하중을 지반 또는 지정에 전달시키기 위해 설치된 건축물 최하단부의 구조부를 말한다. 기초판과 지정은 기초에 포함된다.

① 독립기초 : 하나의 기초판이 한 개의 기둥을 지탱하는 형태

② 연속기초 : 일련의 기둥 또는 벽체의 하중을 연속된 기초로 지지하는 형식으로 줄기초라고도 한다.

③ 복합기초 : 하나의 기초판이 두 개 이상의 기둥을 지지하고 있는 방식

④ 온통기초 : 상부구조의 전 하중을 하나의 기초판으로 지지하는 형태

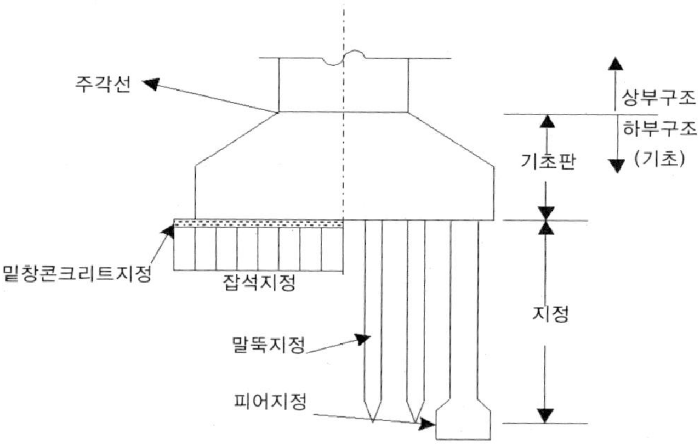

그림 8.15 기초와 지정

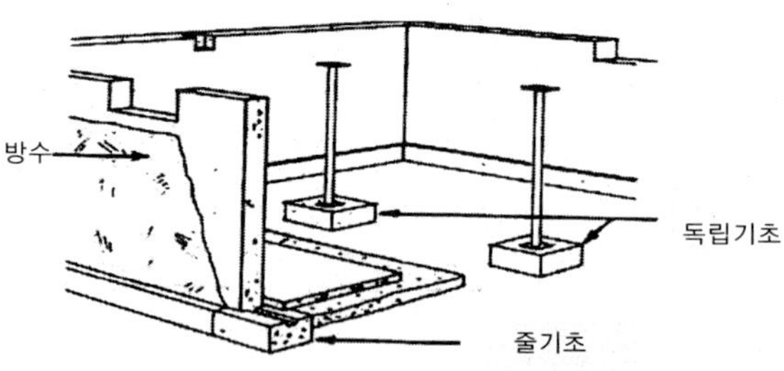

그림 8.16 각종 기초의 종류(우 : 온통기초의 철근)

8.3.2 지정

기초를 안전하게 지지하기 위하여 기초를 보강하거나 지반의 내력을 보강하기 위한 지반다짐, 잡석다짐 및 말뚝박기 등을 한 부분을 말한다. 말뚝은 기초판으로부터의 하중을 지반에 전달하기 위해 기초판 아래의 지반 중에 설치하는 기둥형태의 지정을 말하는 것으로 지정의 한 종류이다.

① 보통지정 : 모래지정, 자갈지정, 잡석지정, 버림콘크리트지정, 긴주춧돌지정 등

그림 8.17 잡석지정 및 버림콘크리트 타설

그림 8.18 기성콘크리트 말뚝지정

② 말뚝지정

기성콘크리트 말뚝지정　철근콘크리트 말뚝의 대부분은 원심력을 이용하여 제조한 중공원주상의 말뚝이 사용된다. 말뚝의 설치공법으로는 항타기계에 의해 말뚝을 직접 지반에 타입하는 공법과 지반을 미리 천공하고 그 다음에 말뚝을 설치하는 공법이 있다. 최근에는 건축공사의 소음과 진동에 의해 공해를 방지할 목적으로 압입식,

진동식 및 선행굴착식 등의 공법이 많이 사용된다.

강말뚝지정 강재말뚝은 단면형상에 따라 강관말뚝(Steel pipe pile)과 H형강 말뚝(H-steel pile)이 있고, 가격과 시공 측면에서 유리한 강관말뚝이 많이 사용된다.

제자리콘크리트 말뚝지정 제자리 콘크리트 말뚝은 현장에서 지중에 구멍을 뚫고 그 속에 콘크리트 또는 철근콘크리트를 충전하여 형성하는 말뚝을 말한다. 건축물의 고층화, 대형화 추세와 도심지 지가상승으로 지하층 깊이가 깊어지고 있고, 민원관리의 중요성이 부각됨에 따라 무소음 · 무진동 공법에 대한 필요성으로 앞으로 사용빈도가 늘어날 것으로 예상된다. 관입공법, 굴착공법, 프리팩트 파일공법으로 대별되며 다양한 공법이 있다.

그림 8.19 제자리콘크리트 말뚝지정(CIP공법 : 철근망 삽입후 콘크리트 타설)

- 관입공법
  - 컴프레설 파일(compressol pile)
  - 심플렉스 파일(simples pile)
  - 페데스탈 파일(pedestal pile)
  - 레이먼드 파일(raymond pile)
  - 프랭키 파일(franky pile)
- 굴착공법
  - 베노토 공법(benoto method)
  - 어스드릴 공법(earth drill method)
  - 이코스 공법(ICOS method)
  - 역순환공법(reverse circulation drill method)
- 프리팩트 파일 공법
  - CIP 파일(cast-in-place pile)
  - PIP 파일(packed-in place pile)
  - MIP 파일(mixed-in-place pile)

그림 8.20 제자리콘크리트 말뚝지정의 종류

09 골조공사

9.1 철근콘크리트공사의 진행

철근콘크리트구조는 철근과 콘크리트를 결합한 구조로서 콘크리트가 인장력에 약한 단점을 철근이 보완함으로써 콘크리트는 압축력에 작용하고 철근은 인장력에 대응하도록 발휘시킨 구조이다. 또한 콘크리트가 경화됨에 따라 철근을 견고하게 부착시킴으로써 철근이 부식과 내화성이 약한 단점을 극복할 수 있을 뿐만 아니라 철근의 좌굴을 억제할 수 있다. 이것은 철근과 콘크리트의 선팽창계수가 비슷하여 온도변화에 따른 팽창수축이 거의 일치하기 때문에 가능한 것이다.

따라서 철근콘크리트구조는 구조체로서 내화성·내구성이 우수하며, 구조물의 형상과 치수에 크게 제약을 받지 않고 일체적으로 만들 수 있는 장점이 있다. 그러나 굳지 않은 상태의 콘크리트는 유동성이 있기 때문에 일정한 형태로 만들기 위해서는 콘크리트를 부어넣기 위한「형틀」로서 거푸집이 필요하다. 거푸집의 시공 정도에 따라 콘크리트구조체의 형상은 크게 좌우되기 때문에 거푸집 계획에 있어서 가장 중요한 것은 콘크리트 부어넣기 시의 하중에 저항할 수 있는 강도와 강성을 가질 수 있도록 거푸집널의 두께, 멍에·장선·동바리 부재의 크기 및 간격을 검토하는 것이다.

이와 같이 철근콘크리트공사는 철근공사, 거푸집공사, 콘크리트공사로 이루어져 있다.

철근콘크리트 건물의 1개 층을 시공하는 순서는 다음과 같다.

① 먼저 벽 · 기둥과 같은 구조체의 위치를 정확하게 표시하기 위해서 먹매김을 한

다. 시공자가 사용하는 설계도면은 일정한 크기로 축소되어 있기 때문에, 먹매김은 축소된 도면에 있는 기둥, 벽의 위치와 치수를 실제 치수에 맞게 바닥면에 그대로 표시하는 작업이다.

② 기둥의 주근을 먼저 세운 후 주근을 감는 형상의 대근(hoop)을 배근한다.

③ 기둥과 벽 철근의 배근 후 그 주위에 거푸집을 설치한다. 이 때 거푸집의 정확한 치수 및 철근의 정확한 위치(피복두께 등)를 지키는 것이 필수적이다.

④ 기둥과 벽 거푸집이 완료되면 동바리를 세워 보와 슬래브 거푸집을 설치한다.

⑤ 보 철근을 조립한 후 보 거푸집에 집어넣고 마지막으로 슬래브 철근을 배근한다.

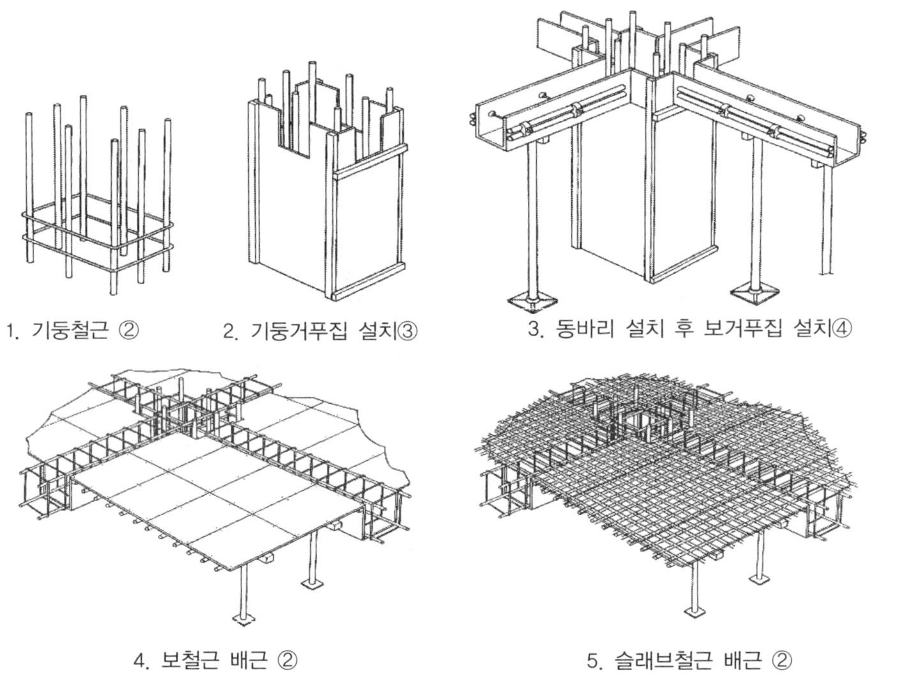

그림 9.1 철근콘크리트공사 1개 층 시공순서

9.2 철근공사

철근콘크리트에 사용되는 철근은 열간압연으로 제조되며, 단면이 원형인 원형철근과 표면에 리브(축선방향의 돌기)와 마디(축선방향 이외의 돌기)가 있는 이형철근으로 구분된다.

철근은 철근콘크리트구조체의 인장력을 부담하는 부분으로서 콘크리트가 인장력이 약하다는 단점을 보완하는 중요한 요소이기 때문에 구조도면 및 철근가공 조립도(Placing drawings)에 따라 구조설계자의 의도를 파악하여 정확하게 배근하는 것이 중요하다. 철근을 배근할 때 주의해야 할 점을 요약하면 다음과 같다.

① 철근의 굵기와 본수가 정확하게 일치하는가? 부재에 발생하는 응력을 충분히 부담하기 위해서는 구조도면에 표시된 수량만큼의 철근이 정확히 배근되어야 한다.

② 철근의 위치가 정확한가? 철근은 구조도면에 표시된 정확한 위치에 있어야만 충분한 응력을 발휘할 수 있다. 또한 철근의 순간격이 너무 근접하지 않도록 하여 콘크리트가 부재에 충분히 충진될 수 있도록 한다. 피복두께가 충분히 확보될 수 있도록 한다.

③ 철근의 정착과 이음은 정확한가? 철근의 정착과 이음은 철근에 발생하는 응력을 매끄럽게 전달시키기 위해 매우 중요하기 때문에 위치와 길이가 규준에 맞게 충분히 확보될 수 있도록 해야 한다.

9.2.1 기둥배근

기둥의 철근배근은 축방향 압축력과 휨에 의한 인장력을 지지하는 주철근과 대근(hoop)으로 구성되어 있다.

그림 9.2 기둥의 철근배근

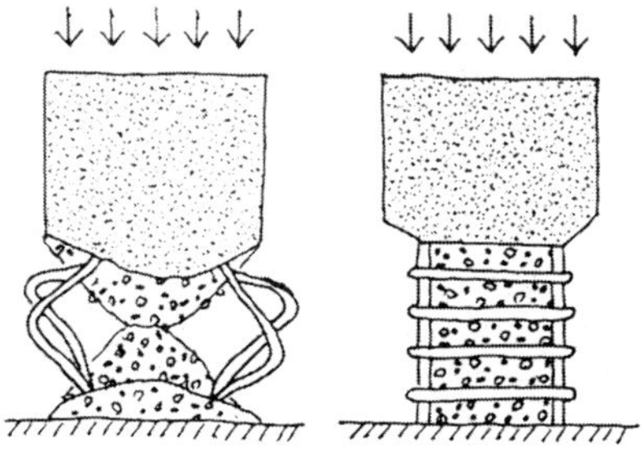

그림 9.3 대근의 역할

기둥에 있어서 대근은 기둥에 작용하는 전단력이 클수록 간격이 촘촘하고 직경이 굵게 된다. 띠철근의 기능을 정리하면 다음과 같다.

① 전단력에 저항한다. 띠철근의 양(굵기와 간격)에 좌우된다.

② 기둥을 감싸는 테두리 역할을 한다. 기둥이 하중을 받을 때 변형을 줄이는 방법은 단면을 증가시키는 방법을 생각할 수 있다. 그러나 단면이 제한되어 있다고 보면 띠철근은 횡방향 변형을 억제시키는 역할을 한다.

③ 주근의 위치를 고정한다. (부수적인 역할)

그림 9.4 대근의 가공사진

그림 9.5 기둥 주각부 배근

9.2.2 벽 배근

벽은 철근의 양(세로근, 가로근의 굵기와 간격)과 철근의 위치와 기둥, 보에 대한 정착길이를 주로 체크해야 한다. 토압을 받는 지하토벽의 경우 토압을 고려하기 때문에 특수한 주근방향과 배근방법이 된다. 토압을 받는 벽은 슬래브에 의해 세로방향으로 휨모멘트에 저항한다. 벽의 가로/세로 길이비에 따라서는 가로 방향근도 주요한 철근이 된다. 따라서 토압을 받는 지하벽의 주근은 바깥쪽에 배근해야 한다.

벽은 기둥이나 보에 의해 구속되기 때문에 개구부가 있으면 균열이 발생하기 쉽다. 따라서 개구부 보강법은 수축균열이나 뒤틀림 균열의 방향 모두 개구부 모서리에서 경사지게 발생하게 된다. 따라서 균열의 방향과 직각으로 보강하는 것이 일반적이다.

그림 9.6 벽 철근의 배근

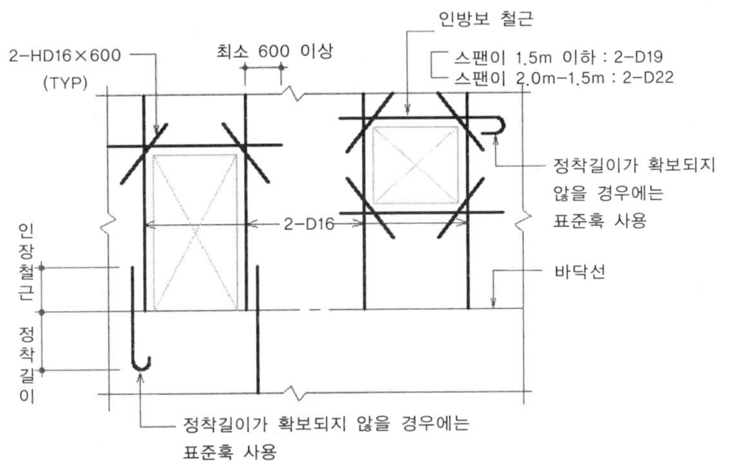

그림 9.7 벽체 개구부 보강

9.2.3 보 배근

보 철근은 휨모멘트를 저항하는 상하부의 주철근과 전단력에 저항하는 늑근(스터럽 : stirrup)으로 구성된다. 일반적으로 간사이(span) 중앙부에는 하부가 휨모멘트에 의한 인장력이 크고 단부에는 상부가 인장력이 크기 때문에, 중앙부에는 하부철근이 단부에는 상부철근이 많이 배근된다.

① 각재 위 상부 양쪽 모서리 철근

② 스터럽을 모서리 철근에 걸침

③ 하부에 철근 고임대 설치 및 철근

④ 보 및 슬래브 철근 배근 완료

그림 9.8 보철근의 배근순서

보 철근의 배근은 슬래브 거푸집이 완료된 후, 보 거푸집 위에 각재를 놓고 그 위에서 철근을 조립한 후 각재를 제거하고 보 거푸집 내부로 철근을 내리는 방법이 있다. 또 다른 방법은 보 거푸집 위에 각재를 놓고 상부근을 지지하면서 배근하는 방법이 있으며 배근 순서는 다음과 같다.

① 각재 위에 상부 양쪽 모서리 철근 놓기

② 스터럽을 모서리 철근에 걸침(스터럽의 위치를 분필 등으로 미리 표시)

③ 하부에 철근고임대(bar support) 설치 및 철근 내림

④ 하부근 설치

⑤ 상부 덮개 철근(cap tie) 설치 및 상부근 설치

9.2.4 슬래브 배근

슬래브는 하중을 휨강성으로 지지하여 보나 벽체에 전달하며 슬래브의 중앙부분에 해당하는 주간대와 단부부분에 해당하는 주열대를 구분하여 철근배근이 달라진다. 2

방향 슬래브에서는 장변방향보다 단변방향으로 하중을 많이 부담하기 때문에 단변방향의 철근을 바깥쪽으로 배근해야 한다. 이 경우 유효깊이를 크게 할 수 있어 하중을 많이 부담할 수 있다.

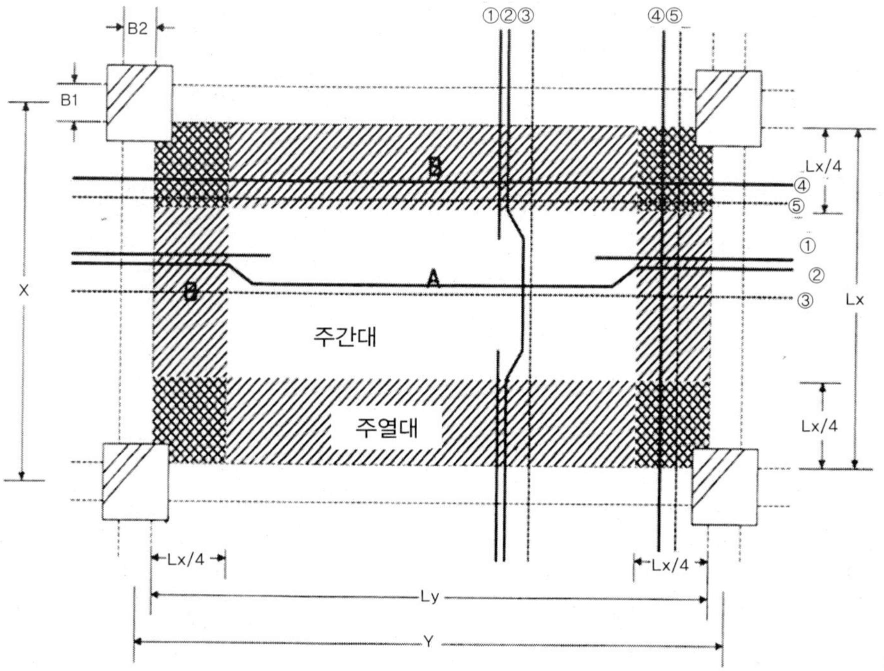

그림 9.9 이방향 슬래브의 배근

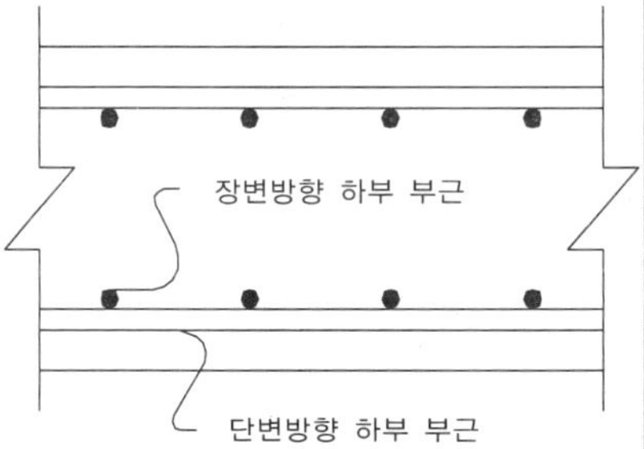

그림 9.10 슬래브 철근의 배근

9.3 거푸집공사

굳지 않은 콘크리트는 유동성이 있기 때문에 설계도면의 치수대로 정확한 위치에 구조물을 만들기 위해서는 콘크리트를 부어넣기 위한 「형틀」로서 거푸집이 필요하다. 거푸집은 콘크리트를 부어넣어 강도가 발현될 때까지 일정한 형상과 치수로 유지시켜 주는 가설 구조물로서 콘크리트에 직접 면하는 거푸집널, 부속자재(멍에, 장선, 띠장, 긴결재, 스페이서 등)와 이것을 정확한 위치로 유지하는 동바리, 즉 지지틀을 총칭한다.

거푸집공사는 전체 공사비에 대한 비율이 전체 공사비의 10~15%, 철근콘크리트 공사비의 20~30%를 차지하는 중요한 공사이며, 마감공사를 포함한 건물 전체의 품질, 공정 및 비용에 많은 영향을 미친다. 거푸집의 역할은 다음과 같다.

① 콘크리트 부어넣기 시의 충격과 압력에 견디고 콘크리트를 일정한 형상과 치수로 유지
② 경화에 필요한 수분의 누출을 방지
③ 외기(外氣)의 영향을 방지
④ 콘크리트를 적절히 양생

거푸집 계획에 있어서 가장 중요한 것은 콘크리트 부어넣기 시의 하중에 저항할 수 있는 강도와 강성을 가질 수 있도록 거푸집널의 두께, 멍에 · 장선 · 동바리 부재의 크기 및 간격을 검토하는 것이다.

9.3.1 거푸집 시공순서

표 9.1 거푸집 조립순서

순 서	사 진	설 명
기초철근 배근 및 콘크리트 부어넣기		•매트기초의 철근 조립 •기초의 철근 배근에는 상부근의 높이를 일정하게 유지하기 위해 우마근이라고 하는 철근을 사용한다. 우마근의 물량이 많을 경우에는 철근물량 산출시 반드시 고려되어야 한다.

순 서	사 진	설 명
먹매김 및 수평목 설치		•콘크리트를 타설한 후 도면 치수에 따라 먹매김을 한다. •먹매김 위치에 맞추어 기둥·벽 철근의 위치를 수정한다. •레벨기를 이용하여 콘크리트 타설면의 수평정도를 확인한 후 거푸집의 높이를 일정하게 유지하기 위해 먹매김 기준선을 따라 수평목(일명 메모도)을 설치한다.
기둥철근의 조립		•기둥의 주근을 세우기 전에 하부에 미리 띠철근을 설치하고 주근을 세운 후 하부에 미리 설치한 띠철근을 상부로 끌어올려 정해진 위치에 고정한다.
벽철근 조립		•벽철근은 벽체 거푸집을 세우기 전이나 외부면 거푸집을 세운 후에 배근한다. •벽체 철근의 경우 하층의 Dowel bar의 위치가 어긋나는 경우가 자주 발생하며 이 때 Dowel bar를 무리하게 구부려 철근을 결속할 필요가 없다.
기둥 및 벽체 거푸집 설치		•기둥 및 벽체 철근 배근이 완료되면 거푸집을 설치한다.
동바리 설치 및 큰보, 슬래브 거푸집 설치		•기둥·벽 거푸집 설치가 완료되면 동바리를 세우고 보·슬래브 거푸집을 설치한다. •기둥 거푸집 하부에는 쓰레기가 모이기 쉽다. 거푸집 하부에 점검구를 설치하고 콘크리트를 타설하기 전에 물청소를 실시한다.

순 서	사 진	설 명
보 철근 조립		•보철근의 설치순서는 다음과 같다. 1) 상부 모서리 부위 철근 설치 (스터럽의 위치를 분필 등으로 미리 표시) 2) 스터럽을 양 모서리 철근에 걸침 3) 하부에 스페이서 및 철근 내림 4) 하부근 설치 5) 상부 Cap tie 설치 6) 상부근 나머지 설치
슬래브철근 조립		•슬래브 철근이 설치가 완료되기 전에 전기 및 설비배관공사가 완료되어야 한다.

9.3.2 수평 맞추기

슬래브 콘크리트를 부어넣은 후의 표면은 높이가 일정하지 않기 때문에 벽, 기둥 거푸집의 높이를 일정하게 맞추기 위한 조치가 필요하다. 통상적으로 먹매김 한 후에 레벨기(Level)를 이용하여 바닥의 높이차를 측정한 후 먹선을 따라 수평목 등을 설치하여 높이를 조절한다. 수평목 등은 콘크리트 부어넣기 시 이동이나 파괴되지 않도록 견고하게 고정시켜야 하며, 콘크리트가 하부로 흘러나오지 않도록 틈새가 없이 밀실한 구조로 만들어야 한다.

그림 9.11 먹매김 후 수평목(메모도) 설치

그림 9.12 강관받침 기둥

9.3.3 동바리

동바리는 슬래브 거푸집과 보 밑 거푸집의 하중을 지탱해 주기 위해 설치하는 가설 시설물로서 거푸집 해체 후에도 처짐을 막기 위해 일정기간 세워둔다. 가장 일반적으로 사용되는 것은 강관받침기둥(Pipe support, Steel pipe support)으로서 보 하부, 슬래브 하부, 계단 하부 등에 설치되어 거푸집 받침으로 사용되는 신축이 자유로운 강관으로 외관, 내관, 지지핀, 바닥판으로 구성된다.

9.4 콘크리트공사

콘크리트공사는 철근콘크리트구조물을 형성하는 가장 중요한 재료인 콘크리트를 생산하여 현장까지 운반 · 타설하고, 이를 관리하는 모든 과정을 포함하고 있다. 콘크리트공사는 구조적인 안전과 밀접한 관련을 가지고 있으므로 소요의 강도, 내구성, 수밀성 및 강재를 보호하는 성능을 가져야 하며 품질이 균일해야 한다. 또한 시공을 능률적으로 하고 균일한 콘크리트를 만들기 위해서는 시공할 때 작업에 필요한 적절한 작업성(workability)을 가져야 한다.

콘크리트공사는 크게 생산과 시공으로 구분할 수 있다. 생산은 시멘트, 골재, 물과 같은 재료를 적절히 배합하여 콘크리트를 만드는 것을 말한다. 근래에는 공장에서 생산하는 레미콘(Ready-mixed concrete)이 대부분의 콘크리트공사에서 사용되고 있다. 시공은 이렇게 생산된 콘크리트를 필요한 곳까지 운반하여 필요한 위치에 부어넣기를 하고, 이를 굳혀서 원하는 모양으로 만들게 되는 것이다.

9.4.1 콘크리트의 발주 및 운반

레미콘의 발주는 일반적으로 골재, 강도, 슬럼프 순으로 주문하며 수량, 타설일시, 장소를 정확히 전달한다. 레미콘 공장을 선정할 때는 운반거리, 운반시간, 대기 예상시간 및 타설시간을 사전에 검토하여 선정한다.

콘크리트는 신속하게 운반하여 콘크리트 비비기에서부터 타설이 끝나기까지의 시간이 원칙적으로 외기온도가 25℃ 이상일 경우 90분(1.5시간), 25℃ 미만일 경우 120분(2시간)을 넘지 않도록 한다.

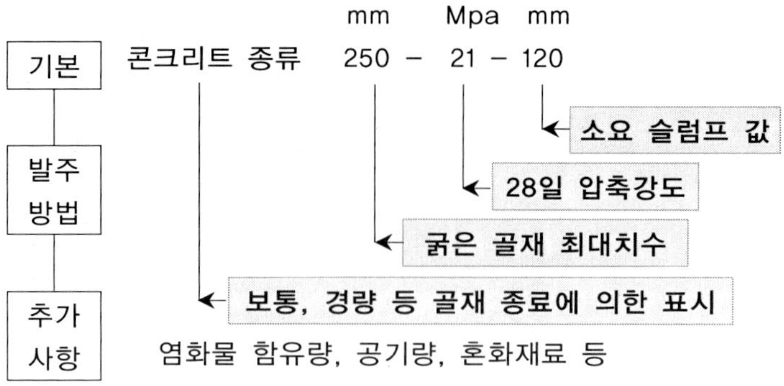

그림 9.13 콘크리트의 발주방법

콘크리트 운반시 주의해야 할 사항은 다음과 같다.

① 운반시 재료분리가 일어나지 않도록 해야 한다.

② 운반 도중 슬럼프 저하나 강도 저하가 발생하지 않도록 천천히 비비면서 운반한다.

③ 운반경로, 교통상황, 배차계획 등을 철저히 수립하여 운반시간을 준수해야 한다.

④ 레미콘 송장에 도착시간 및 타설 완료시간을 기록하여 관리한다.

9.4.2 콘크리트의 타설

콘크리트는 생산하는 과정보다는 시공하는 과정, 특히 타설하는 과정에서 품질에 결함이 생기는 경우가 많이 발생하므로 타설시 특히 주의한다.

① 레미콘의 배차간격을 타설속도에 맞추어 적절하게 조정한다.

② 철근 및 매설물의 배치나 거푸집이 변형되지 않도록 한다.

③ 타설한 콘크리트를 거푸집 안에서 횡방향으로 이동시켜서는 안 된다.

④ 한 구획 내의 콘크리트는 타설이 완료될 때까지 연속해서 타설해야 한다.

⑤ 콘크리트를 2층 이상으로 나누어 타설할 경우 상층의 콘크리트는 하층의 콘크리트가 굳기 시작하기 전에 타설해야 하며 상층과 하층의 콘크리트가 일체가 되어 콜드조인트(cold joint)가 발생하지 않도록 해야 한다.

⑥ 콘크리트 이어치기 허용시간 간격는 25℃ 초과 시에는 2.0시간, 25℃ 이하일 경우는 2.5시간을 넘지 않도록 해야 한다. 여기서 이어치기 허용시간 간격은 콘크리트 비비기 시작부터 하층 콘크리트 타설을 완료한 후, 상층 콘크리트가 타설되기까지의 시간이다.

⑦ 콘크리트 타설 중에 재료분리가 일어나지 않도록 해야 한다.

⑧ 거푸집 높이가 높을 경우 재료분리를 막고 상부의 철근 또는 거푸집에 콘크리트가 부착하여 경화하는 것을 막기 위해서 거푸집에 투입구를 설치하거나 해서 콘크리트 배출구를 타설면 가까운 곳까지 내려서 타설해야 한다.

⑨ 콘크리트의 배출구와 타설면까지의 높이는 1.5 m 이하로 한다.

그림 9.14 레미콘의 펌프카에 의한 현장타설

9.4.3 콘크리트의 현장품질관리

현장에 도착한 콘크리트는 타설하기 전에 레미콘 송장을 바탕으로 운반시간 및 품질검사를 해야 한다. 현장에 타설된 콘크리트는 28일이 지난 후 강도를 확인할 수 있기 때문에 굳지 않은 상태에서의 콘크리트 품질검사는 매우 중요하다. 따라서 아래와 같이 규정에 명시된 품질검사를 명확하게 실시하여 품질을 확보하도록 주의한다.

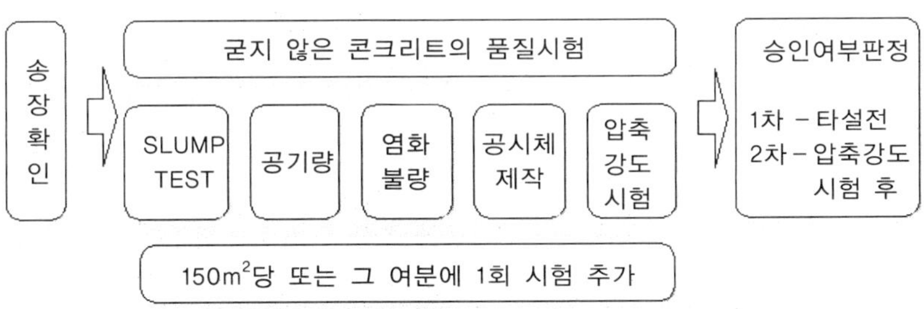

그림 9.15 굳지 않은 콘크리트 현장 품질검사 항목

① 운반시간은 현장에 도착한 시간 기준이 아니라 타설된 시간을 기준으로 해야 한다.

② 콘크리트 워커빌리티 검사는 굵은골재 최대치수 및 슬럼프가 설정치를 만족하는지 확인하고 또한 재료분리 저항성을 외관 관찰에 의해 확인해야 한다.

③ 강도검사는 콘크리트 배합검사를 실시하는 것을 표준으로 한다. 다만 배합검사를 실시하지 않은 경우는 압축강도시험을 한다. 만약 검사에서 불합격한 경우가 발생하면 기 타설된 콘크리트구조물에 대하여 콘크리트 강도검사를 실시해야 한다.

④ 내구성 검사는 공기량과 염화물이온량을 측정하는 것으로 한다.

⑤ 검사결과 불합격된 콘크리트는 사용해서는 안 된다.

9.5 철골공사

철골구조(Steel structure)는 각종 압연형강과 강판을 용접으로 제작한 형강을 볼트·리벳·고력볼트·용접 등의 접합방법을 이용하여 조립함으로써 건물의 뼈대를 구성하는 방식으로 강구조라고 하기도 한다. 철골구조에서는 주요구조부인 기둥과 보를 형강을 이용하여 구축하며, 바닥은 주로 데크 플레이트(deck plate)를 깔고 콘크리트를 타설하여 형성한다. 계단과 엘리베이터 홀은 철근콘크리트구조를 적용하거나 철골구조를 적용하기도 한다. 일반적인 철골공사의 순서는 다음과 같다.

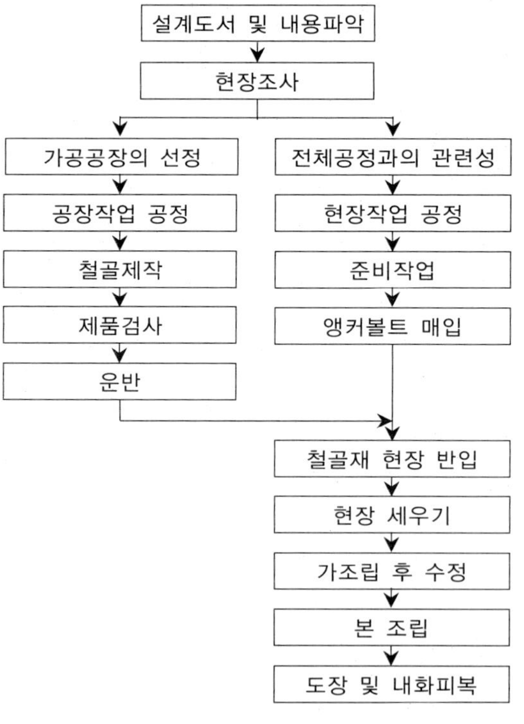

그림 9.16 철골공사의 시공순서

또한 기둥부재를 콘크리트로 피복하여 구조적 성능과 내화 · 내구성의 향상을 기하는 구조를 철골철근콘크리트(SRC)구조라 하며, 철재 보와 철근콘크리트 슬래브로 구성한 것을 합성구조라 한다. 또한 철재를 이용하나 철재의 두께가 4mm 이하의 것을 이용한 경량 철골구조와 강관을 이용한 강관구조가 있다.

철골부재는 구조적인 성능을 가장 경제적으로 발휘하도록 H형강이 주로 이용되고 있다. 이것은 힘을 받는 부재의 단면을 잘라보면 가장 외측에 가장 큰 응력이 발생한다는 점을 이용하여 가장 외측의 크기를 극대화한 것으로 파악할 수 있다. 철골구조에서 가장 많이 쓰이는 일반형강은 H형강, I형강, L형강, ㄷ형강 등이 있으며, 그 외 봉강·평강·강판 등이 있다. 철골부재의 접합은 리벳(rivet), 고력볼트(high tension bolt) 그리고 용접접합이 이용된다.

9.5.1 철골공장가공

일반적인 철골공장가공의 작업흐름은 다음과 같다.

① 원척도(공작도) 작성 : 설계도 및 시방서에 따라 원척공이 철판검정 칠을 한 합판 마루 등으로 된 원척도 바닥 위에 각부 상세 및 부재의 길이 등을 원척으로 그린다. 원척도의 작성이 끝나면 담당원의 검사를 받고 본판, 그림쇠 등을 제작한다.

② 본뜨기(실제 치수도) : 본뜨기는 얇은 강판으로 원척도에서 본판을 정밀하게 작성하며, 본판은 절단용, 구멍 뚫기용 두 가지로 한다.

③ 변형바로잡기 : 선긋기(금매김) 전에 변형을 바로잡는다.

④ 선긋기(금매김) : 본판 및 장치를 이용하여 강재면에 강필(鋼筆)로 리벳구멍 위치, 절단개소 등을 정확, 명료하게 원척도와 일치되고 가공 및 조립에 지장이 없게 선긋기를 한다.

⑤ 절단 및 가공 : 절단 및 가공방법에는 전단, 톱 절단, 가스절단, 휨, 구부리기 및 화조(불에 달구어 가공하는 방식) 등이 있으며 절단에 대해서 도면에 특별한 명기가 없으면 부재의 축(軸)에 수직으로 자르는 것을 원칙으로 한다.

⑥ 구멍뚫기 : 리벳구멍 뚫기에는 펀칭(punching), 송곳 뚫기(drilling), 구멍가심(reaming) 등이 있다.

⑦ 가조립 : 결합부를 미리 볼트 또는 핀으로 충분히 긴결하고 가조립한 후 리벳이나 볼트로 본조립을 하는데, 가조립 시에는 다음 사항들을 주의하여 작업을 수행한다.

⑧ 접합 : 리벳, 볼트, 용접 등의 방법을 이용하여 부재를 접합한다.

⑨ 검사 : 용접검사에는 용접 전, 용접 중, 용접 후의 검사방법이 있는 데 용접 전, 용접 중의 검사는 사용 재료, 장비의 적합 여부를 판단하는 검사이고, 용접 후의 검사는 구조상 충분한 내력을 지탱할 수 있는 지를 판단하기 위한 것이다.

⑩ 녹 방지 : 철골공사에 있어서 강재의 내구성을 유지하기 위해서는 강재에 녹이 발생하는 것을 방지해야 한다. 강재에 녹이 발생하는 원인으로는 화학적 반응(금속에 산소가 반응)에 의해서 발생하는 경우와 전기적 작용에 의해서 발생하는 경우가 있다. 단 ㉮ 콘크리트에 부착 또는 매립되는 부분, ㉯ 조립에 의하여 표면접합이 되는 면, ㉰ 현장 용접을 실시하는 부분, ㉱ 고력볼트 마찰 접합부의 마찰면 등에는 녹막이 도장을 하지 않는다.

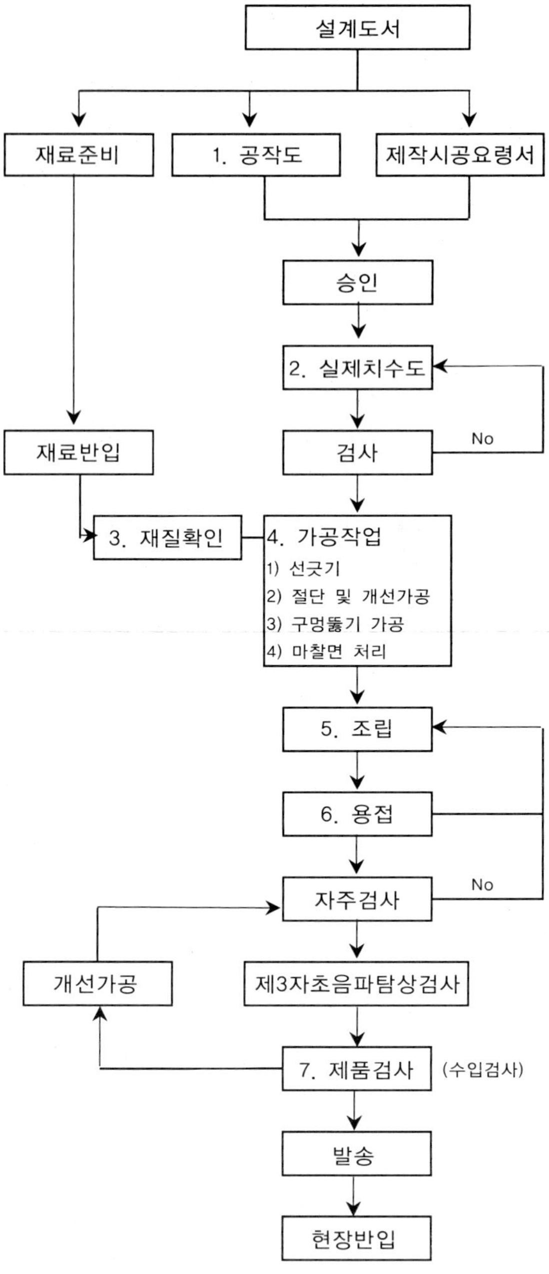

그림 9.17 철골공장가공 작업순서

9.5.2 철골 현장 세우기

현장에서의 철골세우기 공사는 입지적 조건, 공사규모, 높이 등에 따라 전체 공정에 큰 영향을 미치므로 관리자의 철저한 계획과 검토가 필요하며, 일반적으로 다음과 같은 순서로 이루어진다.

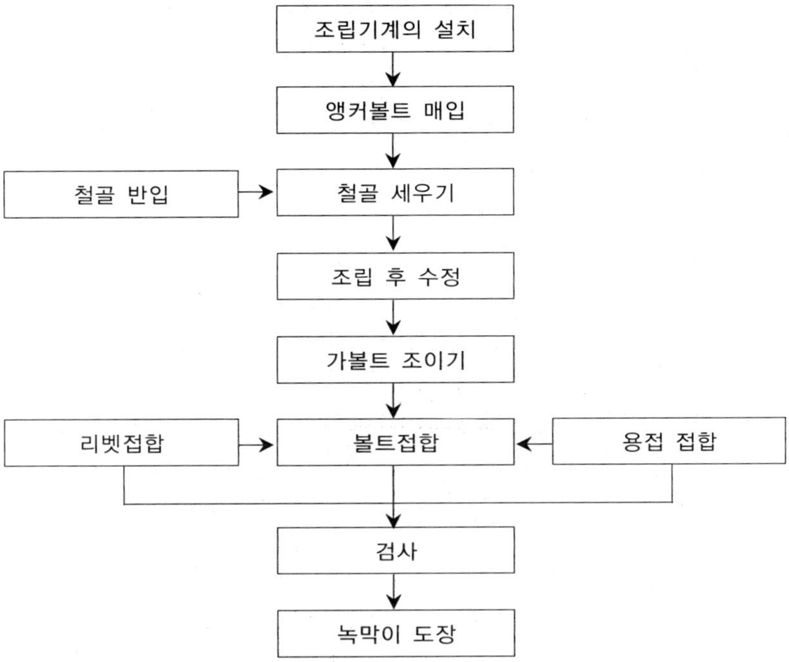

그림 9.18 철골현장세우기 순서

표 9.2 철골현장 세우기 순서

앵커볼트 매입		•앵커볼트는 기초 콘크리트에 매입되어 주각부의 이동을 방지하는 역할을 한다. •앵커볼트를 주각부에 매입하는 방법에는 고정 매입법, 가동 매입법, 나중 매입공법 등이 있다.
주각부 마무리		•힘을 평균적으로 분산시킬 필요에 의해 베이스 플레이트라는 판을 기초와 기둥 사이에 설치한다. •주각부 마무리 방법에는 전면 모르타르 바름법. 나중채워넣기 +자 바름법, 나중채워넣기 중심 바름법, 나중채워넣기법 등이 있다.

기둥 · 보 세우기 및 가조립		•기둥을 세우면 바로 보를 걸쳐 독립되지 않게 한다. •세우기 끝난 부재는 본 조임볼트 수의 1/3~1/2 또는 2개 이상 가볼트 조임을 한다. •가조임 볼트 수는 전 리벳수의 1/5을 표준으로 한다.
수직도 조정		• 수직도 수정은 다림추로 한다. •수평, 수직의 고정은 와이어로프나 턴버클로 한다. • 기둥의 수직도는 1/500 이상의 편차가 없도록 한다.
본조립 (볼트접합)		•본 조립에서 현장접합의 방법으로는 리벳접합, 고력볼트접합, 용접접합 등이 있다.

9.5.3 철골접합

철골부재의 접합방법은 긴결재로서 리벳 · 고력볼트 · 볼트 등을 사용하는 방법과 용접에 의한 방법으로 대별될 수 있다.

① 고력볼트 : 부재 사이에서 생기는 마찰력으로 응력을 전달하는 방법으로 접합하는 재료이다.

② 용접접합 : 현재 많이 사용되고 있는 용접방법으로는 용접열원에 따라 아크열 · 전기 저항열 · 연소열 등이 있고, 용접방법으로는 모재를 녹여서 용접하는 방법과 모재를 녹이지 않고 압력을 가해서 접합하는 방법이 있다.

그림 9.19 철골부재의 접합(좌 : 고력볼트 접합, 우 : 용접접합)

9.5.4 철골구조의 슬래브 – 데크 플레이트(deck plate)

철골구조에서는 바닥판을 형성하기 위해서 데크 플레이트를 주로 사용하는데 데크 플레이트를 분류하면 다음과 같다.

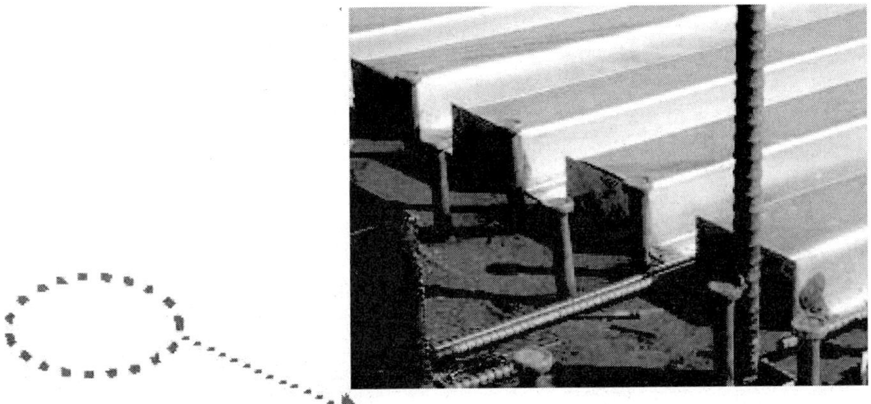

스터드 볼트(stud bolt)는 철골부재와 콘크리트를 일체화시켜 처짐과 진동을 줄여주는 쉬어(shear) 커넥터 역할을 하는 것으로 두 개의 부재(철골과 콘크리트)를 내부에서 연결하여 일체화시켜 강성을 증진시킨다.

① 거푸집 데크 플레이트 : 거푸집재의 용도로만 사용한다. 골형 데크 플레이트, 평형 데크 플레이트, 철근트러스형 데크 플레이트(ferro deck; 철근과 데크 플레이트를 일체화)가 있다.

② 합성 데크 플레이트 : 콘크리트와 일체로 되어 구조체를 형성한다.

③ 구조 데크 플레이트 : 데크플레이트만으로 구조체를 형성한다.

④ 셀룰러 데크 플레이트(cellular deck plate) : 형성된 셀을 통해 대용량의 전선 배선망 뿐만 아니라 셀 윗면에 설치되는 플로어 덕트와 헤더 박스를 이용한 전선 배선망 등 점차 늘어나는 전기 · 전화 · 전산망 설치 소요에 대응하기 위한 데크 플레이트이다.

9.5.5 내화피복공사

내화피복공사는 철골구조 건물에 화재가 발생하면 철골부재의 온도가 상승하여 철골부재의 강도나 강성이 저하되어 자립할 수 없게 되는 것을 방지하기 위해서 철골부재를 내화피복 재료로 감싸는 공법이다. 건물 내부에 있는 사람들이 대피할 수 있는 일정시간이 필요하므로 일정시간 동안 철골부재의 온도가 상승하지 않게 철골부재에 내화피복을 하도록 "건축기준법" 에도 명시되어 있다.

내화피복공법에는 습식 내화피복공법, 건식 내화피복공법, 합성 내화피복공법, 복합 내화피복공법, 기타공법(타입공법, 도장공법) 등이 있으며 철골구조의 특성에 맞는 공법을 선정한다.

그림 9.20 내화피복 뿜칠작업

10 마감공사

10.1 조적공사

조적공사는 벽돌, 블록, 돌 등의 재료를 시멘트와 같은 접착재료나 연결철물 등을 사용하여 소규모 건축물, 칸막이벽체, 외부마감 등을 형성하는 공사를 말한다. 아파트나 사무소 건축물의 칸막이벽체와 같이 구조적으로 힘을 받지 않는 곳에 시멘트벽돌, 시멘트 블록이 많이 사용되고 있고, 최근에는 ALC블록과 패널의 보급으로 사용량이 증가하고 있다.

10.1.1 벽돌쌓기

① 벽돌쌓기

표준형 벽돌은 길이(190mm)×너비(90mm)×높이(57mm)를 표준으로 한다. 벽돌쌓기법은 영식쌓기와 화란식 쌓기(입면상 마구리쌓기와 길이쌓기를 번갈아 쌓는 것)를 기본으로 하여 가로·세로줄눈의 너비는 1cm를 표준으로 한다. 하루 쌓기 높이는 1.2m(18켜 정도)를 표준으로 하고, 최대 1.5m(22켜 정도) 이하로 쌓는다.

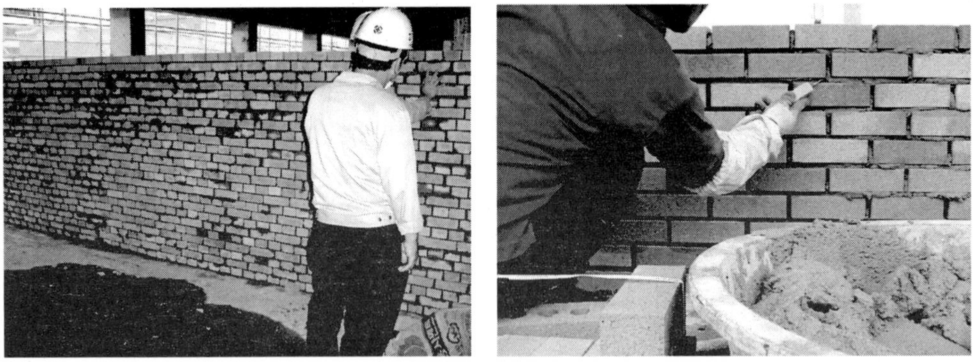

그림 10.1 벽돌쌓기 및 줄눈파기

② 공간쌓기(Cavity wall)

내부공간의 방음, 방한, 방서의 효과를 거두기 위하여 벽과 벽 사이에 공기층을 두거나 절연재를 두어 쌓는 방법을 말한다. 공간은 5~7cm 정도로 하고 바깥쪽에는 필요에 따라 지름 1cm 정도의 물빠짐 구멍을 낸다.

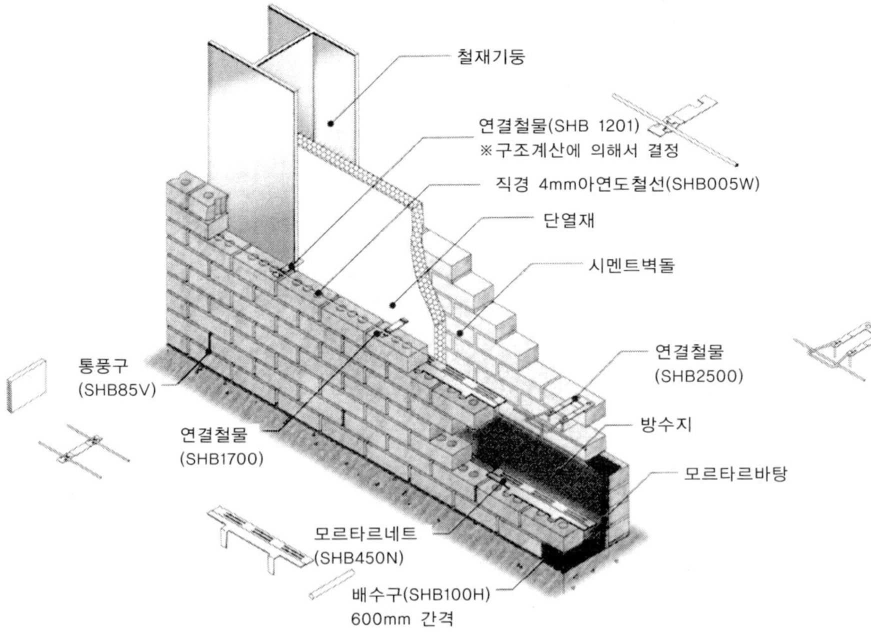

그림 10.2 공간쌓기

③ 인방보의 설치

그림 10.3 플라스틱 인방(좌) 및 콘크리트 인방(우)

창문 등의 개구부의 위에는 상부의 하중을 충분히 전달하기 위하여 인방보를 설치한다. 제자리 콘크리트 부어넣기 또는 기성재 콘크리트나 플라스틱 제품을 사용하며 벽에 20cm 이상 물리도록 설치한다.

10.1.2 블록쌓기

콘크리트 블록을 이용한 구조는 구조형식 및 시공방법에 있어서는 벽돌쌓기와 거의 동일하다. 단순조적조 블록구조, 철근콘크리트 보강 블록구조, 거푸집 블록구조로 대별할 수 있다.

① 단순조적조 블록구조 : 블록을 단순히 모르타르로 접착하여 쌓아올리거나 수평 줄눈에 철망을 넣은 정도로 보강한 블록구조를 말한다.

② 철근콘크리트 보강 블록구조 : 블록의 빈속에 철근과 콘크리트를 부어 넣어 보강한 것으로 수직 · 수평하중에 견딜 수 있는 구조이다.

③ 거푸집 블록구조 : 콘크리트 블록을 거푸집 용도로 사용한 것을 말한다.

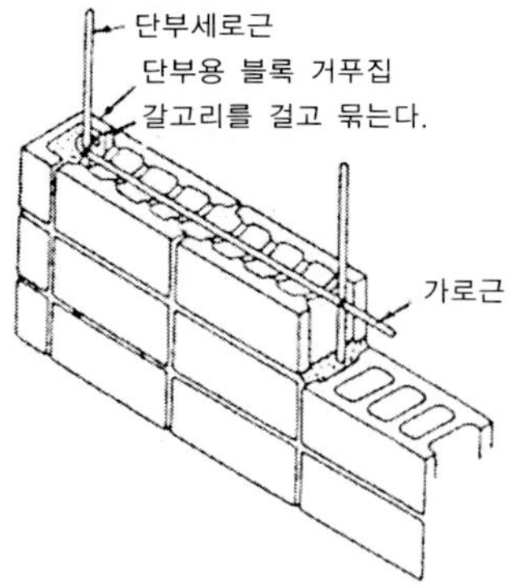

그림 10.4 보강블록조 쌓기

10.2 방수공사

방수공사는 건축물 외부에서 침투하는 물이나 습기를 막아 시설물을 보호하고 건축물의 성능이 저하되지 않도록 하는 것이다. 따라서 물이나 습기에 강한 재료를 사용하여 물, 틈, 압력차 등에 의해 발생되는 물과 습기의 침투로부터 건축물을 보호하는 공사라고 할 수 있다. 방수시공은 고도의 기술력이 필요하다기보다는 상세부위의 세심한 배려와 성실한 시공이 중요한 공정이다.

10.2.1 방수바탕의 품질

방수층의 시공이 이루어지는 바탕콘크리트의 품질은 방수층의 품질에 절대적인 영향을 미친다. 방수 바탕면의 처리에 있어서 중요한 사항을 정리하면 다음과 같다.

① 충분한 건조 : 방수바탕 콘크리트의 표면이 건조해 있더라도 내부에 수분이 발산되지 않은 경우에는 수분이 증발하면서 방수층의 박리로 인한 결함을 유발시킬 수 있다. 따라서 방수 바탕면의 함수율 검사 등으로 충분히 건조되었는지 확인해야 한다.

② 균열 및 돌출물 제거 : 이어 친 부위, 슬래브 중앙, 모서리, 개구부 주위에 나타나기 쉬운 균열을 보수한다.

③ 구배 확보 : 물은 구배(1/100~1/200)를 따라 자연스럽게 흐르도록 하여 물이 고이지 않도록 해야 한다.

④ 바탕면 평탄화 및 청소 : 특히 도막방수 등 방수층을 얇게 바른 경우에는 품질을 확보하기 위해 바탕면을 깨끗이 청소하고 평탄하게 해야 한다.

⑤ 코너 면접기 : 코너부분은 적절한 면접기를 통하여 방수층의 손상을 방지한다. 오목모서리는 삼각형으로 면처리하고, 볼록 모서리는 각이 없는 완만한 면처리로 한다.

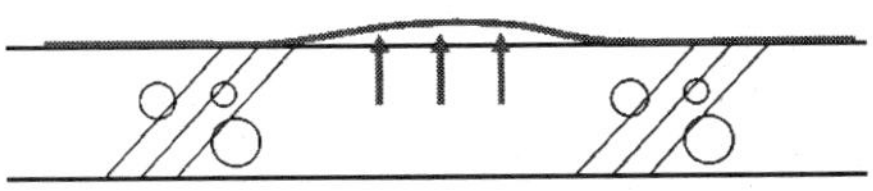

그림 10.5 습기의 부작용

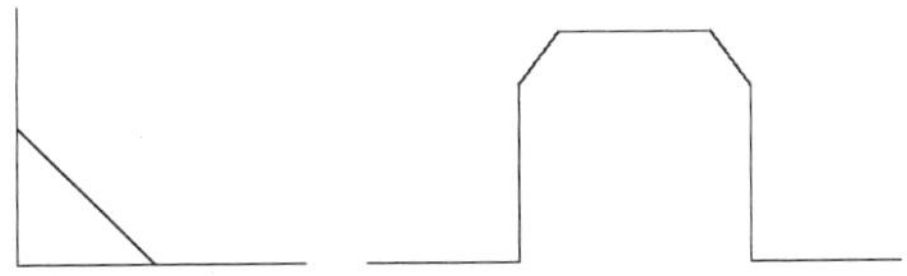

그림 10.6 코너 면접기

10.2.2 방수공사의 종류

멤브레인(피막) 방수는 콘크리트의 균열이나 시공결함 등에 의한 누수나 습기를 차단하기 위하여 불투수성 피막을 형성하는 방수공법을 총칭하는 것이다. 멤브레인 방수공사는 재료와 공법의 특성에 따라 아스팔트방수, 개량 아스팔트방수, 시트방수, 도막방수 등으로 다시 분류할 수 있다.

① 아스팔트방수

아스팔트 펠트, 아스팔트 루핑 등을 여러 겹 붙여서 방수층을 형성하는 방법으로, 기본적으로 8층으로 적층하며 필요에 따라 추가적으로 반복 시공할 수 있다.

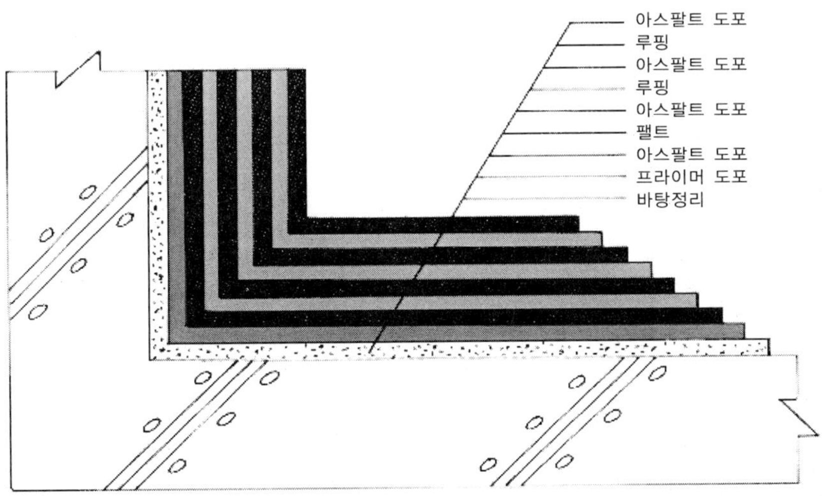

그림 10.7 아스팔트 8층 방수

② 시트방수

합성고무계, 합성수지계, 고무화 아스팔트계의 시트 방수제를 접착제로 바탕면에 붙여서 방수층을 형성하는 방법이다. 아스팔트방수의 펠트와 구별하기 위하여 합성고무시트 또는 시트방수라 부른다.

그림 10.8 시트방수(우: 모서리부위의 처리)

③ 도막방수

합성수지나 합성수지 용액을 여러 번 칠하여 소요 두께의 방수층을 형성하는 방법이다. 주로 간단한 방수성능이 필요한 부위에 사용된다.

그림 10.9 도막방수(좌 : 프라이머 도포, 우 : 우레탄 도포)

④ 시멘트 액체방수

시멘트액 및 시멘트 모르타르에 방수제를 혼합하고 콘크리트 면에 도포하여 방수층을 형성하는 방법이다. 방수층 자체의 수축성으로 인해 균열이 발생하기 때문에 화장실 등의 방수에 주로 사용된다.

그림 10.10 시멘트 액체방수
(좌 : 발코니, 우 : 화장실 시멘트 액체방수 후 모서리 우레탄 도막방수)

10.2.3 방수층의 검사

방수공사 시공 후에는 소규모 평지붕, 실내방수, 수조 등에 담수테스트를 실시하여 방수층의 품질을 확인한다. 담수테스트는 5cm 이상의 물을 채워 48시간 방치 후 누수 발생 여부를 확인하고, 시트방수의 경우 이음부위, 코너부위를 발로 밟아 기포발생 여부 확인한다.

그림 10.11 담수테스트(좌 : 옥상 아스팔트 복합방수 후, 우 : 욕실 액체방수 후)

10.3 미장공사

미장공사는 현장에서 모르타르·석고 플라스터 등의 바름재료를 혼합하여, 미장공이 흙손 또는 뿜칠기 등을 이용하여 소정의 두께로 부착함으로써 벽·천장·바닥 등의 부위를 구성하는 공사이다. 미장마감은 그 자체로 내벽 · 외벽마감이 되거나 다른 재료의 마감의 바탕을 조성할 목적으로 이용되기 때문에 중요한 공사라고 말할 수 있다.

미장재료는 사용재료에 따라 공기 중에서 경화하는 기경성 재료와 물에 의해 경화하는 수경성 재료로 구분된다. 기경성 재료는 토벽 · 소석회 · 돌로마이트 플라스터 등이 있고 수경성에는 시멘트 모르타르 · 석고 플라스터 · 무수석고 플라스터 등으로 구분할 수 있다.

그림 10.12 견출시공

10.3.1 견출

견출은 콘크리트 면에 바탕마감을 붙이지 않고 면처리하는 가장 간단한 마감방법이다. 표면 상태가 안 좋은 곳을 절삭기(Grinder)로 갈아내고 시멘트 모르타르(세사)로 보수한다.

10.3.2 시멘트 모르타르 바름

시멘트 모르타르 바름을 위한 바탕처리는 바탕면의 평활도 6mm/3m를 표준으로 하며 바탕의 덧붙임 손질을 요하는 곳은 모르타르로 요철을 조정하고 모르타르는 긁어놓은 다음 최소 2주간 이상 방치한다.

초벌은 구조체 · 바탕과 미장 · 일체화되도록 하는 중요한 역할을 한다. 바탕면과의 부착을 확보하기 위해 세골재의 품질과 배합을 충분히 검토할 필요가 있다. 또한 각 층에 충분한 압력을 가하여 바를 필요가 있다. 초벌바름은 쇠갈퀴 등으로 전면을 거칠게 긁어놓은 후 2주 이상 충분히 건조시켜 흠과 균열을 충분히 발생시켜야 한다.

재벌바름은 미장의 실체가 되며 마감면의 평활도와 시공 정도를 좌우한다. 또한 초벌바름면과의 부착을 좋게 함과 동시에 정벌바름에 적합한 평활도를 얻을 수 있도록 해야 한다.

정벌바름은 시멘트질 재료가 많아지고 세골재의 치수도 작기 때문에 균열 등 결함 발생을 방지하기 위해 가능한 얇게 바르며 흙손자국을 없애는 것이 중요하다. 수축에 의한 모르타르 바름층의 응력을 작게 하기 위해 바름 두께는 얇게 하고 잘 건조시킨 뒤 겹바른다.

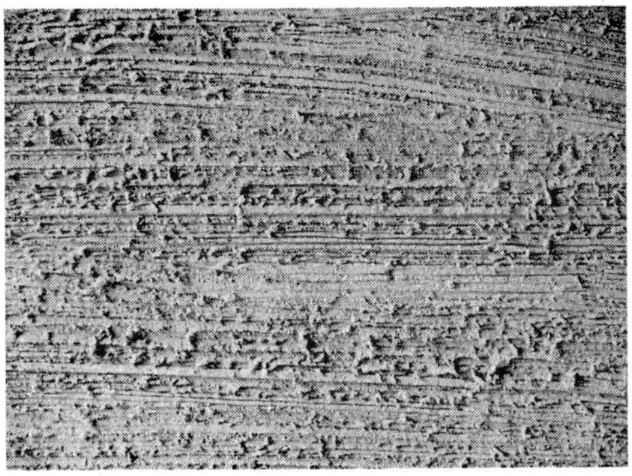

그림 10.13 시멘트 모르타르 바름(좌 : 초벌바름 후 상세, 우 : 정벌바름)

10.3.3 바닥미장

공동주택 실내바닥 미장(일명 방통)은 기포 콘크리트 위에 온수난방 배관을 한 후 시멘트 바닥미장을 하는 경우가 일반적이다. 시멘트모르타르 바닥 미장은 가수로 인한 건조수축으로 인해 균열이 발생하기 쉬우며, 이 경우 상부 마감재(장판 등)의 변형(불룩 튀어나옴 등)이나 골조 바닥과 분리되는 현상이 발생되므로 주의를 요한다.

건조기(4~6월)에는 소성균열이 빈번히 발생하므로 물시멘트비를 높이거나 AE제를 첨가한다. 기포콘크리트 면에 작업 하루 전에 물뿌림을 한다. 쇠흙손 마감은 최소 4회 이상 실시하고, 최소 3일간 충격 및 보행을 억제하고 필요시 살수양생을 실시한다.

그림 10.14 온돌바닥 시공(좌상 : 기포콘크리트 타설, 우상 : 기포콘크리트 단면상세 좌하 : 온돌파이프 배관, 우하 : 바닥미장 모르타르 타설)

10.3.4 인조석 및 테라초 현장갈기

인조석과 테라초 바름에 사용되는 종석은 대리석 기타 부순돌로서 단단하고 미려한 것을 사용한다. 인조석 바름에서는 2.5mm체 통과분이 전량의 1/2 정도, 테라초 바름에서는 5mm 통과분이 전량의 1/2 정도를 표준으로 한다.

테라초 현장갈기의 시공순서는 대략 다음과 같다.

① 줄눈 나누기 : 황동제 줄눈대로 줄눈 나누기는 1.2m^2 이내로 하며, 최대 줄눈=간격은 2m 이하로 한다.

② 초벌 바르기 : 바탕처리 후 물 축이기. 시멘트풀을 문질러 바른 후 된비빔 모르타르를 쇠흙손으로 눌러 바르고 표면을 긁는다.

③ 정벌 바르기 : 정벌바름은 갈아내기 두께를 고려하여 줄눈보다 2mm 정도 높게 바른다.

④ 양생 : 테라초를 바른 후, 시공시기, 배합에 따라 손갈기일 때는 2일 이상, 기계

갈기일 때는 5~일 이상 경과한 후 경화 정도를 보아 갈아낸다.

⑤ 초벌갈기 : 종석의 배열이 균등하게 될 때까지 1.5mm 정도 갈기, 잔구멍, 돌알, 구멍 등은 된비빔의 시멘트풀을 먹이고 4~5일 정도 방치한다.

⑥ 재벌 및 정벌갈기 : 재벌갈기는 0.5mm 정도 갈아 줄눈부위가 완전히 노출되게 한다.

그림 10.15 인조석갈기 마감

10.4 타일 및 돌공사

10.4.1 타일공사

타일(도자기질 타일)공사는 통상적으로 콘크리트 등의 바탕면에 접착재료로서 모르타르 또는 유기질 접착제를 이용하여 단단히 접착시켜 마감면을 구성하는 공사이다.

타일은 무기질로서 단단한 재질로 건축물 외장 및 내장재로 내수성·내열성·내마모성을 가지고 있어 내구성이 우수한 장점을 가지고 있다. 그러나 시공 전 과정에 걸쳐 충분한 접착강도를 만족해야 할 뿐만 아니라 박리사고 등이 발생하지 않도록 시공시 품질에 주의가 필요하다.

① 떠붙이기 : 가장 기본적인 공법으로 바탕면에 줄눈나누기·먹매김을 한 후에 타일의 뒷면에 모르타르를 부착하여 밑에서 위로 붙여나가는 공법이다. 떠붙이기 공법은 부착강도가 낮고, 동해 및 백화현상이 발생하기 쉽기 때문에 주로 내장용에 활용되고 외장용으로는 사용하지 않는 것이 좋다.

그림 10.16 떠붙이기 공법

② 압착붙이기 : 압착붙이기는 평탄하게 마무리한 바탕 모르타르 면에 붙임모르타르를 바르고 여기에 타일을 붙이는 공법이다. 붙임모르타르의 두께는 타일 두께의 1/2 이상으로 하고 5~7mm를 표준으로 한다. 타일의 위치에 맞추어 타일의 줄눈부위에 모르타르가 타일 두께의 1/3 이상 올라오도록 나무망치 등으로 두들겨 강하게 압착시킨다.

그림 10.17 압착붙이기 공법

③ 개량압착붙이기 : 앞의 두 공법의 단점을 보완하기 위해 개량한 공법으로, 평탄하게 마무리한 바탕모르타르 면에 붙임모르타르를 바르고 타일 뒷면에도 붙임모르타르를 발라 나무망치로 두들기는 방법이다. 이 방법은 작업속도가 약간 지연되나 부착강도를 높이고 공법의 신뢰도를 높일 수 있다.

④ 밀착붙이기(동시 줄눈붙이기) : 밀착붙이기는 압착붙임에서 붙임모르타르의 건

조현상을 방지하기 위해 타일붙임 후 진동기로 진동 밀착시켜, 이 때 솟아오르는 모르타르로 줄눈부분을 시공하는 방법이다.

⑤ 판형붙이기(유닛붙이기) : 여러 장의 타일이 뒷면 망상에 의해 한 장의 모양을 갖춘 단위타일을 압착붙이기 식으로 붙이는 공법으로, 작업속도가 빠르며 타일 이면에 공극이 적어 백화현상이 방지된다.

10.4.2 돌공사

석재는 대체로 재질이 치밀하고 견고하며 강도가 높다. 또한 석질에 따라 가공하면 색조가 우수하며 아름다운 결정과 무늬, 풍부한 광택을 가지고 있기 때문에 다른 재료와 비교하여 우수한 천연재료로서 독특한 특질을 가지고 있다.

돌공사의 시공을 위해서는 설계도서의 내용을 상세하게 검토한 후, 현장을 실측하여 상세도·돌나누기도를 작성하고 석재의 가공 면에서도 제작요령서 등에 의해 정확하게 지시할 필요가 있다. 또한 현장의 돌붙임·돌깔기 시공은 돌나누기도·시공계획을 정확히 작성하여 공사에 누락이 발생하지 않도록 적절히 관리할 필요가 있다.

① 조적공법

석재를 구조체로서 이용하는 경우로, 소정의 치수로 가공한 석재를 한 단씩 정연하게 자립하여 쌓는 방법을 말한다. 석재를 단독으로 자립시킨 구조로 한 조적공법과 석재 조적을 선행한 후 그 배후에 철근콘크리트를 주 구조체로 시공하여 외부 석재조적을 보강하는 형식의 복합조적공법이 있다.

② 돌붙임공법 및 돌깔기공법

판석을 외벽·내벽 등에 부착하는 공법이다. 철근콘크리트나 철골조 건축물에 연결철물과 모르타르 등으로 석재를 부착 설치하는 공법으로 최근에 널리 사용되고 있는 공법이다.

③ 돌쌓기공법

흙막이·옹벽 등 지반붕괴를 방지할 목적으로 돌을 쌓는 공법을 말한다.

④ 돌선부착 PC판공법

엄밀한 의미에서 돌공사라고 말할 수 없으나, 도자기질 타일을 선부착한 PC판 공법과 유사하며, 우수한 돌공사 기능공의 인력부족의 대책으로서 고안되어 공기를 단축할 수 있는 공법으로 보급되고 있다.

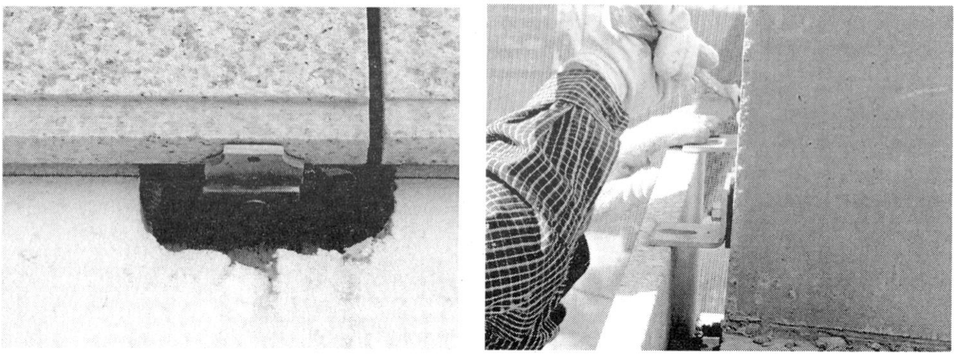

그림 10.18 건식공법에 의한 돌붙임

10.5 수장공사

수장공사는 건축물 최종 마무리 단계로서 건물준공 후 직접 외부에 나타나는 부분의 공사로 재료의 선정과 공법의 적용에 신중한 계획 및 시공이 필요한 공사이다. 수장공사는 건축생산 공정 중 구조체를 제외한 바닥, 벽, 천장을 구성하여 효율적인 내부공간을 생성하고 완성된 건물의 느낌을 거주자에게 전달하므로, 수장공사의 마무리 정도가 건물 전체의 품질에 대한 인식으로 연계될 가능성이 높아 정밀한 시공이 필요하다.

10.5.1 천장공사

천장공사는 노출천장, 바닥판에 밀착시킨 천장, 매달린 천장으로 구분할 수 있으며, 대부분의 경우 매달린 천장을 사용한다. 매달린 천장공사는 천장반자틀공사와 천장마감재 부착공사로 구분할 수 있다. 반자틀은 목조반자틀과 철재반자틀로 구분되며, 점차적으로 철재반자틀로 전환되고 있다.

① 목조반자틀

그림 10.19 목조반자틀

② 철재반자틀

기존 목재 틀로 구성된 천장의 소재를 불연성 강재로 대체한 것으로, 시공이 간편하여 전문기능공 없이 공기를 단축시킬 수 있는 장점이 있다.

그림 10.20 철재 반자틀(M-bar공법)

10.5.2 바닥공사

① 장판비닐시트공사

주로 주거용 건물의 바닥에 많이 사용하는 공사로 작업순서는 크게 작업준비, 바닥청소, 비닐시트 깔기, 접착제 바르기, 보양의 순이다.

② 온돌마루판공사

온돌마루는 목재의 조직이 함유하고 있는 수분 및 공기를 완전히 제거하고 이 공간에 고분자 특수물질을 투입하여 경화처리한 재료로, 강도와 내구성이 떨어지는 일반 목재의 단점을 보완한 자재로 주로 주거용 공간의 거실바닥에 많이 사용한다.

③ 액세스 플로어(이중바닥 : access floor)

바닥을 이중으로 설치하여 사무실공간 내부의 빈번한 자리배치 변경, 경량 칸막이벽의 변경 등 사무실내 업무공간의 변경에 효율적으로 대처하기 위하여 만들어진 바닥방식으로, 바닥과 바닥 사이의 공간에 각종 전기 및 통신배선을 설치하여 각종 배선의 융통성 있는 설치를 가능하도록 한 구조이다.

10.5.3 벽체공사

① 도배공사

도배공사란 내부치장공사로 종이나 천, 플라스틱 자재를 벽, 천장, 바닥 등에 접착제를 사용하여 부착하는 공사이며, 집안 내부에 대한 거주자의 느낌을 좌우하는 중요한 공사이므로 공사 시 주의가 요구된다.

② 석고보드공사

석고보드는 건물 내부의 칸막이벽 설치에 많이 사용되는 자재이다. 재료가 불연재라는 특성으로 인해 방재상 큰 효과를 가지고 있으며 종류로는 일반석고보드, 방수석고보드, 방화석고보드, 미장석고보드, 방균석고보드와 최근 개발된 황토석고보드 등이 있다.

③ 경량 철골바탕 칸막이공법(건식 경량벽체공법)

석고보드의 방화성 및 차음성을 이용한 경량의 단열벽을 시공하는 방식으로 경량강재를 벽체의 뼈대로 완성한 후 석고보드를 부착하는 공법이다. 기존의 조적벽과 같은 습식공법에 비하여 경제적이며 미장효과가 우수하여 거실, 침실, 복도벽 등의 비내력벽에 적합하다.

건축속의 공학

김 곤
한양대학교 공과대학 건축학과 졸업
연세대학교 대학원 건축공학과(공학석사)
미국 Texas A&M University(건축학석사)
미국 Texas A&M University(건축학박사)
현재 경희대학교 건축공학과 교수

은희창
중앙대학교 공과대학 건축공학과 졸업
중앙대학교 대학원 건축공학과(공학석사)
미국 SUNY at Buffalo(공학석사)
미국 University of Southern California(공학박사)
현재 국립 강원대학교 건축공학과 교수

함희정
건국대학교 공과대학 건축공학과 졸업
미국 SUNY at Buffalo(공학석사)
미국 Colorado State University(공학박사)
현재 국립 강원대학교 건축공학과 교수

박우열
고려대학교 공과대학 건축공학과 졸업
고려대학교 대학원 건축공학과(공학석사)
일본 동경공업대학교 교환연구생
고려대학교 대학원 건축공학과(공학박사)
현재 국립 안동대학교 건축공학과 교수

2006년 7월 31일 1판 1쇄 발행
2015년 3월 15일 1판 3쇄 발행

저 자 김 곤 은희창 함희정 박우열
발 행 인 강 해 작
발 행 처 기 문 당
주 소 서울시 성동구 무학봉 28길 4-1
전 화 02) 2295-6171(代)~5
팩 스 02) 2296-8188
출판등록 1976. 10. 7(1-44)
홈페이지 http://기문당
http://www.kimoondang.com
I S B N 978-89-7086-893-6 93540

정 가 12,000원